周天立　陈婷婷　张　强　编

电子元器件就这么容易

化学工业出版社
·北京·

图书在版编目（CIP）数据

学会电子元器件就这么容易/周天立，陈婷婷，张强编.
北京：化学工业出版社，2014.5
ISBN 978-7-122-20053-2

Ⅰ.①学…　Ⅱ.①周…②陈…③张…　Ⅲ.①电子元件-基本知识②电子器件-基本知识　Ⅳ.①TN6

中国版本图书馆CIP数据核字（2014）第047017号

责任编辑：宋　辉　　　　文字编辑：杨　帆
责任校对：边　涛　　　　装帧设计：刘丽华

出版发行：化学工业出版社
（北京市东城区青年湖南街13号　邮政编码100011）
印　　装：北京云浩印刷有限责任公司
850mm×1168mm　1/32　印张10¼　字数268千字
2014年7月北京第1版第1次印刷

购书咨询：010-64518888（传真：010-64519686）
售后服务：010-64518899
网　　址：http://www.cip.com.cn
凡购买本书，如有缺损质量问题，本社销售中心负责调换。

定　　价：36.00元

前言

电子元器件是组成电子电路和各类电子产品的基本元素，掌握电子元器件的相关知识是学习电子技术的重要步骤。只有掌握了电子元器件的基本特性，才能正确地进行检测，合理地选用元器件，从而进一步对电气设备进行装配和维修。为了满足广大电子爱好者学习电子技术的需要，帮助大家尽快地学会和掌握电子元器件识别、选用与检测的方法，我们特编写了本书。

本书在编写时，力求将知识性、实用性与通俗性融为一体，在内容选择上既有电子元器件的基础知识，又有选用、代换、检测元器件的技巧。书中配有大量电子元器件的实物及检测图片，突出了实际检测中的直观操作性。

全书共12章，详细介绍了电阻器、电容器、电感器、二极管、三极管、晶闸管、场效应管、光电器件、集成电路等常用电子元器件的基本知识和应用电路，最后给出了一个电子元器件综合应用的实例。

本书的特点：

一、内容全面。本书重点介绍了9大类几十种电子元器件的基本构造、型号和命名方法、主要技术参数及其标注方法、性能好坏的鉴别方法、在电路中的主要作用及选择使用方面的注意事项，基本涵盖了目前电子技术中应用的元器件。

二、实用性强、解决实际问题。本书在介绍元器件的检测时，立足于广大电子技术初学者的实际需求，使用一块普通的万用表就能解决问题。在介绍电子元器件的选择与使用注意事项时，从实践出发，突出主要问题。

本书起点低，注重实用，便于自学，具有初中以上文化水平即可阅读，是广大青少年、电子爱好者、初级电工的良师益友，也可作为电子技校、职业学校、中等专业学校的电子技术基础教材。

由于编者水平有限，书中难免有疏漏与不妥之处，恳求广大读者批评指正。

编者

目录

第1章 电阻器 1

第 3 章 电感器 91

第 4 章 二极管 112

第1章 电阻器

电阻器，英文为 Resistor，在电路中通常使用字母 R 来表示。电阻器是电子电路中使用最为广泛的基本元器件，同时也是使用量最多的元器件。本章主要给大家介绍与电阻器相关的知识。

【本章内容提要】

- ◆ 电阻器基础知识
- ◆ 电阻器基本工作原理和主要特性
- ◆ 电阻器基本应用电路
- ◆ 敏感电阻器
- ◆ 可变电阻器和电位器
- ◆ 其他电阻器

1.1 电阻器的基础知识

1.1.1 电阻类元器件种类

电阻器，通常简称为电阻，在电路中处处皆是，不过千万不要小看这小小的电阻，它应用的数量大、种类多，是电路中的重要组成部分之一。

此外，电阻还有一个特点，那就是无论电阻安放在哪里，必然会有电流通过其中。所以，一旦某个电阻出现故障，如开路或者短路，则与之相关的电路必然会因为电流的突变引起故障甚至整体瘫痪。据调查，在仪器、设备、家电的故障中，因电阻损坏而引起的故障至少要占到六成，因此一定要对电阻元件引起重视。

电阻的种类繁多，在电路中的作用多种多样，其主要作用通常为限流、降压，同时还具备其他特殊的作用。常见的电阻类元器件种类如图 1-1 所示。

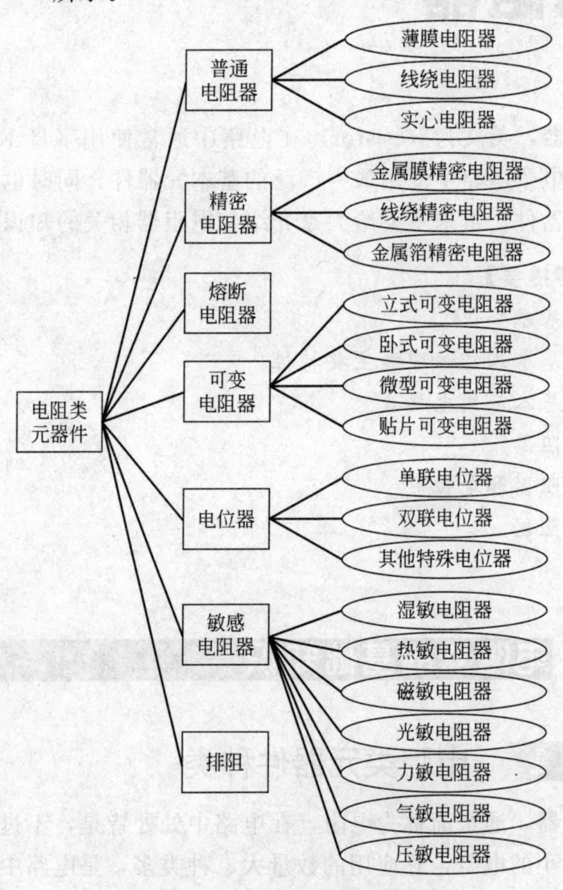

图 1-1　常见电阻类元器件种类

普通电阻器是最为常用的电阻器，精密电阻器的阻值和名字一样，更加精密，熔断电阻器会在电流过大的时候把自己烧断（称为过流保护），可变电阻的阻值是可变的，电位器的阻值也可以改变，敏感电阻器会在光、磁等的影响下改变阻值，而排阻就相当于集成了一个电阻网络。

虽然列出了这么多的电阻器的种类，只要我们一起通过实物进行比对，掌握这些电阻器并不是十分困难的事情。下面就一起来看看它们的样子吧（见表 1-1）！

表 1-1　部分电阻器实物图

实物图	名称
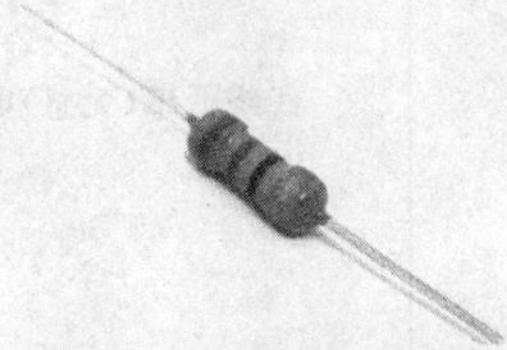	碳膜电阻器
	金属膜电阻器
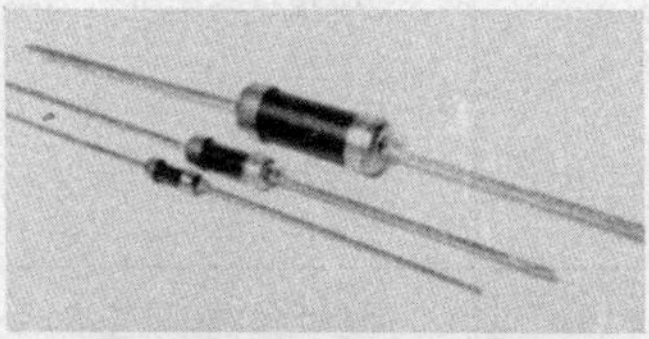	高频型金属膜电阻器
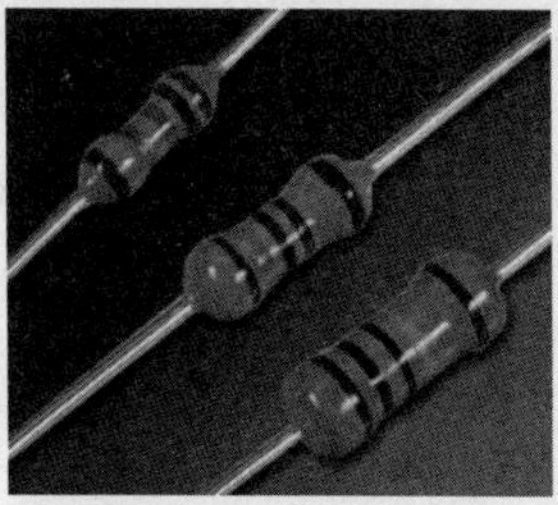	精密金属膜电阻器

续表

实物图	名称
	功率耐冲击玻璃釉膜电阻器
	线绕低感(无感)电阻器
	瓷壳封装型熔断电阻器
	膜式可变电阻器

续表

实物图	名称
	旋转式单联电位器
	热敏电阻器
	光敏电阻器
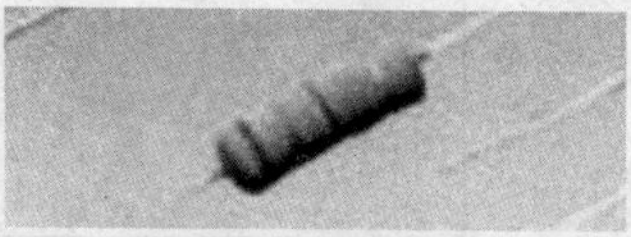	氧化膜电阻器
	金属氧化膜电阻器
	高阻型金属膜电阻器

续表

实物图	名称
	高精密电阻器
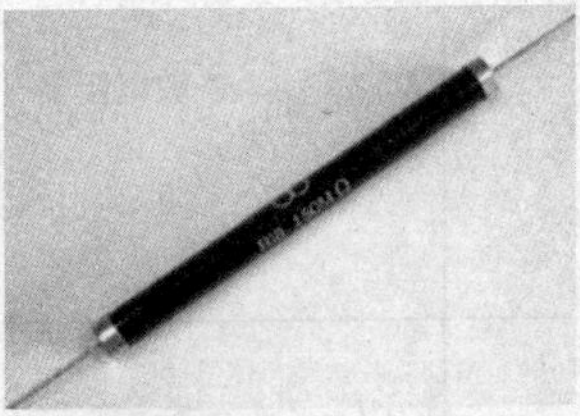	高阻型玻璃釉电阻器
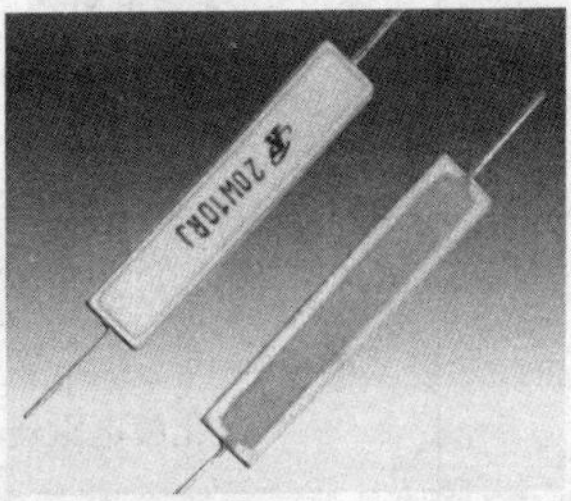	水泥电阻器
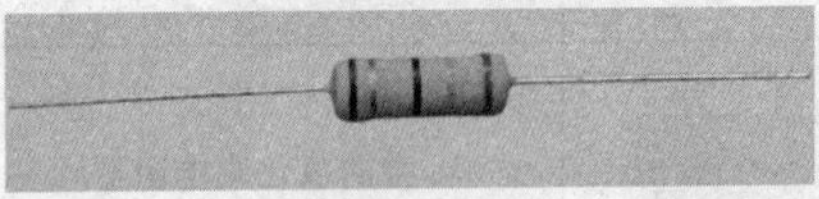	线绕熔断电阻器
	线绕式可变电阻器

续表

实物图	名称
	旋转式双联电位器
	磁敏电阻器
	气敏电阻器

在这些电阻器中，最为常见的是普通电阻器，不同种类的普通电阻器又各自有着什么特点呢？见表 1-2。

表 1-2 部分常用普通电阻器特点说明

名称	特 点
碳膜电阻器	使用量大，价格最便宜，稳定性好，信赖度高，噪声小，应用广泛 阻值范围：1Ω～10MΩ
金属膜电阻器	采用金属膜作为导电层，属于膜式电阻器。采用高真空加热蒸发（以及高温分解、烧渗、化学沉积等方法）技术把合金材料蒸镀在骨架上而制成。通过改变金属膜的厚度或者刻槽，可以得到不同的阻值。 金属膜电阻器可以细分为普通金属膜电阻器、半精密金属膜电阻器、高精密金属膜电阻器、高压金属膜电阻器等多种。和碳膜电阻器相比，具有体积小、稳定性好、噪声小、温度系数小、精度高、耐高温等特点，但是脉冲负载的稳定性差。阻值范围：0.1Ω～620MΩ

续表

名称	特点
合成碳膜电阻器	将石墨、炭黑、填充料与有机黏合剂配置成悬浊液，涂抹在绝缘骨架上，经加热聚合后制成。可以分为高阻合成碳膜电阻器、高压合成碳膜电阻器和真空兆欧合成碳膜电阻器等。 合成碳膜电阻器阻值的范围宽，价格低廉，但缺点为噪声大，频率特性差，电压稳定性差，抗湿性差。一般用来制造高压、高阻的电阻。阻值范围：10Ω～10MΩ
金属氧化膜电阻器	金属氧化膜电阻器除了具有金属膜电阻器的特点之外，具有更好的热稳定性和抗氧化性，功率大（可达 50kW），但是阻值的范围小，主要用来补充金属膜电阻的低阻部分。阻值范围：1Ω～200kΩ
合成实心电阻器	优点为机械强度高、可靠性高、过负载能力较强、体积小；缺点为噪声大，LC 分布参数大，对温度和电压的稳定性差。阻值范围：4.7Ω～22MΩ
功率耐冲击玻璃釉膜电阻器	用金属玻璃釉镀在磁棒上，有极好的高温稳定性和耐冲击特性，广泛用于高功率设备
线绕低感（无感）电阻器	将电阻线绕在耐热瓷体上，表面涂以耐湿、耐热、无腐蚀的不燃性涂料。 耐热性好、温度系数小、重量轻、耐短时间过负载、噪声低、阻值变化小，电感低

1.1.2 电阻器电路图形符号及型号命名方法

在交流和学习的过程中，我们不可能每次都画出元器件的形状，所以需要用一些图形来表示具体的元器件。每一种电子元器件在电路图中都会有一个特定的图形符号来表示，具体的图形在国家标准中是有规定的，国外的电子元器件的符号与国内还会有所不同。

图 1-2 中是普通电阻器的电路符号图解示意图。

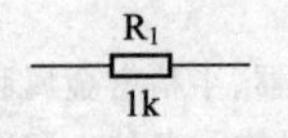

图 1-2 普通电阻器电路符号图解

R_1 表示是第一个电阻
1k 表示电阻的电阻值是 1kΩ
中间的矩形表示电阻体
两侧的两根黑线表示两个引脚

国产的电阻器都具有相同的命名方法，表 1-3 具体给出了国产电阻器的型号命名方法。

表 1-3 国产电阻器的型号命名方法

第一部分 主称		第二部分 电阻体材料		第三部分 类别或额定功率				第四部分 序号
字母	含义	字母	含义	字母或数字	含义	数字	额定功率	说明
R	电阻器	C	沉积膜或高频瓷	1	普通	0.125	1/8W	用个位数或者无数字表示
				2	普通或阻燃			
		F	复合膜	3 或 C	超高频	0.25	1/4W	
		H	合成碳膜	4	高阻			
		I	玻璃釉膜	5	高温	0.5	1/2W	
		J	金属膜	7 或 J	精密			
		N	无机实心	8	高压	1	1W	
		S	有机实心	9	特殊（如熔断型）			
		T	碳膜	G	高功率	2	2W	
		U	硅碳膜	L	测量			
		X	线绕	T	可调	3	3W	
		Y	氧化膜	X	小型			
				C	防潮	5	5W	
		O	玻璃膜	Y	被釉			
				B	不燃性	10	10W	

注：电阻器型命名举例。

在本例中主要给大家演示电阻器的命名方法及各个名称标注的含义：

RT10，R 表示电阻器，T 表示碳膜，1 表示精密，0 表示序号，为普通碳膜电阻器；

RX28，R 表示电阻器，X 表示线绕，2 表示阻燃型，8 表示序号，为阻燃型线绕电阻器。

1.1.3 电阻器参数和识别方法

在电阻的使用中，人们最关心的就是电阻的阻值是多少，这一阻值称为标称阻值。生产厂家为了满足使用的需要，生产了许多阻值的电阻器。国家标准规定了一系列阻值作为标准，即标称阻值系列。我国的标称阻值系列有 E6、E12、E24、E48、E96 和 E192，表 1-4 给出了常用的 E6、E12、E24 电阻器标称阻值系列。

表 1-4 常用 E6、E12、E24 电阻器标称阻值系列

允许偏差			允许偏差		
±5%	±10%	±20%	±5%	±10%	±20%
E24	E12	E6	E24	E12	E6
1.0	1.0	1.0	3.3	3.3	3.3
1.1			3.6		
1.2	1.2		3.9	3.9	
1.3			4.3		
1.5	1.5	1.5	4.7	4.7	4.7
1.6			5.1		
1.8	1.8		5.6	5.6	
2.0			6.2		
2.2	2.2	2.2	6.8	6.8	6.8
2.4			7.5		
2.7	2.7		8.2	8.2	
3.0			9.1		

这里系列的意思是指，对于某一系列来说，电阻器的电阻值只有某几个具体的数值，然后乘以 10、100、1000 等 10 的幂次。如 E24 系列中的 1.5 就有 15Ω、15Ω、150Ω、1.5kΩ、15kΩ、150kΩ 等。

由厂家制造出的电阻器的电阻值与标称值不可能完全相同，存在一定的误差，因此规定了允许偏差。电阻器的实际阻值与标称值

的相对误差，一定要小于这个允许偏差。

电子电路中的电阻器大部分为 1/8W 和 1/16W，体积很小，如果直接标识数字的话很不方便，所以通常采用色标法（或称色环法）进行阻值大小的标定。表 1-5 给出了常用的 4 环表示法和 5 环表示法的具体说明。

表 1-5　4 环表示法和 5 环表示法

名称	示意图	说明
4 环电阻器	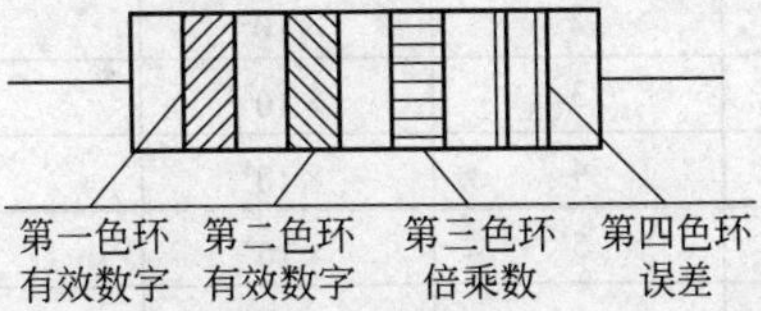 第一色环 有效数字；第二色环 有效数字；第三色环 倍乘数；第四色环 误差	从示意图中可以看出，电阻上标注的 4 条色环的含义不同，第 1、2 条色环表示有效数字，第 3 条色环表示倍乘数，第 4 条色环表示允许误差等级
5 环电阻器	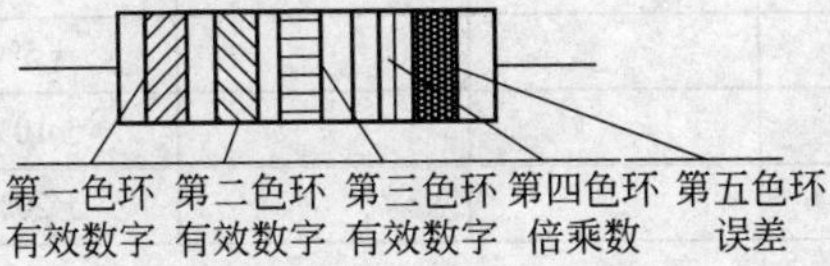 第一色环 有效数字；第二色环 有效数字；第三色环 有效数字；第四色环 倍乘数；第五色环 误差	从示意图中可以看出，第 1、2、3 条色环表示有效数字，第 4 条色环表示倍乘数，第 5 条色环表示允许误差等级

那么，这标注在电阻器上五颜六色的色环具体表示什么数字呢？请看图 1-3 和图 1-4。

【例 1-1】 如果某 4 环电阻器的 4 条色环的颜色分别为棕、黑、红、金，那么它的电阻值就为：

$$10\times10^{2}=1000\Omega=1\text{k}\Omega$$

通过观察可以发现，无论 4 环表示法还是 5 环表示法，无论色环在有效数字的位置上还是倍乘数的位置上，各个颜色所表示的数字是一定的。如果按照 1、2、3、4、5、6、7、8、9、0 的顺序来说，就是“棕红橙黄绿，蓝紫灰白黑”，简单地背下来就可以了。

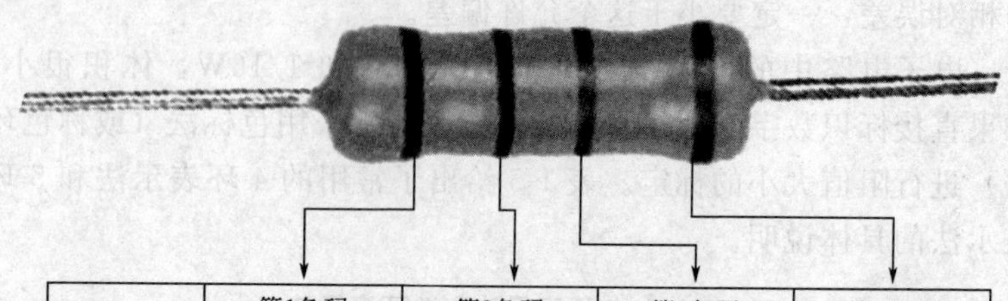

色环颜色	第1色码 第1位有效数字	第2色码 第2位有效数字	第3色码 倍乘数	第4色码 误差范围
黑	0	0	$\times10^0$	
棕	1	1	$\times10^1$	
红	2	2	$\times10^2$	
橙	3	3	$\times10^3$	
黄	4	4	$\times10^4$	
绿	5	5	$\times10^5$	
蓝	6	6	$\times10^6$	
紫	7	7	$\times10^7$	
灰	8	8	$\times10^8$	
白	9	9	$\times10^9$	
金				±5%
银				±10%
本色				±20%

图 1-3　4 环表示法中色码的具体含义

特别提醒

重复一次：
棕红橙黄绿，蓝紫灰白黑

有的 4 环电阻色环会均匀分布在电阻器上，此时根据色码表可知，金、银两种颜色只表示允许误差，不表示有效数字，因此金、银色环就一定是第 4 环。

5 环电阻器中，色环一定是不均匀分布的，误差色环与其他色环相距较远。依据这一特征可以确定第 5 色环。

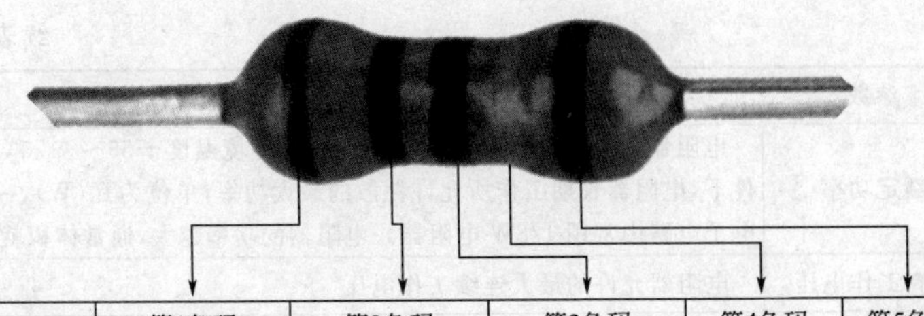

色环颜色	第1色码 第1位有效数字	第2色码 第2位有效数字	第3色码 第3位有效数字	第4色码 倍乘数	第5色码 误差范围
黑	0	0	0	$\times 10^0$	
棕	1	1	1	$\times 10^1$	±1%
红	2	2	2	$\times 10^2$	±2%
橙	3	3	3	$\times 10^3$	
黄	4	4	4	$\times 10^4$	
绿	5	5	5	$\times 10^5$	±0.5%
蓝	6	6	6	$\times 10^6$	±0.25%
紫	7	7	7	$\times 10^7$	±0.1%
灰	8	8	8	$\times 10^8$	
白	9	9	9		
金				$\times 10^{-1}$	
银				$\times 10^{-2}$	

图 1-4　5 环表示法中色码的具体含义

除了阻值之外，电阻器还具有其他的一些技术参数，详见表 1-6。

表 1-6　普通电阻器主要参数

参数	说明
标称阻值	电阻器的电阻值，通过多种方式标注在电阻器上，是平时使用电阻器时最为关心的参数
允许偏差	标称阻值与实际阻值的误差，通常用百分数表示。 在电阻器生产的过程中，生产出来的电阻的实际阻值与标称值必定存在一定的误差，在一定的范围之内，这种误差是被允许的。 在不同的电路应用中，对于电路性能的要求是不同的，因此可以选择不同精度的电阻器，对于性能要求不高的电路来说，选择较低精度的电阻器可以减少成本。 常见的电阻器允许偏差为±5％、±10％、±20％。精密电阻器的允许偏差可以达到±2％、±0.001％

续表

参数	说明
额定功率	电阻器在正常大气压90～106.6kPa，环境温度－55～＋70℃的条件下，电阻器长期工作所允许耗散的最大功率，单位为瓦(W)，一般的电子电路中常用1/8W电阻器。电阻器的功率越大，通常体积就越大
最高工作电压	电阻器允许的最大连续工作电压
噪声	电阻器的噪声包括热噪声和电流噪声两部分，是一种不规律的电压起伏变化，噪声越小越好
温度系数	电阻器的阻值会随外界温度的变化而变化，每1℃引起的阻值相对变化称为温度系数。阻值随温度升高而变大称为正温度系数，反之为负温度系数。温度系数越小，电阻的稳定性越好
电压系数	电阻两端的电压每变化1V，阻值的相对变化，这一参数越小越好
老化系数	电阻器长时间工作后，阻值相对变化的百分数，这一参数标识了电阻器的寿命

1.2 电阻器基本工作原理和主要特性

1.2.1 电阻器基本工作原理

电阻器由电阻体、骨架和引出端三部分构成，而决定阻值的只是电阻体。

如果一个电阻的电阻值接近零欧姆，则该电阻器对电流没有阻碍作用，串接这种电阻器的回路被短路，电流无限大。而如果一个电阻器具有无限大的或很大的电阻，则串接该电阻器的回路可看作开路（即断路），电流为零。工业中常用的电阻器介于两种极端情况之间，它具有一定的电阻，可通过一定电流，但电流不像短路时那样大。电阻器的限流作用类似于接在两根大直径管子之间的小直径管子限制水流量的作用。

1.2.2 电阻器主要特性

了解和掌握电阻器的主要特性，是学习电阻电路和识图技术的基础。电阻器的主要特性有以下 3 点：

(1) 电阻对直流电路和交流电路的特性相同

无论在直流电路还是交流电路中，电阻器对于电流的阻碍作用是相同的，对直流电流和交流电流“一视同仁”，这大大方便了对电阻电路的电路分析。

(2) 电阻在不同频率下特性相同

当交流电流通过电阻器时，无论交流电流的频率是多少，电阻器的阻值是相同的，不会因交流电频率的不同而变化。也就是说，在分析交流电路中的电阻器时，不必考虑交流电频率对电路的影响。

(3) 电阻对不同类型信号的特性相同

当不同形式的交流电信号通过电阻器时，无论是正弦信号、脉冲信号、三角波信号还是其他形式的信号，电阻器的阻值是相同的，因此在分析电阻电路时不必考虑信号的特性，也方便了电路的分析。

1.3 电阻器的基本应用电路

1.3.1 电阻串联电路和并联电路

无论多么复杂的电路，都可以等效和简化成两种电路：串联电路、并联电路，因此掌握串联电路和并联电路是分析各种电路的基础，而纯电阻串联电路和纯电阻并联电路又是各种串、并联电路的基础。

(1) 纯电阻串联电路

所谓纯电阻电路，就是只有电阻的电路。电路中的电阻器引脚首尾相连，这种连接方式称为串联，如图 1-5 所示。

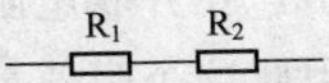

R_1 R_2

图 1-5 纯电阻串联电路

那么，电阻串联电路具有哪些特性呢？请看表 1-7。

表 1-7　电阻串联电路特性

名称	说　明
串联阻值增大	串联总电阻 $R=R_1+R_2+\cdots$，即电阻越串越大
电流处处相等	流经串联电阻电路各个电阻的电流大小相等，即电路中电流处处相等
可通直流交流	电阻可以让直流电和交流电通过
电压特性	串联电阻电路中各串联电阻上的电压之和等于加在整个串联电阻电路两端的总电压。这个总电压等于电流与总电阻的乘积

从上面的特性中可以看出，在串联电阻电路中，对于电路影响最大的是阻值最大的电阻，因此这个阻值最大的电阻就是串联电阻电路的关键电阻，如图 1-6 所示。

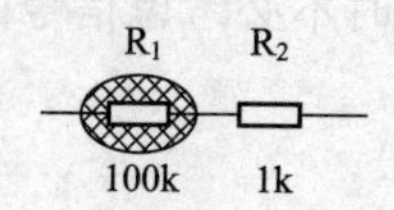

图 1-6　串联电阻电路中的关键电阻

(2) 纯电阻并联电路

并联电路与串联电路完全不同，它们二者之间也不能互相等效。图 1-7 所示是电阻并联电路。

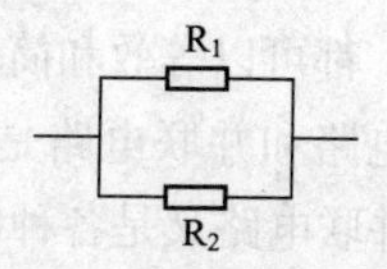

图 1-7　电阻并联电路

同样的，电阻并联电路具有哪些特性呢？请看表 1-8。

从上述特性中可以看出，在并联电阻电路中，对于电路影响最大的是阻值最小的电阻，因此这个阻值最小的电阻就是并联电阻电路的关键电阻，如图 1-8 所示。

表 1-8 电阻并联电路特性

名称	说明
并联阻值减小	并联总电阻 R 的倒数等于各个并联电阻的各自倒数的和，其公式为 $\frac{1}{R}=\frac{1}{R_1}+\frac{1}{R_2}+\cdots$，此时总电阻一定小于并联电阻中阻值最小的，即电阻越并越小
电流特性	流经并联电阻电路各个支路的电流之和等于并联回路中的总电流。总电流 $I=I_1+I_2+\cdots$
电压特性	并联电阻电路中各并联支路上的电压相等。这样如果测量了并联电路上某一个电阻两端的电压后，就不必测量其他电阻的电压了，它们全都相等

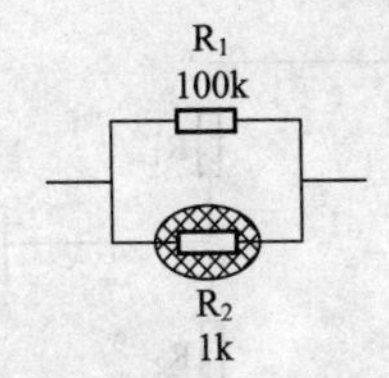

图 1-8 并联电阻电路中的关键电阻

(3) 纯电阻串并联电路

将电阻串联电路和电阻并联电路组合起来，就构成了电阻串并联电路，如图 1-9 所示。

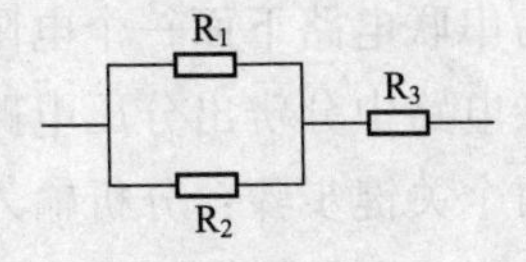

图 1-9 电阻串并联电路

电阻的串并联电路还有其他的许多形式，这种电路的特征是：部分电阻各自并联，然后再串联起来。此时要计算电路的总电阻，则应分别求出各个并联部分的电阻值，再按照串联电阻电路的特性相加。

除电阻可以构成串并联电路外，其他的各种电子元器件都可以构成串并联电路，而电阻串并联电路是最基本、最简单的串并联电路。

1.3.2 电阻分压电路

电子电路中广泛地使用着各种形式的分压电路，这些分压电路通常使用电阻、电容、二极管、三极管等元器件构成，其中，电阻分压电路是最基本的分压电路。如果在电路的局部需要对信号进行衰减，或者直流电压太高，需要下降一些，都可以使用电阻分压电路。图 1-10 所示为一种典型的电阻分压电路（无负载），电路中存在电压输入端和电压输出端。

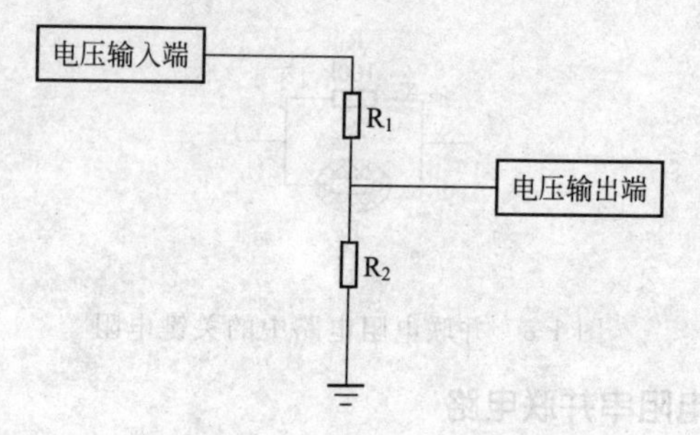

图 1-10　典型电阻分压电路

电阻分压电路都有相同的结构特征，即输入电压接在串联的两个电阻上，输出电压为串联电路下面一个电阻上的电压。通过这一特征，我们可以从复杂电路中分辨出分压电路。

分析分压电路有两个关键步骤：分析输入电压回路找出输入端和找出电压输出端。表 1-9 给出了分析分压电路的方法。

在分析分压电路时，最重要的是要得到输出电压的大小，分压电路中输出电压 U_o 的计算方法是：

$$U_o=\frac{R_2}{R_1+R_2}U_i$$

其中，U_o 为输出电压；U_i 为输入电压。

表 1-9 分压电路分析方法

名称	说明	示意图
输入电压回路分析	右图所示是电阻分压电路输入回路示意图。输入电压加在分压电阻 R_1 和 R_2 两端，输入电压产生的电流流过 R_1 和 R_2	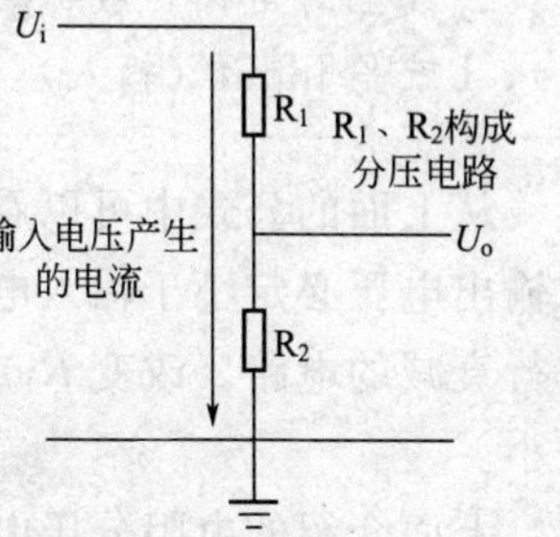 U_i R_1 R_1、R_2构成分压电路 输入电压产生的电流 U_o R_2
找出分压电路输出端	分压电路输出的电压通常是送往下一级电路中的，也就是说下一级电路的输入端就应该是分压电路的输出端，如右图所示	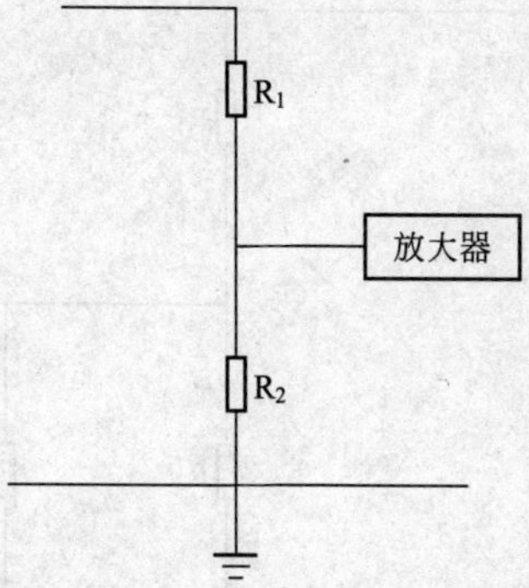 R_1 放大器 R_2
寻找输出端的另一种方法	右图所示是一种更为简便的识别分压电路的方法	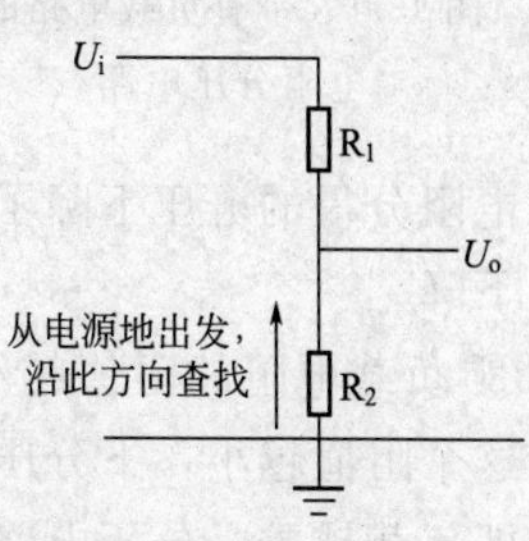 U_i R_1 U_o 从电源地出发，沿此方向查找 R_2

特别提醒

公式里的角标一般都是英文的缩写，这里的o就是output（输出），i就是input（输入）的意思

从上面的公式中可以看出，分母 R_1+R_2 必定大于分子 R_2，所以输出电压必定小于输入电压，这说明分压电路是一个对输入信号进行衰减的电路。改变 R_1 或者 R_2 的大小，就可以改变输出电压的大小。

上面介绍的电阻分压电路没有接上负载电路，如果接上负载电路如图1-11所示的话，情况就不同了。

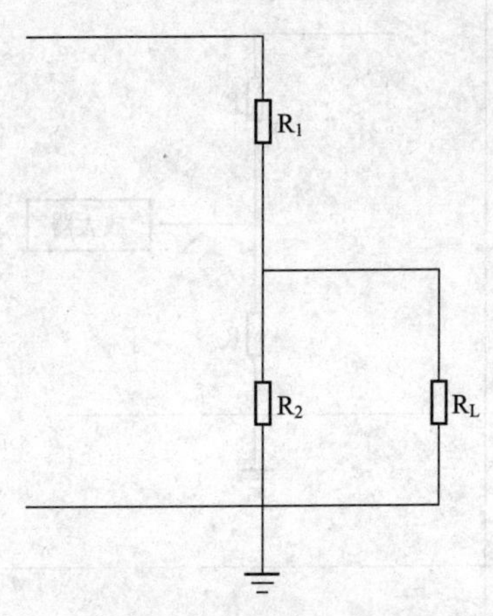

图1-11　带有负载电路的电阻分压电路

如果带有负载电路的话，需要注意此时 R_2 和 R_L 并联之后的电阻是新的下分压电阻，此时的电路具有下面三个特点：

① 根据电阻并联的特性，R_2 和 R_L 并联之后的电阻阻值将小于 R_2 的阻值，用并联之后得到的总电阻代替电路中的 R_2，就得到和之前没有负载时相同的电路。

② 由于并联负载之后，下分压电阻的阻值下降了，而上分压电阻的阻值没有改变，所以下分压电阻分得的电压下降了，即电阻分压电路接上负载之后输出电压会下降。

③ 负载电阻的阻值越小，称为负载越重。根据电阻并联的特点，这个阻值越小，下分压电阻就会变得越小，输出电压也就会越小，即负载越重，分压电路输出电压下降越多。

分压电路的负载通常情况下都不仅仅是一个电阻，更多情况是一个电路。但无论是什么样的电路，都会有一个输入阻抗，将这一输入阻抗和 R_2 并联之后得到的就是下分压电阻（也称下分压阻抗），之后就可以根据前面的分析方法对分压电路进行分析了。

1.3.3 电阻分流电路

如果在电路的某一个部分，原来总电流只有一个通路，此时增加一个元器件，使得总电流中的一部分通过这个元器件，这种电路称为分流电路。其中若这个元器件是一个电阻，则该电路称为电阻分流电路。如图 1-12 所示是一个电阻分流电路。

图中，R_1 是分流电阻，在没有它时，电路中所有的电流都从电阻 R_2 中流过，加入它之后，就会有电流从 R_1 中流过，而流过 R_2 的电流就减少了。图 1-13 所示是另一种电阻分流电路。

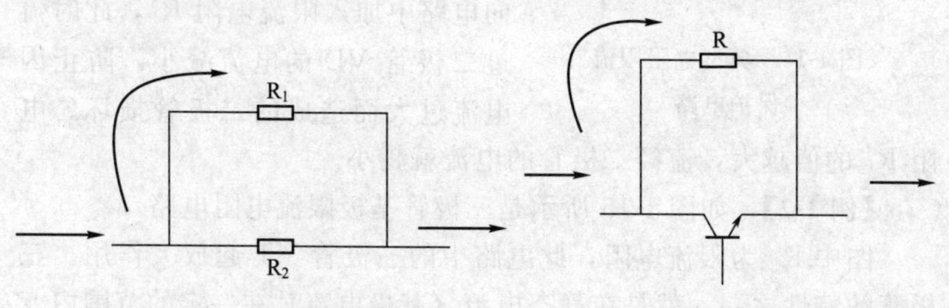

图 1-12　电阻分流电路　　　图 1-13　另一种电阻分流电路

这种电阻分流电路比较常见，通过将电阻和另一个元器件并联，让部分电流通过电阻，以减少通过另一元器件的电流。根据参与并联的元器件的不同，电阻分流电路有多种，现在简单介绍一下三极管集电极和发射极的分流电路。

从图 1-13 中可以看出，电阻 R 并联在三极管 VT 的集电极和发射极两端，这就相当于电阻 R 和三极管集电极和发射极之间的内阻进行了并联。在加入分流电阻后，电流中的一部分流过电阻，这样通过三极管的电流就减少了，而输出端的总电流却没有减少。

显然，在加入分流电阻后，可以起到对三极管的保护作用，所以这个分流电阻又称为分流保护电阻。

同时需要注意的是，在分流电路中，如果分流元件是电阻，因为电阻的交直流特性相同，即对直流电路和交流电路的分流工作原理一样，对交流电路中不同频率信号的分流原理也一样，因此分流电路的特性不会发生改变。如果使用其他元器件或电路来构成分流电路，则分流电路的工作特性有可能会发生改变。

1.3.4 电阻限流保护电路

电阻限流保护电路广泛应用于电子电路中，通常是为了限制电路中的电流，以此来保护其他器件的安全。

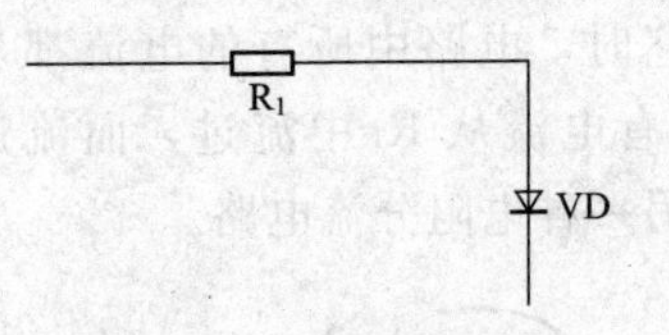

图 1-14　典型电阻限流保护电路

如图 1-14 所示是典型电阻限流保护电路。

当直流电压 $+V$ 大小一定时，向电路中加入限流电阻 R_1，此时流过二极管 VD 的电流减小，防止因电流过大而造成的二极管损坏。电阻 R_1 的值越大，流经二极管的电流就越小。

【例 1-2】 如图 1-15 所示是三极管基极限流电阻电路。

图中 R_1 为限流电阻，此电路中的三极管 VT 起放大作用。三极管的特性之一，就是在静态电流（基极电流）在一定的范围内变

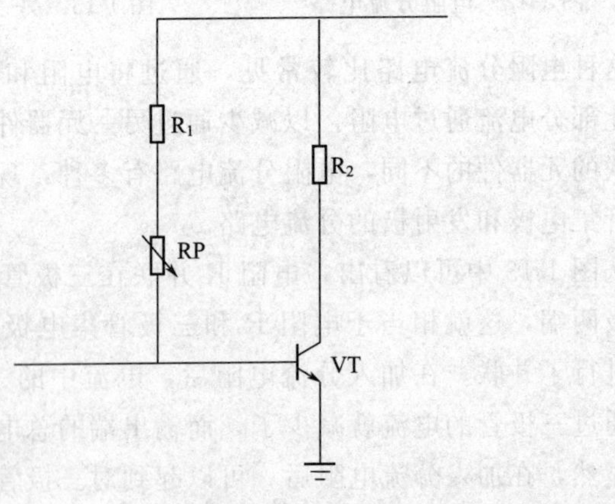

图 1-15　三极管基极限流电阻电路

化的时候，可以改变电流放大倍数。因此为了改变电流放大倍数，一些放大电路中使用可变电阻作为基极的偏置电阻，如图中的 RP。

此时如果没有 R_1，则当 RP 调节值最小（为 0）时，电压 V 将直接加到三极管的基极上，造成较大电流通过基极，有可能损坏三极管，而加入 R_1 就可以对三极管基极电流进行限流，从而起到保护的作用。

1.3.5 电阻隔离电路

在电路中，如果需要将电路中相连的两点隔离开，可以采用隔离电路，最简单的隔离电路是电阻隔离电路。

如图 1-16 所示是电阻隔离电路。

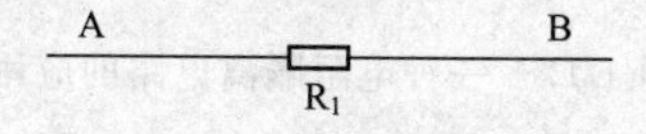

图 1-16 电阻隔离电路

在图 1-16 电路中，电阻 R_1 将电路中 A、B 两点隔离，令这两点的电压不等。需要注意，电路中的 A 点和 B 点被电阻 R_1 分开，但是这两点之间仍是通路，只是被电阻分开了，这种情况在电路中称为隔离。

【例 1-3】 图 1-17 给出了一个使用 R_1 作为隔离电阻的电路，它是 OTL 功率放大器中的自举电路，可以提高大信号的半周信号幅度。

图 1-17 所示电路中，隔离电阻 R_1 将电压 V 与 B 点的电压隔离开，这样在电路的工作过程中，会出现 B 点的直流电压瞬间超过 $+V$ 的情况。如果没有这个电阻（即直接将 B 点与 $+V$）短接，则 B 点的电压就一定一直是 $+V$，而不可能超过，即没有自举作用。

下面再一起来看一个信号源电阻隔离电路，如图 1-18 所示。

如果没有 R_1 和 R_2 这两个电阻，则信号源 1 的输出电阻就会

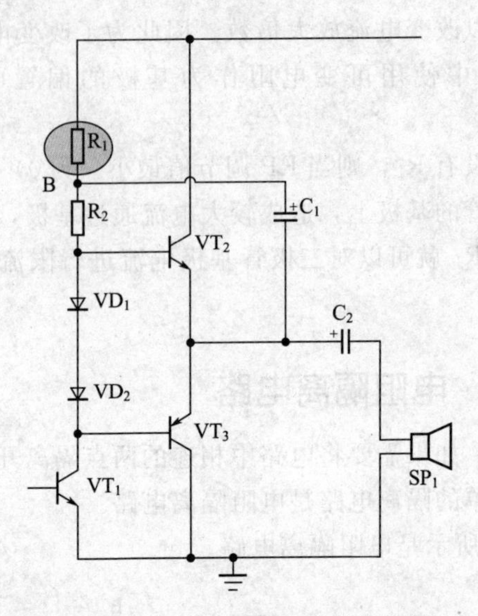

图 1-17　一种电阻隔离电路的应用

成为信号源 2 负载的一部分，同样，信号源 2 的输出电阻也会成为信号源 1 负载的一部分，两个信号源互相影响，电路的稳定性就会降低。

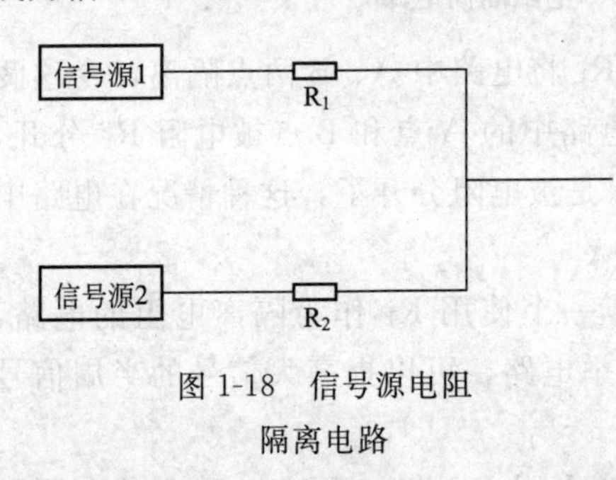

图 1-18　信号源电阻隔离电路

而加入隔离电阻之后，两个信号源输出端之间被隔离，消除了两个信号源输出端之间的相互影响，同时可以令两个信号源的输出信号电流更好地流向下一级的输入端。

1.4 敏感电阻器

敏感电阻器是指随着外界环境变化，电阻器的阻值会发生改变。它们的电路符号通常是在电阻器的电路符号的基础上，加上一个箭头和字母。常见的敏感电阻器有热敏电阻器、磁敏电阻器、压敏电阻器、光敏电阻器、湿敏电阻器、气敏电阻器等。表 1-10 给出了常见敏感电阻器的实物图、电路符号及各自特点。

表 1-10 敏感电阻器实物图、电路符号及特点

名称	实物图	电路符号	特点说明
热敏电阻器	PTH AR1R2M MURATA	t	热敏电阻器的阻值随着温度的变化而变化，分为正温度系数(PTC)和负温度系数(NTC)两类。正温度系数的热敏电阻阻值随温度的升高而增大，负温度系数的热敏电阻阻值随温度的升高而减小。 PTC 热敏电阻主要应用于过流保护、过热保护。NTC 热敏电阻应用于医疗设备中
磁敏电阻器		M	磁敏电阻是一种磁敏感器件，电阻值的大小受到外界磁场强度的控制。 磁敏电阻一般用于检测磁场强度和漏磁。可以在交流变换器、频率变换器、功率电压变换器、位移电压变换器等的电路中作为控制元件，还可以用在接近开关、磁电编码器、电动机测速等方面
压敏电阻器	CB 102KD25	U	压敏电阻器的阻值随加到电阻两端电压的变化而发生变化，加在压敏电阻两端的电压小于某一值时，压敏电阻器的电阻很大，当电压大到一定程度时，压敏电阻器的电阻值迅速减小。 压敏电阻器对于加在它两端的电压，无论正向还是反向，都具有相同的特性，也就是说压敏电阻器的两个引脚不分极性

续表

名称	实物图	电路符号	特点说明
光敏电阻器		G	光敏电阻器的阻值随着光线强度的变化而变化，光强时电阻减小，光弱时电阻增大。 光敏电阻器主要应用在光自动控制领域，如光控灯、监控器、光控玩具、光控开关、光控音乐盒等
湿敏电阻器		S	湿敏电阻器的阻值随湿度而变化，由基片（绝缘片）、感湿材料和电极构成，感湿材料感应到湿度变化，电极之间的阻值就发生变化，将湿度信号转换为电信号
气敏电阻器		Q	气敏电阻器可以将被测气体的浓度和成分信号转变为电信号，它利用某些半导体吸收特定气体后发生氧化还原反应而制成。有金属氧化物气敏电阻器、复合氧化物气敏电阻器、陶瓷气敏电阻器等类型。 国产的气敏电阻器有两种类型，一种是直热式，就是加热丝和测量电极一起烧结在金属氧化物半导体管芯内；另一种是旁热式，以陶瓷管为基地，加热丝在管内，管外有两个测量极，测量极之间为金属氧化物气敏材料。 气敏电阻器可以广泛应用于各种有害气体、可燃气体、烟雾等的检测和控制

续表

名称	实物图	电路符号	特点说明
力敏电阻器			力敏电阻器又称压电电阻器，是一种阻值随压力变化而变化的电阻器，主要类型有硅力敏电阻器、硒碲合金力敏电阻器。 力敏电阻器可以用于各种张力计、加速度计、半导体传声器及各种压力传感器中

1.4.1 热敏电阻器

热敏电阻器是阻值随着外界温度变化而变化的电阻器，是电子电路中比较常用的敏感类电阻器，分为正温度系数（PTC）和负温度系数（NTC）两类。

在实际应用中，使用最多的是 PTC 热敏电阻器，现在一起来看看 PTC 热敏电阻器的主要参数：

① 室温电阻值 R_{25}，又称为标称阻值，是指热敏电阻器在25℃下工作时的阻值。

② 最低电阻值 R_{min}，指热敏电阻器的零功率电阻-温度特性曲线中最低点的电阻值，对应的温度为 T_{min}。

③ 最大电阻值 R_{max}，指热敏电阻器的零功率电阻-温度特性曲线中最高点的电阻值。

④ 温度 T_p，指热敏电阻器承受最大电压时所允许达到的温度。

1.4.2 磁敏电阻器

磁敏电阻器又称磁控电阻器，是一种磁敏感器件，电阻器的阻值大小受到磁场强度的控制。磁敏电阻器通常包括以下参数：

① 磁阻比，指在规定的磁感应强度下，磁敏电阻器的阻值与

零磁感应强度下的电阻值的比。

② 磁阻系数，指在规定的磁感应强度下，磁敏电阻器的阻值与标称阻值的比。

③ 磁阻灵敏度，指在规定的磁感应强度下，磁敏电阻器的阻值随着磁感应强度的相对变化率。

④ 电阻温度系数，指在规定的磁感应强度和温度下，磁敏电阻器的阻值随温度的相对变化率与电阻值之比。

⑤ 最高工作温度，指在规定的条件下，磁敏电阻器长期连续工作所允许的最高温度。

1.4.3 压敏电阻器

压敏电阻器是电子电路中使用比较多的敏感类电阻器，它的阻值随着电阻两端的电压大小变化而变化。常见的压敏电阻器是对称型压敏电阻器，这种压敏电阻器对于施加在其两端的正向、反向电压具有相同的特性。而另一种非对称压敏电阻器则有极性的区别。

压敏电阻器主要包括以下主要参数：

① 压敏电压，又称击穿电压、阈值电压。是指在规定电流下的电压值，多数情况下为1mA直流电流通入压敏电阻器时测得的电压值，其范围可以从10～9000V。

② 最大允许电压。指允许加在压敏电阻器两端的电压的最大值，分为交流和直流两种。

③ 流通容量，是指在规定的条件（以规定的时间间隔和次数，施加标准的冲击电流）下，允许通过压敏电阻器上的最大脉冲（峰值）电流值。

④ 最大限制电压。指压敏电阻器两端所能承受的最高电压值，它表示在规定的冲击电流通过压敏电阻器两端所产生的电压，此电压又称为残压，所以选用的压敏电阻的残压一定要小于被保护物的耐压水平，否则便达不到可靠的保护目的。

⑤ 最大能量，又称能量耐量，表征了压敏电阻器所吸收的能

量。一般压敏电阻器的片径越大，其能量耐量也越大，耐冲击电流也越大。

⑥ 电压比，指通过压敏电阻器的电流分别为 1mA 和 0.1mA 时，电压的比值。

⑦ 额定功率，指在规定的环境温度下，压敏电阻器所能消耗的最大功率。

⑧ 最大峰值电流，一次以 8/20μs 标准波形的电流进行一次冲击的最大电流值。

⑨ 残压比，流过压敏电阻器的电流为某一值时，在它两端所产生的电压称为这一电流值的残压。残压比则为残压与标称电压之比。

⑩ 漏电流，又称等待电流，是指压敏电阻器在规定的温度和最大直流电压下，流经压敏电阻器的电流。

⑪ 电压温度系数，指在规定的温度范围（温度为 20～70℃）内，压敏电阻器标称电压的变化率，即在通过压敏电阻器的电流保持恒定时，温度改变 1℃时压敏电阻两端电压的相对变化。

⑫ 电流温度系数，指在压敏电阻器的两端电压保持恒定时，温度改变 1℃时，流经压敏电阻器电流的相对变化。

⑬ 电压非线性系数，指压敏电阻器在给定的外加电压作用下，其静态电阻值与动态电阻值之比。

⑭ 绝缘电阻，指压敏电阻器的引出线（引脚）与电阻体绝缘表面之间的电阻值。

⑮ 静态电容，指压敏电阻器本身固有的电容容量。

1.4.4 光敏电阻器

光敏电阻器又称光导管，特性是在特定光的照射下，其阻值迅速减小，可用于检测可见光的强度。光敏电阻器是利用半导体光电导效应制成的一种特殊电阻器，对光线敏感，它的电阻值能随着外界光照强弱变化而变化。在无光照射时，呈高阻状态；当有光照射时，其电阻值迅速减小。

下面介绍光敏电阻器的主要参数及特性。

① 暗电阻和亮电阻。光敏电阻器在室温和全暗条件下测得的电阻称为暗电阻或暗阻，此时的电流称为暗电流；在室温和一定光照下测得的电阻称为亮电阻或亮阻，此时的电流称为亮电流。二者之差称为光电流。暗阻越大越好，亮阻越小越好，这样灵敏度才高。

② 伏安特性曲线。在一定照度下，光敏电阻器两端所加的电压与流过的电流的关系，如图 1-19 所示。从图中可以看出，光敏电阻器的伏安特性曲线近似为直线，且无饱和现象。

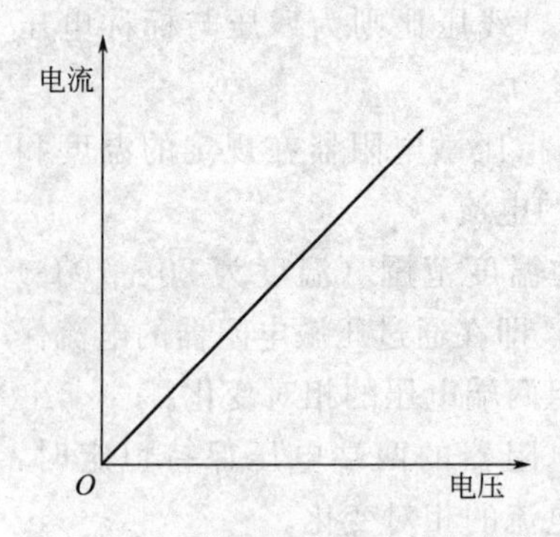

图 1-19 光敏电阻器伏安特性曲线

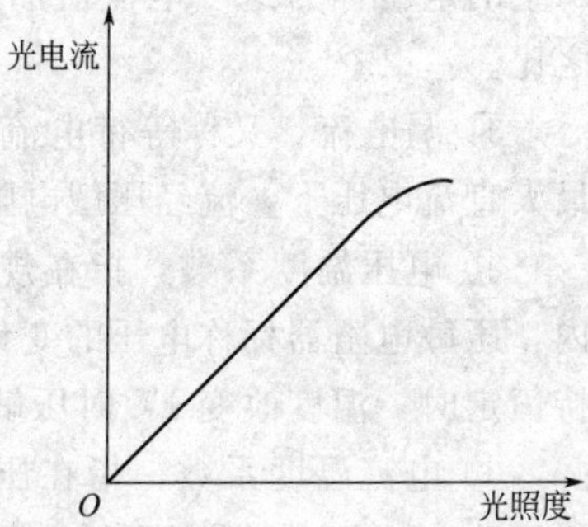

光电流
O
光照度

图 1-20 光敏电阻器光电特性曲线

③ 光电特性曲线。光敏电阻器的光电流与照度之间的关系，如图 1-20 所示。从图中可以看出，随着照度的增强，光电流增大，说明光敏电阻器的阻值在减小。光电特性不是线性的，因此光敏电阻器不宜做检测使用。

1.4.5 湿敏电阻器

湿敏电阻器是利用湿敏材料能够吸收空气中的水分而改变本身电阻值的原理而制成的。主要包括如下参数：

① 相对湿度。指在某一温度下，空气中水蒸气的实际密度与同一温度下饱和密度之比，通常使用“RH”表示。如 20%RH 表示空气的相对湿度为 20%。

② 湿度温度系数。指在环境湿度一定时，湿敏电阻器在温度每变化 1℃时其湿度指示的变化量。

③ 灵敏度。指湿敏电阻器检测湿度时的分辨率。

④ 测湿范围。指湿敏电阻器的湿度测量范围。

⑤ 湿滞效应。指湿敏电阻器在吸湿、脱湿中电气参数的滞后现象。

⑥ 相应时间。指湿敏电阻器在湿度环境快速变化时，电阻值变化的反应速度。

1.4.6 气敏电阻器

气敏电阻器是将被测气体的浓度和成分信号转变为电信号的传感器，可以分为 N 型气敏电阻器和 P 型气敏电阻器。N 型气敏电阻器的敏感气体为甲烷、一氧化碳、天然气、煤气、液化石油气、乙炔、氢气等，遇到这些气体电阻器的阻值会变小。P 型气敏电阻器在检测到可燃气体时电阻值增大，在检测到氧气、氯气、二氧化碳等时电阻值减小。

气敏电阻器的主要参数包括：

① 加热功率。指气敏电阻器的加热电压与加热电流的积。

② 允许工作电压范围。指在保证基本电气参数的情况下，气敏电阻器工作电压允许变化的范围。

③ 工作电压。指工作条件下气敏电阻器两级间的电压。

④ 加热电压。指气敏电阻器加热器两端的电压。

⑤ 加热电流。指气敏电阻器加热器两端的电流。

⑥ 灵敏度。指气敏电阻器在最佳工作条件下，接触气体后电阻值随敏感气体的浓度变化的特性。

⑦ 响应时间。指气敏电阻器在最佳工作条件下，接触被测气体后，负载电阻的电压变化到规定值所需的时间。

⑧ 恢复时间。指气敏电阻器在最佳工作条件下，脱离被测气体后，负载电阻的电压恢复到规定值所需的时间。

1.5 可变电阻器和电位器

可变电阻器和电位器都是在一定范围内可以手动改变阻值的电子元器件，可变电阻器和电位器的结构与普通电阻器有明显的不同，因此其外形特征也与普通电阻器大不相同。

1.5.1 可变电阻器外形特征和电路图形符号

可变电阻器的实物通常较普通电阻器大，表 1-11 给出了几种可变电阻器的实物图。

表 1-11 几种可变电阻器的实物图及说明

名称	实物图	说明
膜式可变电阻器		采用旋转式调节方式，一般用于小信号电路中，用来调节偏置电压或偏置电流，信号幅度等。有全密封式、半密封式、非密封式三种结构
线绕式可变电阻器		属于功率型电阻器，具有噪声小、耐高位、电流大等优点，用于各种低频电路的电压电流调整
卧式可变电阻器		主要用于小信号电路中，引脚垂直向下，平卧安装在电路板上，阻值调节口向上

续表

名称	实物图	说明
立式可变电阻器		主要用于小信号电路中,引脚与调节平面垂直,垂直安装在电路板上,阻值调节口水平
小型可变电阻器	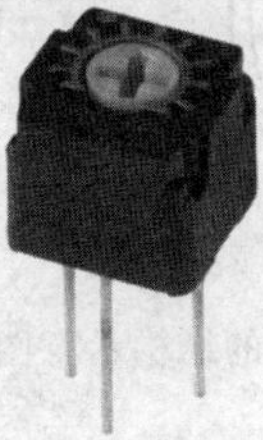	小型可变电阻器的体积小,外壳是圆形的。通常应用于体积很小的电子设备中
精密可变电阻器	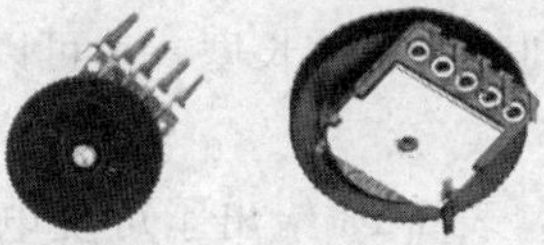	精密可变电阻器调整电阻值时精度高,它在阻值调整时可以转动多圈

在电路中，可变电阻器的符号也与一般的电阻器不同，表1-12给出了可变电阻器的电路符号。

表 1-12 可变电阻器电路符号说明

名称	电路符号	说明
可变电阻器电路符号	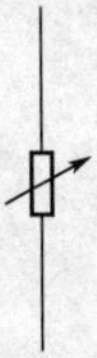	可变电阻器的电路符号是在普通电阻器电路符号上加上一个箭头,来表现其阻值可变的。 电路符号中标示了两个定片引脚和一个动片引脚

1.5.2 可变电阻器工作原理和引脚识别方法

了解可变电阻器的结构，就可以了解它的工作原理。图 1-21 给出了小信号可变电阻器的结构示意图。

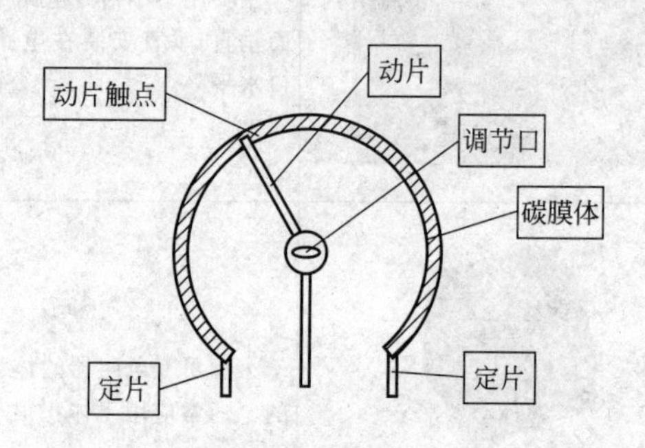

图 1-21　小信号可变电阻器的结构示意图

从图中可以看出，可变电阻器主要由动片、碳膜体、三根引脚组成。三根引脚中两根是固定引脚（称为定片），一根是动片引脚。通过旋转动片，改变动片和定片间的电阻体长度，就可以改变接入到电路中的电阻大小。

可变电阻器通常有三个引脚，表 1-13 给出了可变电阻器的引脚识别方法。

表 1-13　可变电阻器引脚识别方法

名称	实物图	说明
三根引脚	动片 定片2 定片1	可变电阻器具有三根引脚，一根为动片引脚，两根为定片引脚，两个定片引脚可以互换使用

续表

名称	实物图	说明
调节口	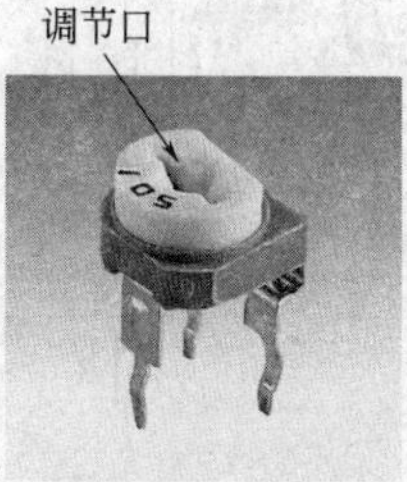 调节口	可变电阻器上有一个调节口，用螺钉旋具可以改变动片的位置，进行电阻值的调节
大功率可变电阻器	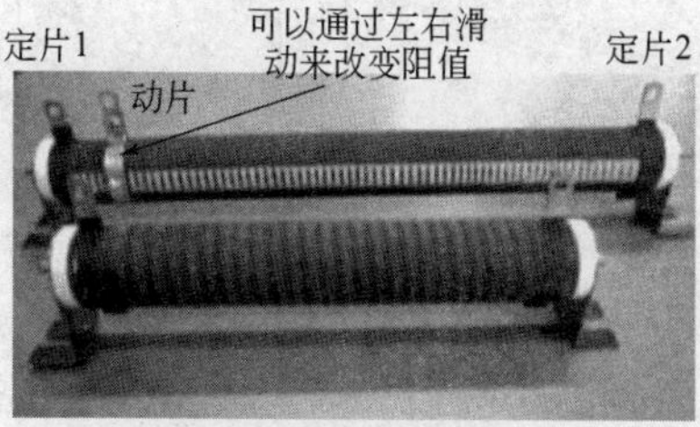 定片1 可以通过左右滑动来改变阻值 定片2 动片	需要的功率较大时，使用线绕式可变电阻器，动片可以左右滑动

1.5.3 三极管偏置电路中的可变电阻电路

图 1-22 所示为收音机高频放大管 VT_1 的分压式偏置电路。电路中，VT_1 构成高频放大器；RP_1、R_1 和 R_2 构成分压式偏置电路，其中，RP_1 和 R_1 构成上偏置电阻，R_2 构成下偏置电阻。

电路中 RP_1、R_1 和 R_2 分压电路决定了 VT_1 静态电流的大小，图 1-23 是这一偏置电路中电流示意图，基极电流为流入三极管 VT_1 基极的静态偏置电流。

分压电路的输出电压大小由 RP_1、R_1、R_2 三只电阻阻值大小决定，R_1 和 R_2 是固定电阻器。调节可变电阻器 RP_1 阻值时，可以改变 VT_1 基极电压，从而可以改变 VT_1 静态电流。所以，设置可变电阻器 RP_1 后，能够方便地调节 VT_1 静态工作电流。

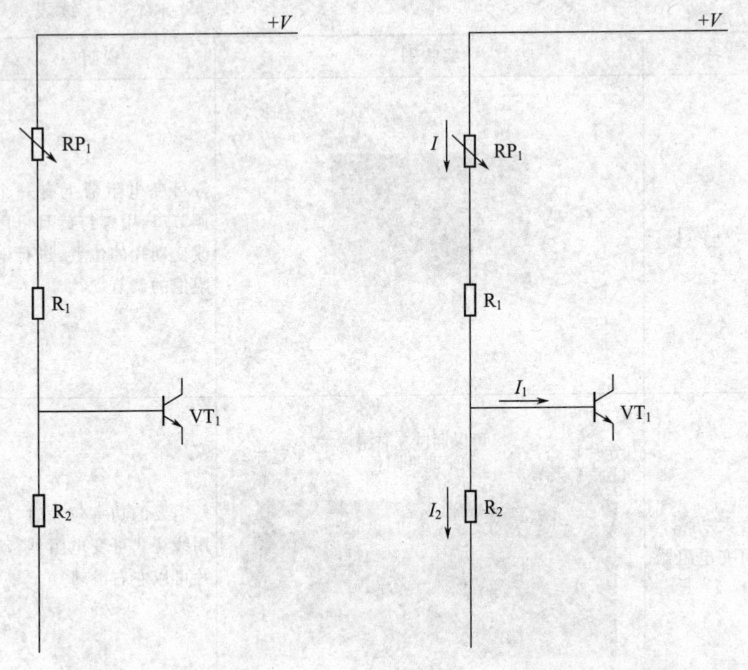

图 1-22　三极管偏置电路　　　图 1-23　三极管偏置电路中的电流

1.5.4　电位器外形特征

表 1-14 给出了几种常见电位器的外形特征。

表 1-14　几种常见电位器的外形特征

名称	实物图	说明
旋转式单联电位器		圆形结构的电位器，有一根金属转柄，转柄可以在一定角度内旋转，但不能旋转一整周
直滑式单联电位器		长方形结构的电位器，操纵柄竖直向上，只能直线滑动

续表

名称	实物图	说明
旋转式 双联电位器		与旋转式单联电位器相似，有两个单联电位器，用一个转柄控制两个单联电位器的阻值
旋转式 多联电位器		多联的旋转式电位器，用一个转柄控制所有电位器的阻值
直滑式 双联电位器		与直滑式单联电位器相似，有两个单联电位器，用一个操纵柄控制两个单联电位器的阻值
步进电位器		采用高精度特殊电阻制作，用于专业功放中作为音量控制
精密电位器		调整精度高，用于精密电路中

续表

名称	实物图	说明
带开关小型电位器		一般用于音量控制中，附有一个电源开关，转动时，先接通开关触点，然后才进行阻值调节
带开关碳电位器		用于音量控制电路中，但是它的开关通常控制整机电路中的220V交流电源
有机实心电位器		这种电位器具有耐热性好、功率大、可靠性高、耐磨等优点，但温度系数大、耐潮性能差、动噪声大、工艺复杂
无触点电位器		这种电位器消除了机械接触，可靠性高，寿命长

1.5.5 电位器电路图形符号、结构和工作原理

电位器的电路符号与电阻器、可变电阻器的电路符号比较相似，表 1-15 给出了电位器电路符号的说明。

表 1-15 电位器电路符号说明

名称	电路符号	说明
一般电路符号	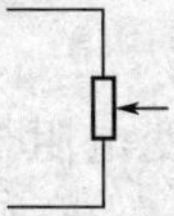	使用 RP 来表示电位器，RP 是 Resistor Potentiometer 的缩写
开关电位器电路符号	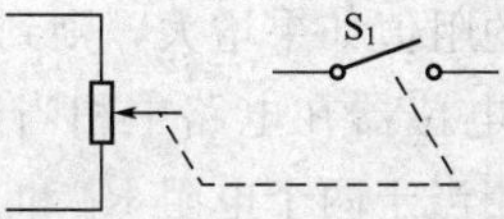 S_1	S_1 是 RP 上的开关，转动转柄时，首先接通开关，然后调节电阻值，通常用于带电源开关的音量控制电路
作为可变电阻器时的电路符号	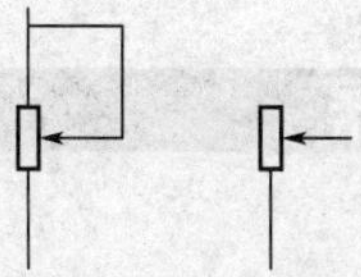	此时电位器用作可变电阻器
双口运用时的电路符号	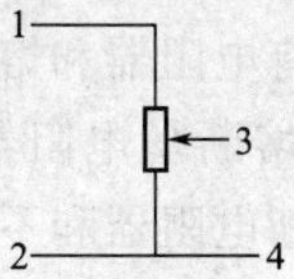 1 3 2 4	将电位器的 3 根引脚分成 4 个端点，构成输入回路和输出回路
双联同轴电位器的电路符号	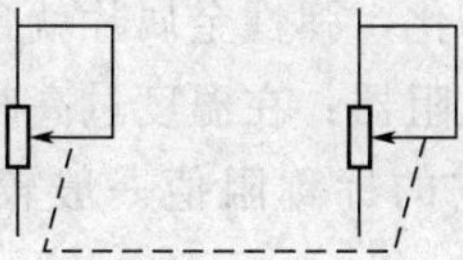	电路符号就是两个单联电位器使用虚线连接，两个电位器的阻值同步变化

电位器的结构与可变电阻器也比较相似，图 1-24 给出了碳膜电位器的结构示意图。

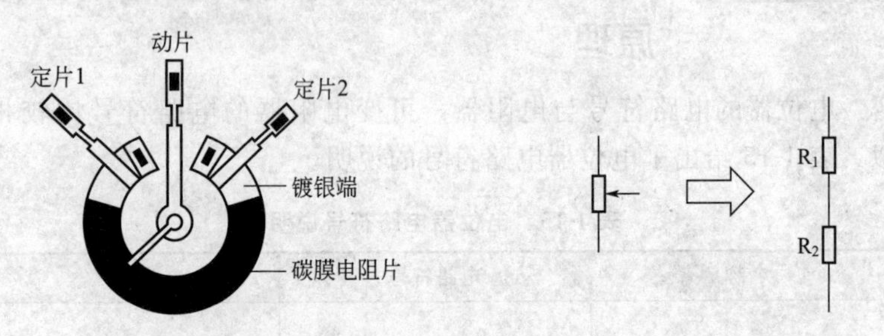

图 1-24　碳膜电位器的结构示意图　　图 1-25　电位器原理示意图

从图中可以看出，与可变电阻器类似，在转动电位器的转柄时，动片在电阻体上滑动，动片到两个定片之间的阻值就发生改变。

动片到一个定片的阻值如果增大，则到另一个定片的阻值就减小，如图 1-25 所示，电位器在电路中相当于两个电阻串联，动片到两个定片的阻值就相当于两个电阻 R_1 和 R_2。

1.6 其他电阻器

1.6.1 熔断电阻器

熔断电阻器是一种具有电阻器和熔断丝两种作用的元器件，主要用于过流保护，又称为熔断丝电阻器。熔断电阻器按照工作方式，可以分为可修复型熔断电阻器和不可修复型熔断电阻器。

可修复型熔断电阻器：用低熔点的焊料焊接在弹性金属片上，当温度过高时，焊点熔化，弹性金属片就自动弹开，使电路开路。

不可修复型熔断电阻器：在温度过高时，这种电阻器的电阻膜层或绕阻丝会熔断，它的标称阻值一般较小，从几欧姆到 100Ω，采用色标法标注。

熔断电阻器主要用于直流电源电路中，表 1-16 给出了几种熔断电阻器的实物图。

表 1-16　几种熔断电阻器的实物图

名称	实物图
瓷壳封装型熔断电阻器	
金属膜熔断电阻器	
线绕熔断电阻器	

熔断电阻器的主要特点如下：

① 熔断电阻器是一次性的，熔断后呈开路状态，不会自动恢复。

② 采用熔断电阻器作为电路中的熔断丝，体积小，安装方便，而一般的熔断丝需要在电路中使用支架安装。

③ 熔断电阻器在电路正常工作时，起到普通电阻器的作用，当电路出现过流，熔断电阻器就熔断，起到熔断丝的作用，保护电路中其他的元件。

1.6.2 排阻

排阻也称网络电阻（或电阻网络），是一排电阻的简称。将一排电阻网络封装起来，就像集成电路一样，也称为集成电阻器。表1-17给出了排阻的实物图及相关说明。

表 1-17　排阻的实物图及相关说明

名称	实物图	说明
单列直插排阻		这种网络电阻只有一排引脚,内部有一组电阻
双列直插排阻		这种网络电阻有两排引脚,内部电路的形式多样
高精密网络电阻		这种网络电阻稳定性好、精度高、温度系数低,适用于有精密分压、分流要求的电路中

排阻的内电路有很多种，这些电路都简单而重复。相较于多个独立电阻，排阻在精度、温度系数匹配等方面具有较大的优势，阻值的一致性也更好。

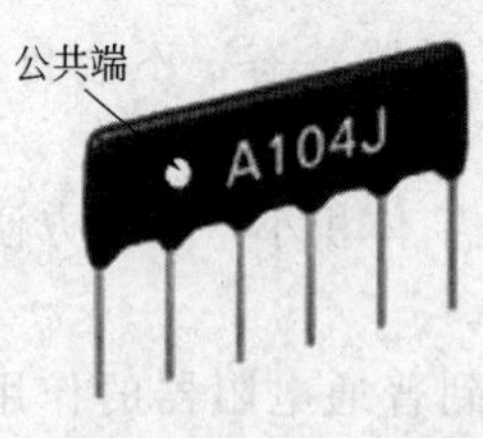

图 1-26　排阻公共端示意图

从排阻内电路具有一个公共端，如图1-26所示，内电路的1脚是公共端，在排阻体上有一个圆点标记出来。

排阻的阻值表示法与电阻器的3位表示法和4位表示法相同，例如：

① 标注100，意思是 $10\times10^{0}=10\Omega$；

标注 473，意思是 $47\times10^3=4700\Omega$；

② 标注 1202，意思是 $120\times10^2=12000\Omega=12k\Omega$；标注 1542，意思是 $154\times10^2=15400\Omega=15.4k\Omega$；

③ 如果阻值有小数点，用 R 表示，并占一位有效数字，如标注 22R1，则阻值是 22.1Ω；

④ 如果标注为 0 或 000，则阻值是 0，即为跳线（短路线）。

第2章 电容器

电容器，英文为Capacitor，在电路中通常使用字母C来表示。电容器是电子电路中使用量仅次于电阻器的基本元器件，本章主要给大家介绍与电容器相关的知识。

【本章内容提要】

◆ 电容器基础知识

◆ 电容器基本工作原理和主要特性

◆ 电容器基本电路

◆ 微调电容器和可变电容器

◆ RC电路

2.1 电容器基础知识

2.1.1 电容类元器件种类

电容器的种类很多，分类方法也有很多，如图2-1所示为常见电容类元器件的种类。

表2-1给出了部分电容类元器件的实物图。

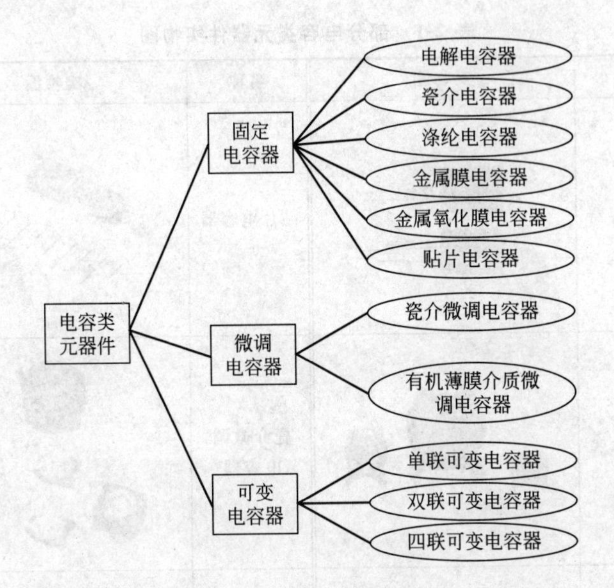

图 2-1　电容类元器件种类

在这些电容器中，普通电容器使用最多，在本节主要关注普通电容器的相关特性。对于普通电容器来说，通常具有以下外形特征：

① 普通固定电容器共有两根引脚，除有极性电解电容外均不分正负极；

② 普通固定电容器的外形可以是圆柱形、长方形、圆片等；

③ 普通固定电容器的外壳是彩色的，在外壳上有些直接标注容量大小，有些采用字母、数字、色码等方式标注容量和允许偏差等；

④ 普通固定电容器的体积不大；

⑤ 普通固定电容器在电路板上可以立式安装，也可以卧式安装，它的两根引脚是可以弯曲的。

2.1.2 电容器电路图形符号及型号命名方法

电容器在电路中的符号如图 2-2 所示。

表 2-1 部分电容类元器件实物图

名称	实物图	名称	实物图
电解电容器		贴片电容器	
瓷介电容器		瓷介微调电容器	
涤纶电容器		单联可变电容器	
金属膜电容器		双联可变电容器	
金属氧化膜电容器		四联可变电容器	

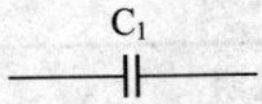

C1

图 2-2　普通电容器的电路符号

C_1 表示是第一个电容；

中间的两条平行线表示电容结构为平行板，两板之间互相绝缘；

两侧的两根黑线表示两个引脚。

对于其他种类的电容器，它们的电路符号有一定的区别，表 2-2 和表 2-3 分别给出了电解电容器的电路符号和可变电容器及微调电容器电路符号与说明。

表 2-2　电解电容器的电路符号与说明

名称	电路符号	说明
新的有极性电容器电路符号	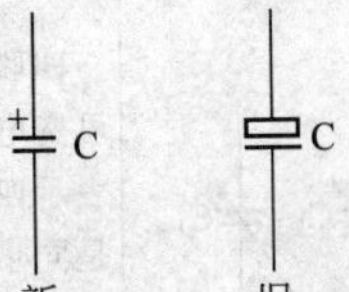 + C（新）　C（旧）	国标最新规定的电路符号，在符号中使用"＋"号表示电容器有极性，并且"＋"号所在的引脚为正极，另一个引脚为负极，一般不标出负极。 旧符号中使用空心矩形表示有极性电容器的正极，另一个引脚为负极
国外有极性电容器电路符号	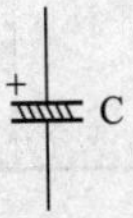 + C	使用"＋"号表示该引脚为正极，在进口电子电路图中常见到这种符号
无极性电容器电路符号	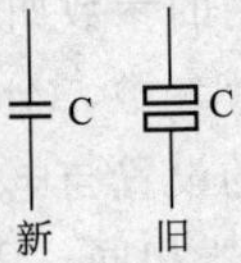 C（新）　C（旧）	无极性电解电容器的符号

表 2-3 可变电容器及微调电容器电路符号与说明

名称	电路符号	说明
单联可变电容器	C	这种可变电容器称为单联可变电容器，有箭头的一端为动片，另一端为定片。 电路符号中的箭头表示了电容量是可变的
双联可变电容器	C_{1-1} C_{1-2}	双联可变电容器的电路符号，虚线的连接表示两个可变电容器的电容类调节是同步进行的。 它的两个联分别用 C_{1-1}、C_{1-2} 表示，以便在电路中进行区分
四联可变电容器	C_{1-1} C_{1-2} C_{1-3} C_{1-4}	四联可变电容器的电路符号，四联可变电容器简称为四联，虚线的连接表示四个可变电容器的电容类调节是同步进行的。 它的四个联分别用 C_{1-1}、C_{1-2}、C_{1-3}、C_{1-4} 表示，以便在电路中进行区分
微调电容器	C	微调电容器的电路符号中使用另一个图案代替箭头，用以表示和可变电容器的区别

2.1.3 电容器参数和识别方法

电容器的参数比较多，常用的参数如下。

① 标称容值：标称电容量参数，分为许多系列，常用的有E6、E12 等系列，这两个系列的设置与电阻器一样。

② 允许偏差：含义与电阻器相同，固定电容器允许偏差常用的是±5%、±10%和±20%，通常容量越小，允许偏差也越小。

③ 额定电压：指在规定的温度范围内，可以连续加在电容器上而不损坏电容器的最大直流电压或交流电压的有效值。如果使用中工作电压大于额定电压，电容器就会被击穿而损坏。

④ 绝缘电阻：又称为漏电电阻，电容器两极间的介质不是绝对绝缘的，所以电阻不是无穷大，这个两极间的电阻称为绝缘电阻。其大小等于额定工作电压下直流电压与通过电容器的漏电流的比值，漏电电阻越大越好。

⑤ 温度系数：电容器的电容量会随着温度的变化而变化，这一特性用温度系数来表示，温度系数有正负之分。在使用中，希望温度系数越小越好，如果工作中对电容器的温度有要求时，需要采用温度补偿电路。

⑥ 介质损耗：电容器在电场下消耗的能量，通常为损耗功率和电容器的无功功率的比，介质损耗大的电容器不宜在高频电路中工作。

在电容器体上，通常标注电容器的标称电容量、允许偏差和额定电压等指标。对于固定电容器来说，其参数的标识方法有直标法、色标法、字母数字混标法、3 位数表示法、4 位数表示法等多种。

(1) 电容器参数直标法

直标法在电容器标注中应用最为广泛，在电容器体上直接使用数字标注出标称容量、允许偏差、额定电压等。如图 2-3 所示就是一种直标法的示意图。

图 2-3 电容器参数直标法示意图

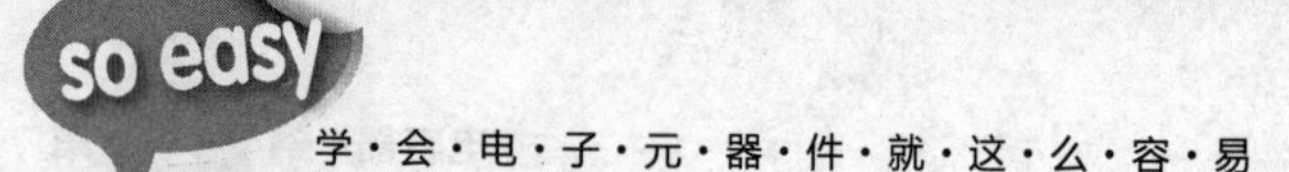

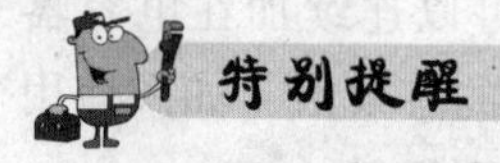

壳体上直接就标明了！

【例 2-1】 从图 2-3 中标注的 6μF±5%、450V 等可以直接得知该电容器的电容量、允许偏差、额定电压等技术指标

(2) 电容器标称容量色标法

采用色标法的电容器也称为色码电容，用色码来表示电容器的标称容量。色码法电容器的具体表示方法与电容器类似，首先需要确定各种色码对应的数字，见表 2-4。

表 2-4 各种色码对应的数字

颜色	有效数字第 1、2 位或第 3 位	倍乘 倒数第 2 位	允许偏差 倒数第 1 位	工作电压 /V
银	—	10^{-2}	±10	—
金	—	10^{-1}	±5	—
黑	0	10^{0}	—	4
棕	1	10^{1}	±1	6.3
红	2	10^{2}	±2	10
橙	3	10^{3}	—	16
黄	4	10^{4}	—	25
绿	5	10^{5}	±0.5	32
蓝	6	10^{6}	±0.25	40
紫	7	10^{7}	±0.1	50
灰	8	10^{8}	—	63
白	9	10^{9}	+50 −20	—
无色	—	—	±20	—

可以看出，这些色码对应的数字与电阻器的色环标识法是完全相同的。需要注意，这里计算出的电容量的大小是 pF。现在举例来说明色标法电容器是如何标识的。

【例 2-2】 如图 2-4 所示的色标法电容器，其电容量为：

$$47\times10^3=4700\text{pF}=0.047\mu\text{F}$$

同时需要注意的是，如果色码中有两个重复的数字，可以使用宽一倍的色码来表示。

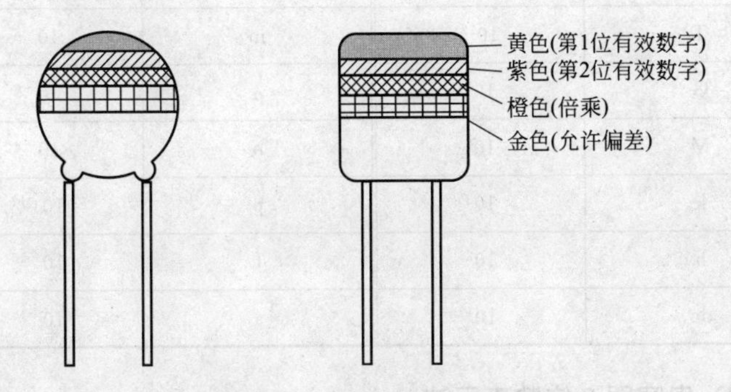

图 2-4　色标法电容器示意图

(3) 电容器标称容量字母数字混标法

电容器的字母数字混标法同电阻器表示方法是相同的，表 2-5 给出了几个字母数字混标法的例子。

表 2-5　电容器标称容量字母数字混标法示例

表示方式	标称电容量	表示方式	标称电容量
p1 或 p10	0.1pF	μ33 或 R33	0.33μF
1p0	1pF	5μ9	5.9μF
5p9	5.9pF	1mF	1mF
3n3	3.3nF	10nF	10nF

在表 2-5 中，需要注意两点：

① 0.33μF 表示成 R33，凡是零点几微法的电容器，可以在数字前面用 R 来表示。

② 表中的 n、m、p 都是用来表示幂次的词头，表 2-6 给出了这些词头符号的含义。

表 2-6　词头符号的含义

词头符号	表示数	词头符号	表示数
E	10^{18}	d	10^{-1}
P	10^{15}	c	10^{-2}
T	10^{12}	m	10^{-3}
G	10^{9}	μ	10^{-6}
M	10^{6}	n	10^{-9}
k	10^{3}	p	10^{-12}
h	10^{2}	f	10^{-15}
da	10^{1}	a	10^{-18}

(4) 电容器 3 位数表示法

在电容器的 3 位数表示法中，使用 3 位整数来表示其标称电容量，后面使用一个字母表示允许偏差，3 位数表示法通常用于体积较小的电容器上。图 2-5 所示是电容器 3 位数表示法示意图。

图 2-5　电容器 3 位数表示法示意图

3 位数表示法也称电容量的数码表示法。三位数字的前两位数字为标称容量的有效数字，第三位数字表示有效数字后面零的个数，它们的单位都是 pF。

【例 2-3】

102 表示标称容量为 $10\times10^{2}=1000$pF。

221 表示标称容量为 $22\times10^{1}=220$pF。

224 表示标称容量为 22×10^4＝220000pF。

在这种表示法中有一个特殊情况，就是当第三位数字用“9”表示时，是用有效数字乘上 10^{-1} 来表示容量大小。如：

229 表示标称容量为 22×10^{-1}pF＝2.2pF。

(5) 电容器 4 位数表示法

如图 2-6 所示是电容器 4 位数表示法的示意图。

四位数字的表示法也称不标单位的直接表示法。这种标注方法是用 1～4 位数字表示电容器电容量，其容量单位为 pF。如用零点零几或零点几表示容量时，其单位为 μF。

【例 2-4】

4700 表示标称容量为 4700pF。

680 表示标称容量为 680pF。

7 表示标称容量为 7pF。

0.056 表示标称容量为 0.056μF。

图 2-6 电容器 4 位数表示法示意图

(6) 电容器允许偏差表示方法

电容器的允许偏差主要有 5 种表示方式。

① 等级表示方式。表 2-7 给出了电容器允许偏差的等级表示的说明。

表 2-7 电容器允许偏差的等级表示

误差标记	误差含义	误差标记	误差含义
02	±2%	Ⅳ	－30%～＋20%
Ⅰ	±5%	Ⅴ	－20%～＋50%
Ⅱ	±10%	Ⅵ	－10%～＋100%
Ⅲ	±20%		

② 百分比表示方式。电容器的允许误差百分比表示方式，将±5%、±10%、±20%等直接标注在电容器上，可以直接从电容器体上进行识别。

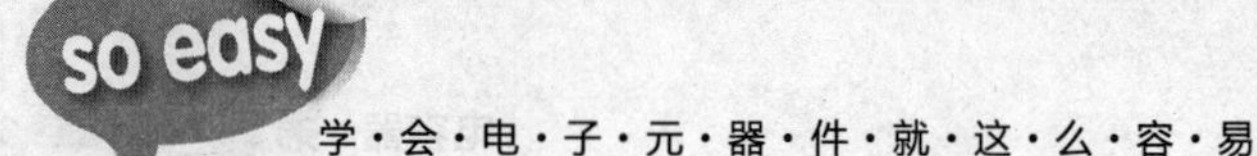

③ 用数字表示百分比。这种表示方法与百分比表示相似，但省去±和%符号，如直接标注 5 就是表示该电容器的允许偏差是±5%。

④ 直接表示绝对允许偏差。这种表示方法将绝对允许偏差直接标注在电容器上。例如 4.7pF±0.5pF。

⑤ 字母表示方法。在这种允许偏差表示方法中，使用大写字母来表示允许偏差，表 2-8 给出了字母表示方式中大写字母的具体含义。

表 2-8　电容器允许偏差的字母表示方式

字母	B	C	D	F	G	J	K	M	N
含义	±0.1%	±0.25%	±0.5%	±1%	±2%	±5%	±10%	±20%	±30%
字母	H	R	T	Q	S	Z	无标记		
含义	+100% 0	+100% −10%	+50% −10%	+30% −10%	+50% −20%	+80% −20%	+不定 −20%		
字母	B	C	D	E					
含义	±0.1	±0.25	±0.5	±5					

这里表格的最后两行，采用了绝对允许偏差表示方式，只适用于标注电容量小于 10pF 的电容器，表中允许偏差的单位是 pF。

(7) 常用电容器的标称容量系列

电容器的标称容量系列的含义与电阻器类似，表示“通常生产的电容器的标称容量都有哪些”，针对不同种类的电容器，具有不同的标称容量系列。

表 2-9 给出了常用电容器的标称容量系列。

表 2-9　常用电容器的标称容量系列

电容器类别	允许误差	容量范围	标称容量系列
纸介电容器、金属化纸介电容器、纸膜复合介质电容器、有极性低频有机薄膜介质电容器	±5% ±10% ±20%	100pF～1μF	1.0、1.5、2.2、3.3、4.7、6.8
		1～100μF	1、2、4、6、8、10、15、20、30、50、60、80、100

续表

电容器类别	允许误差	容量范围	标称容量系列
无极性高频有机薄膜介质电容器、瓷介电容器、玻璃釉电容器、云母电容器	±5%	1～1μF	1.1、1.2、1.3、1.5、1.6、1.8、2.0、2.4、2.7、3.0、3.3、3.6、3.9、4.3、4.7、5.1、5.6、6.2、6.8、7.5、8.2、9.1
	±10%		1.0、1.2、1.5、1.8、2.2、2.7、3.3、3.9、4.7、5.6、6.8、8.2
	±20%		1.0、1.5、2.2、3.3、4.7、6.8
铝电解电容、钽电解电容、铌电解电容、钛电解电容	±10% ±20% +50%/－20% +100%/－10%	1～1000000μF	1.0、1.5、2.2、3.3、4.7、6.8

(8) 常用电容器的直流电压系列

表 2-10 给出了常用电容器的直流电压系列，其中有“*”的数值只限电解电容使用。

表 2-10　常用电容器的直流电压系列

1.6	4	6.3	10
16	25	32*	40
50	63	100	125*
160	250	300*	400
450*	500	630	1000

2.2 电容器基本结构和主要特性

2.2.1 电容器基本结构

如图 2-7 所示是电容器基本结构的示意图。

电容器由两块极板构成，极板之间填充绝缘介质，将两个极板分别引出至引脚上，就构成了电容器。电容器的结构非常简单，但

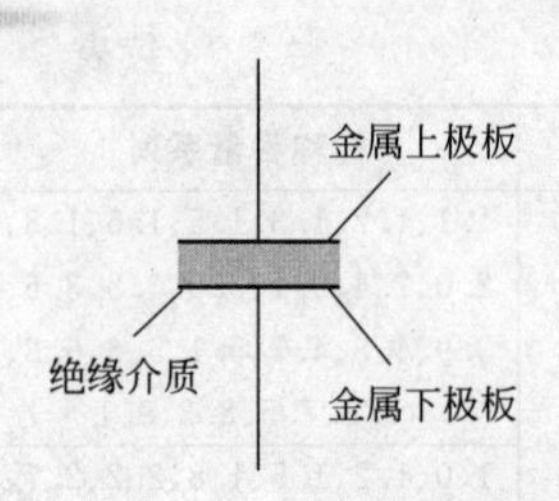

图 2-7　电容器基本结构示意图

是需要保证两个极板之间是绝缘的。电容器的电路符号也表示了这一点，用两条平行线表示两极板间绝缘。

电容器的容量，指的是电容器存储电荷多少的能力，是电容器的重要参数。电容器的容量大小使用大写字母 C 表示，容量 C 的计算公式为：

$$C=\frac{\varepsilon S}{4\pi d}$$

式中　ε——介质的介电常数；

S——两极板间相对重叠部分的极板面积；

d——两极板间的距离。

从上面的公式可以知道电容器的容量 C 的大小与两极板相对面积 S 成正比，与两极板间的距离 d 成反比。

2.2.2　电容器主要特性

掌握电解电容器的特性是分析电容电路工作原理的关键，电容器具有交直流下的充放电特性、储能特性、容抗特性、电压缓变特性等，下面进行具体说明。

(1) 电容器直流电源充放电特性

图 2-8 所示为直流电源对电容器充电的示意图。

电路图中 E_1 为直流电源、R_1 为电阻、C_1 为电容、S_1 为开关。掌握了直流电源对电容器的充电过程，对于更好地掌握电容器的直流特性是有帮助的。电容器的充电过程如下：

① 开关 S_1 未接通前，电容 C_1 中没有电荷，电容两端没有电压。

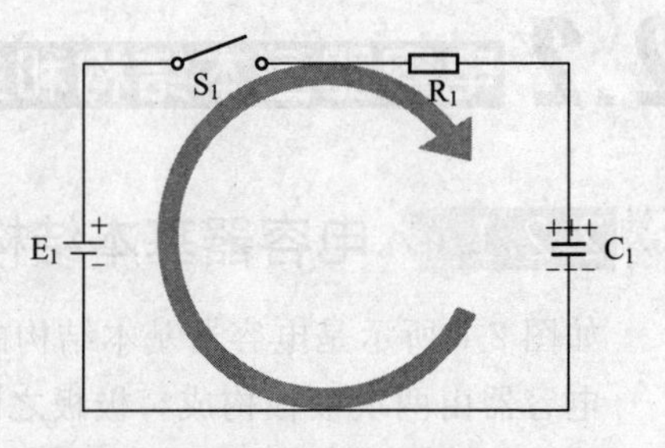

图 2-8　直流电源对电容器充电示意图

② 开关 S_1 接通，电路中的直流电源 E_1 开始对电容 C_1 充电，此时电路中有电流流动，电流的路径和方向在图中已经标出，电容 C_1 的上下极板上带有图示的电荷，这里的上极板带有正电荷，下极板为负电荷，电荷就被存储在了电容器中，这些电荷就使得电容器两端具有电压，这个电压就是直流电压 E_1 对电容器的充电电压。

③ 随着充电的进行，电容器两极板上的电荷越来越多，两极板间的电压也越来越大，这一过程称为充电过程。充电到一定程度后，电容 C_1 两端的电压等于直流电源 E_1 的电压，这时没有电流对 C_1 继续充电，电容充电过程结束。

④ 充满电后，电路中没有电流流动，此时电容 C_1 处于开路状态，即电容具有隔开直流电流的作用，简称为隔直作用。

在充满电后，电容器中还存在多种能量消耗，其上的电荷会慢慢减少，直至全部流失。

从充电电路中去掉电源，电容器就开始进行放电，如图 2-9 所示。

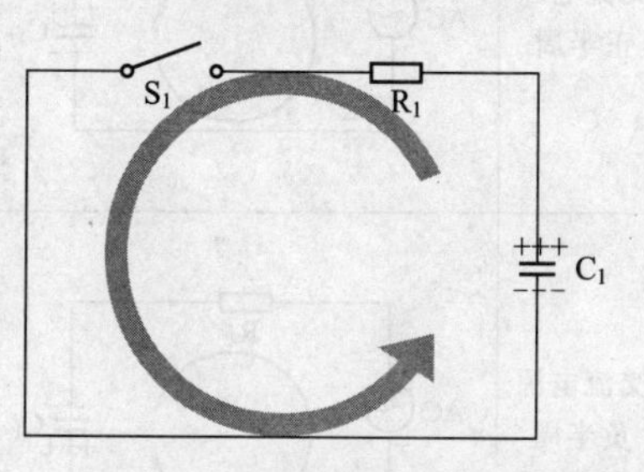

图 2-9　电容器放电示意图

在这个电路中，电容 C_1 可以看作是一个电池，对电路进行供电，产生放电电流。随着放电的进行，电容 C_1 中的电荷越来越少，放电电流也越来越小，直至 C_1 中的电荷全部放尽，C_1 两端的电压为 0V。

(2) 电容器交流电源充放电特性

图 2-10 所示为电容器交流电源充放电示意图。

需要注意的是，在分析交流电源对电容充电时，要将交流电压分成正负两个半周进行。表 2-11 给出了电容器交流电源充放电正负半周的说明。

虽然电容器 C_1 两极板间绝缘，但是由于交流电流的充电方向在不断改变，就可以等效成交流电通过了电容器 C_1，采用这种等

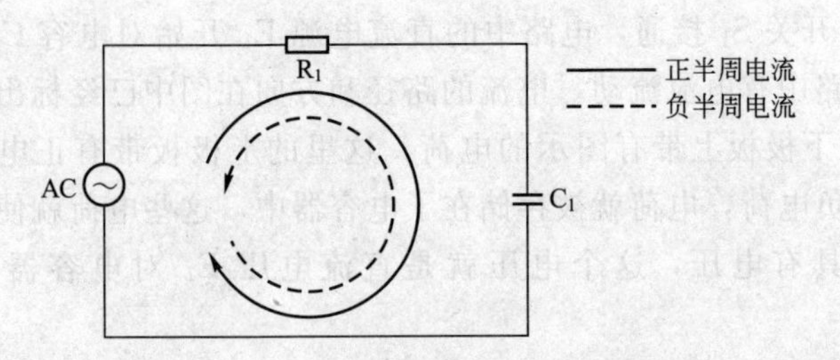

图 2-10　电容器交流电源充放电示意图

表 2-11　电容器交流电源充放电正负半周的说明

名称	示意图	说明
交流电源正半周	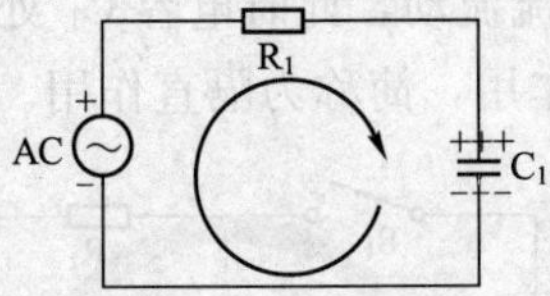	在交流电源的正半周，电源对电容器的充电方向如图示方向，在电阻 R_1 上电流的方向为从左至右
交流电源负半周	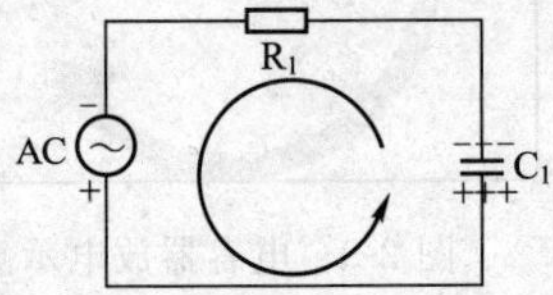	在交流电源的负半周，电源对电容器的充电方向如图示方向，在电阻 R_1 上电流的方向为从右至左

效分析的方法，会简化电路的分析过程。不仅是电容交流电路，对于其他的电路，这种等效分析方法也被大量地使用着。

(3) 电容器的隔直通交特性

所谓电容器的隔直通交特性，就是隔直特性和通交特性的叠加特性。

在实用的电路应用中，交流电信号通常是叠加在直流电上进行传输的，也就是输入信号是由直流电压和交流电压复合而成的，为了提取其中的交流电信号，通常可以将这个复合信号通过如图 2-11 所示的电路。

当直流电流通过该电路时，由于电容器 C_1 的隔直作用，直流电不能通过电容器 C_1，所以在输出端没有直流电流；而电容器 C_1 具有通交的特性，因此交流电可以通过电容器 C_1 和电阻器 R_1 构成回路，在回路内产生交流电流，这个交流电流通过电阻器 R_1，在输出端产生交流电压，这样就把叠加在直流电上的交流信号提取出来了。

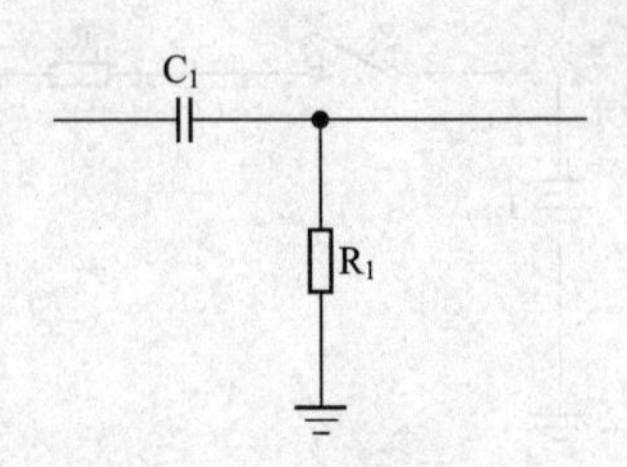

图 2-11 电容器隔直通交特性电路

(4) 电容器的储能特性

当电容器被充电之后，所充的电荷会存储在电容器中，而电容器本身理论上是不消耗电能的。只要外电路不存在让电容器放电的条件，如前文中提到的各种放电电路，电荷就一直存储在电容器中，电容器的这种特性称为电容器的储能特性。

但是在实际上，电容器存在各种各样的能量损耗，只是相较于电阻器，这种能量损耗要小得多，因此在电路分析中，通常不考虑电容器的能量损耗。

(5) 电容器的容抗特性

前面的说明中提到，电容器所谓的“通过”交流电流是等效出来的，因此电容器对交流电会产生一定的阻碍作用，这种阻碍作用称为容抗，不同频率的交流电和不同容量大小的电容器，产生的容抗大小也不同。容抗的值可以使用下面的公式表示：

$$X_c = \frac{1}{2\pi fC}$$

式中 X_c——容抗；

f——交流电的频率，Hz；

C——电容器的容量，F。

与电阻阻碍电流一样，在大多数的电路分析中，可以将容抗当作一个特殊的电阻来进行等效处理。

(6) 电容器两端电压缓变特性

与电阻器不同，电容器两端的电压一定不会发生突变，这个特

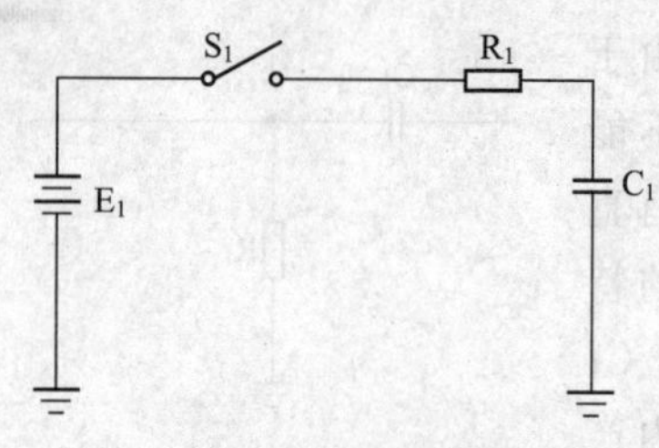

图 2-12　电容器的电压缓变特性示意图

性称为电容器的电压缓变特性，下面参照图 2-12 来分析电容器的这种特性在开关 S_1 为闭合时，电容器 C_1 中没有电荷，两端电压为 0V。

在开关 S_1 闭合的瞬间，即为前面提到的电容器的直流电源充电过程，对 C_1 的充电需要一定的时间，所以在 S_1 闭合的瞬间，电容器 C_1 两端的电压仍然为 0V。

如果电容器 C_1 内部原来存有电荷，则 C_1 两端存在电压，在闭合开关 S_1 接通电源的瞬间，C_1 两极板上的电压等于原来的电压，即电容器两端的电压大小没有改变。

上面说明的是对电容器充电的情况，放电的情况与之类似，在放电的过程开始的瞬间，电容器两端的电压也不能发生突变。

2.3 电解电容器

前面介绍了电容器的一些知识，电解电容器是固定电容器中的一种，但是它与普通的固定电容器有较大的不同，同时在电路中的应用十分广泛，因此下面单独使用一节的内容介绍电解电容器的相关知识。

2.3.1 电解电容器的种类

电解电容器的分类方法有数种，最常用的就是按照引脚有无极性来分类。

① 有极性：有极性的电解电容器的两根引脚有正、负极之分，是最为常用的电解电容器。

② 无极性：无极性的电解电容器的两根引脚没有极性的分别，

相较于普通固定电容器，它的容量更大。无极性电解电容器又包括普通无极性电解电容器、主要用于扬声器分频电路中的分频电容器、用于电视机扫描电路中的S校正电容器、数字集成电路中的电源滤波电容器等。

2.3.2 有极性电解电容器引脚极性识别方法

电解电容器由于体积比较大，因此一般采用直标法来标识标称容量、允许偏差、额定电压等，对于有极性电解电容器来说，因为必须接对极性才能正常工作，因此还需要标记出引脚的极性，表2-12给出了有极性电解电容器的引脚表示方法。

表 2-12 有极性电解电容器的引脚表示方法

示意图	说明
	在电阻体上使用负号标记出负极性引脚位置
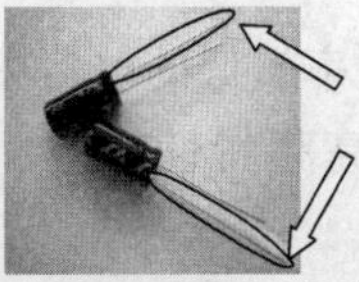	新的电解电容器中，使用长短不同的引脚来表示引脚极性，长的引脚表示正极性引脚
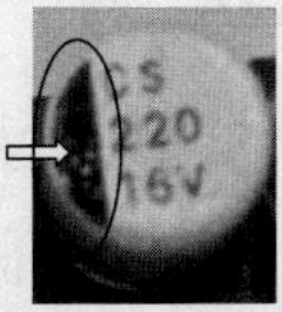	这种电解电容器铝壳的顶部有一个黑色的标记，有标记的这一端是电解电容器的负极性引脚

续表

示意图	说明
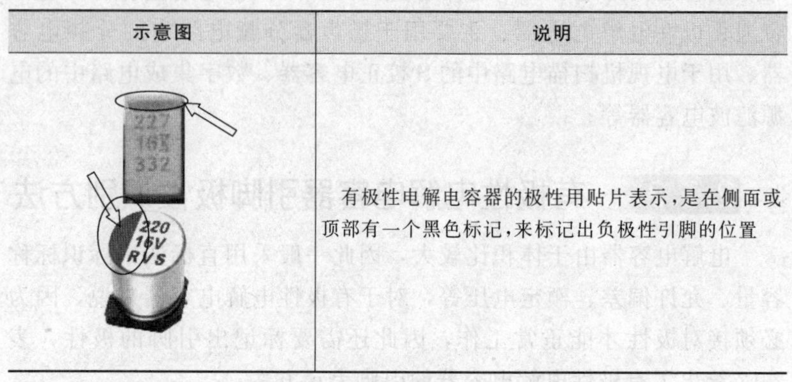	有极性电解电容器的极性用贴片表示，是在侧面或顶部有一个黑色标记，来标记出负极性引脚的位置

为了减少有极性电解电容器在万一发生爆炸时对外界的破坏，在电解电容器上一般设有防爆口，如图 2-13 所示是十字形防爆口，此外还有人字形防爆口，还有的防爆口设置在电容器底部。

2.3.3 电解电容器的主要特性

电解电容器由于其特殊的结构，除了一般电容器的特性之外，还具有一些其他的特性。

(1) 大容量电解电容器的高频特性

电解电容器是低频电容器，主要工作在频率较低的电路中，其高频特性不好，而容量越大的电解电容器的高频特性就越差，图 2-14 所示为大容量电解电容器的等效电路。

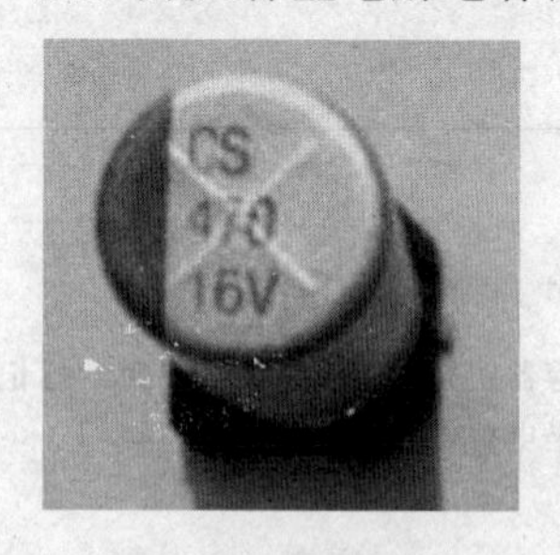

图 2-13 电解电容器防爆口

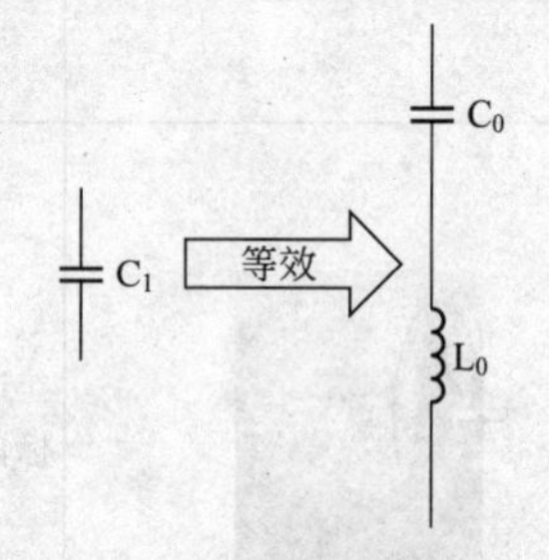

图 2-14 大容量电解电容器的等效电路

从理论上说，电容器的容量一定时，频率越高，容抗就越小；频率相同时，电容量越大，容抗就越小。电解电容器的容量通常比较大，因此，电解电容器的容抗应该很小。然而，从电解电容器的等效图中可以看出，电解电容器可以看作是一个容量和 C_1 相等的 C_0 和一个等效电感 L_0 串联而成的。

当通过电流的频率较高时，电容 C_0 的容抗很小，但是电感 L_0 的感抗会变大，这导致了电解电容器的总阻抗在高频时不是减小，反而增大，这就是电解电容器较差的高频特性。

这个等效电感 L_0 是由于电解电容器的结构产生的。以铝电解电容器为例，电容器的两极板使用铝箔，铝箔是导体。为了减小电容器的体积，需要将铝箔卷起来，这大大增强了其上的电感，引起了高频特性差的缺点。

(2) 电解电容器的漏电流比较大

电容器的两极板之间，是使用绝缘的介质隔开的，因此从理论上说电容器的两极板绝缘。然而，电解电容器存在的另一个缺点，就是两极板之间会有较大的电流通过，这个电流称为漏电流，也就是说，理论上绝缘的两极板间可以等效成存在一个电阻，让漏电流流过，这个电阻称为漏电阻，如图 2-15 所示。

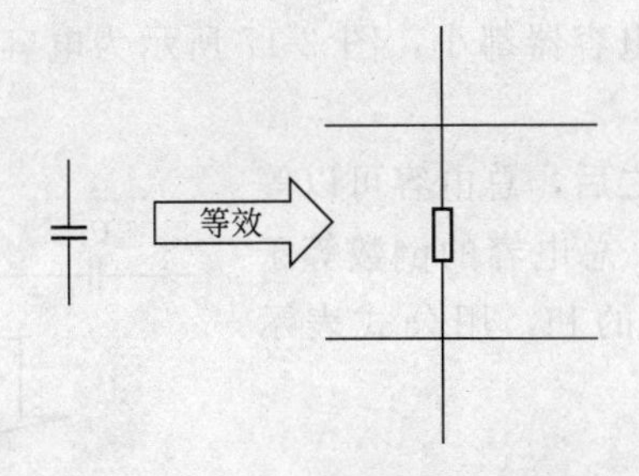

图 2-15 电容器漏电阻示意图

电解电容器的这个较大的漏电流，会引起对信号的较大损耗。电解电容器的电容量越大，其漏电流就会越大。

2.4 电容器基本电路

2.4.1 电容串联电路

电容串联电路与电阻串联电路的电路形式相同，图 2-16 所示为电容串联电路的示意图。

图中，R_1 和 R_2 是电容器 C_1、C_2 的等效容抗。电容串联电路的一些基本特性与电阻串联电路相同，但由于电容器的特性与电阻器不同，因此电路的工作原理也不同。

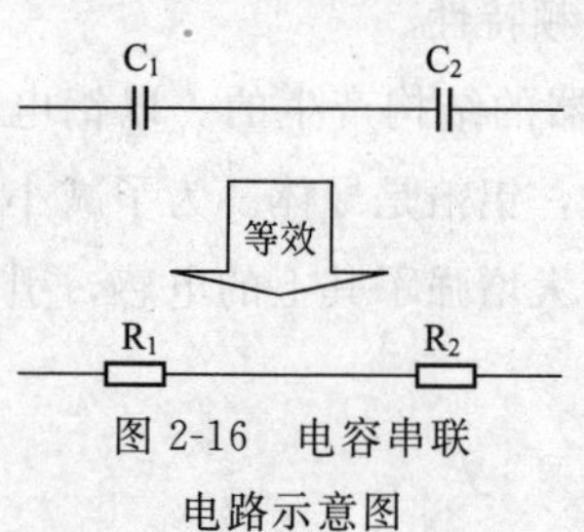

图 2-16 电容串联电路示意图

(1) 电容串联电路的电流特性

电容器具有“隔直”的作用，所以电容串联电路不能通过直流电流。

根据串联电路的特性，和串联电阻电路相同，流过各串联电容的交流电流相等，这也是各种元件串联电路的共同特性。因为这个电流相等的特性，因此在电容串联电路中每只串联电容所充得的电荷量是相同的。

(2) 电容串联后容量减小

多个电容器串联之后，仍然可以看作为一个电容器，但是总容量比每一个单独电容器都小，图 2-17 所示为电容器串联电路的总电容等效电路。

电容器串联之后，总电容可以等效成一个电容 C，总电容的倒数等于各个电容的倒数的和，用公式表示就是

$$\frac{1}{C}=\frac{1}{C_1}+\frac{1}{C_2}+\cdots$$

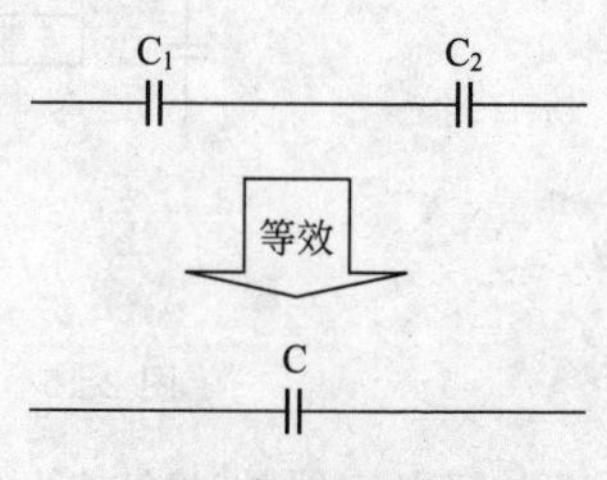

图 2-17 电容器串联电路的总电容等效电路

这种计算方法与电阻的并联电路相似，从这个公式可以看出，如果 n

个电容量相同的电容器并联，则总电容的电容量为单个电容器电容量的$\frac{1}{n}$。

【例 2-5】 4 只 6800pF 的电容器串联，它的总容量如图 2-18 所示。

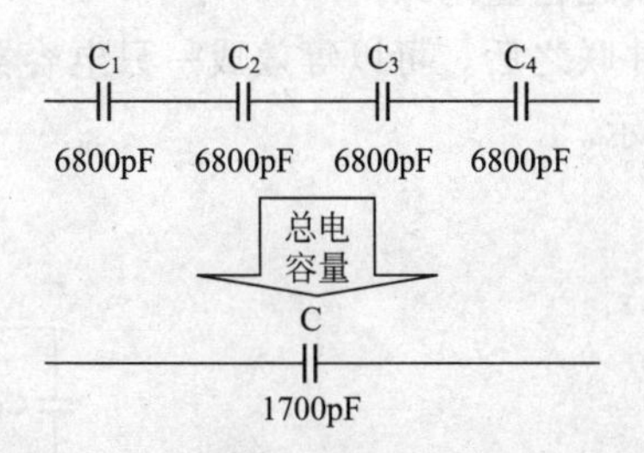

图 2-18 电容串联电路总容量

(3) 电容串联电路的电压特性

电容串联电路中，各个串联电容上的电压之和等于串联电路上的电源电压，也就是

$$U=U_1+U_2+\cdots$$

可以看出，这种特性与电阻串联电路相同，也是各种元件串联电路的共同特性。

需要注意，与电阻串联电路不同的是，由于电容器的特点，电容量小的电容器容抗大，分得的电压也大；电容量大的电容器容抗小，分得的电压也小。

2.4.2 电容并联电路

与电阻器相同，电容器同样具有并联电路的形式。但是与电阻器并联相比，由于电容器具有更加复杂的特性，因此电容器并联电路比电阻器并联更加复杂。

根据并联电路的特性，与并联电阻电路相同，各并联电容两端的电压和交流信号的频率是相同的。

(1) 电容并联电路的电流特性

电容器并联电路中，交流信号将分别流过电容器 C_1 和电容器

C_2，如图 2-19 所示。

电流在各个电容支路中分配的情况与电阻并联电路十分类似，但是需要注意，电容量大的容抗小，电流大；电容量小的容抗大，电流小。

(2) 电容并联后容量增大

多只电容器并联之后，可以等效成一只电容器，只是电容量增大，如图 2-20 所示。

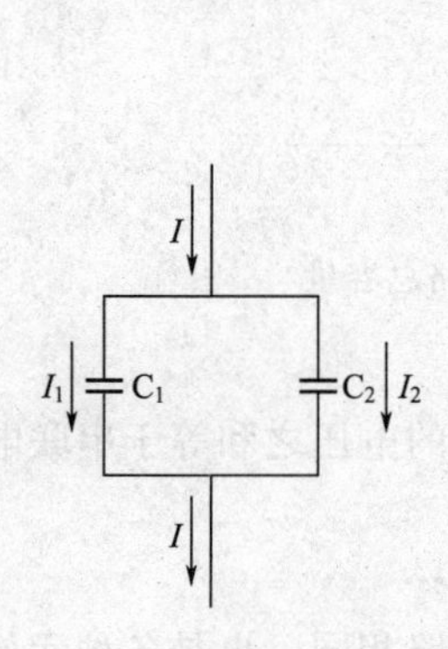

图 2-19　电容器并联电路电流特性示意图

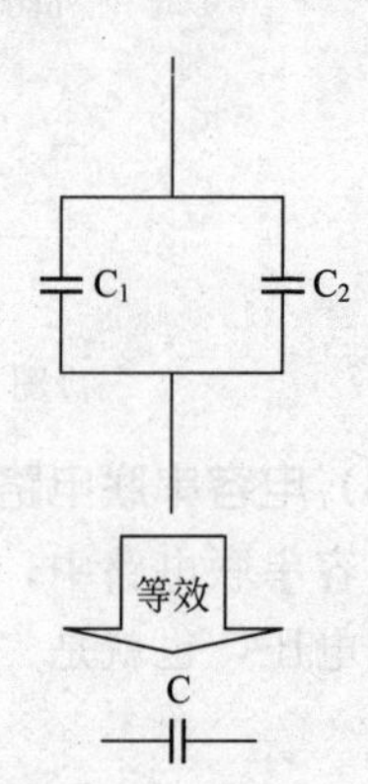

图 2-20　电容并联电路等效示意图

在电阻并联电路中，电阻值是越并联越小，而电容并联电路中情况正好相反，电容值越并联越大。

(3) 电容并联电路的等效分析

电路中任何的电子元器件都可以等效成电阻电路来进行分析和理解，如图 2-21 所示是电容并联电路的电阻等效电路。

从图中可以看出，可以将电容 C_1 和 C_2 分别等效成 R_1 和 R_2，这样可以用电阻并联电路的许多特性来分析电容并联电路。

需要注意的是：

① 等效得到的电阻 R_1 并不是真正的电阻器，而只是电容器 C_1 的容抗，因此，这个电阻器 R_1 的支路是不能通过直流电流的；

② 进行这种等效时，通常只在分析电容器电路中存在交流电

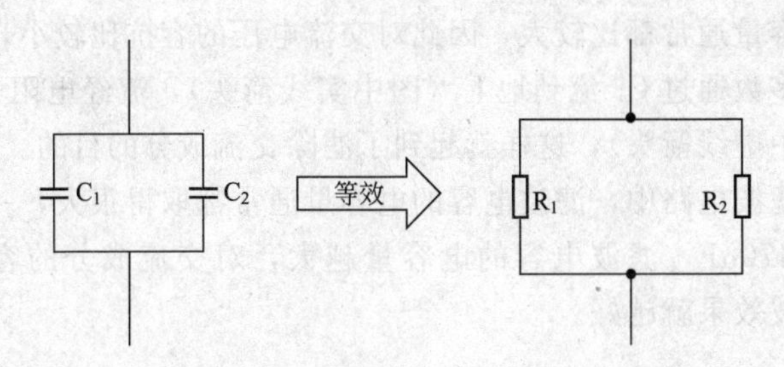

图 2-21 电容并联电路的电阻等效电路

时进行。

2.4.3 电容滤波电路

电容滤波电容经常用在电源中，因为电源的输入通常为 220V 的交流电，通过整流电路，得到单向脉动的直流电压，这个电压中通常含有大量的交流成分，因此不能直接加到工作电路上，必须通过电容滤波电路，才能加到工作电路中。

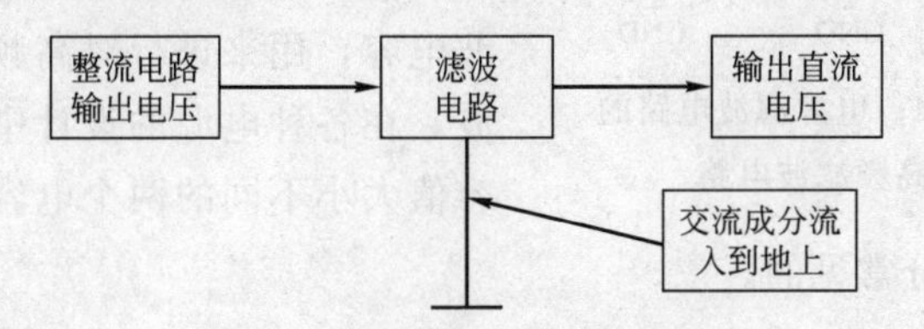

图 2-22 电容滤波电路的作用

在电源滤波电路中的电容器称为滤波电容，其作用是去除整流电路输出电压中的交流成分，保留直流成分，稳定电源的电压，如图 2-22 所示。

电容的滤波电路中，主要使用大容量的电容器，其工作原理如图 2-23 所示。

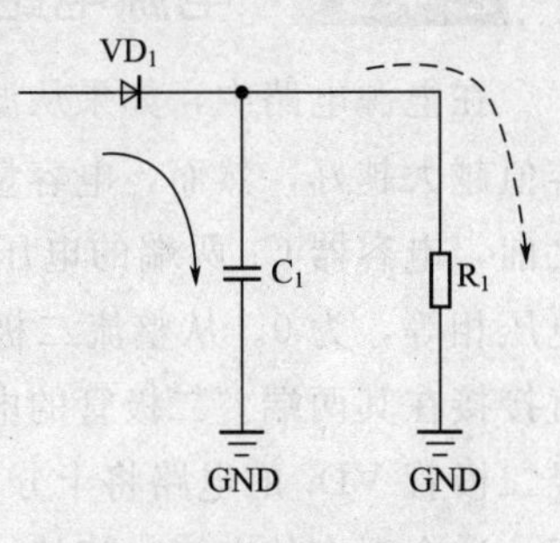

图 2-23 电容滤波电路的工作原理

图中，我们只关心电容器 C_1，

它的电容量通常都比较大，因此对交流电压的容抗比较小，交流电压绝大多数通过 C_1 流到地上（图中实线箭头），流经电阻 R_1 的很少（图中虚线箭头），这样就起到了滤除交流成分的目的。

在滤波电路中，滤波电容的电容量通常都取得很大，一般至少要大于 470μF，滤波电容的电容量越大，对交流成分的容抗就越小，滤波效果就越好。

2.4.4 电源滤波电路中的高频滤波电容电路

前面已经介绍过，电解电容器的电容量越大，它的高频特性就越差，这样对于电源电路来说，大容量的电解电容器对高频成分的滤波效果就会较差。为了解决这一问题，需要补充一个电源滤波电路的高频滤波电路，如图 2-24 所示。

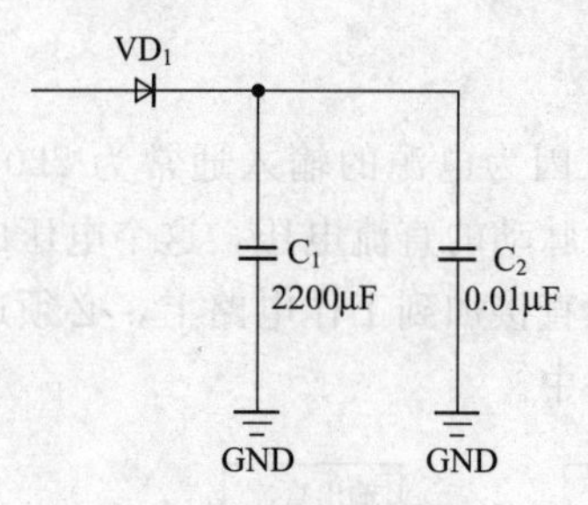

图 2-24 电源滤波电路的高频滤波电路

这里的小电容 C_2 就是高频滤波电容，用来进行对高频成分的滤波，在各种电源的设计中，这种电容值大小不同的两个电容器并联的电路是十分常见的。

2.4.5 电源电路中的电容保护电路

在电源电路中，如果从滤波角度来看，那么滤波电容 C_1 的电容值越大越好，然而，电容量越大，充电时间就越长。在电源接通之前，电容器 C_1 两端的电压为 0，在电源接通的瞬间，其两端的电压相等，为 0。从整流二极管 VD_1 两端看来，就相当于将电源直接接在其两端。二极管的电阻可以认为是相当小的，因此此时流经二极管 VD_1 的电路将十分大，由于电容器 C_1 需要较长的充电时间，这个很大的电流也将持续较长时间，如图 2-25 所示。

为了解决这个问题，通常有两种解决方法，一是减小滤波电容

C_1 的电容值，使用多级 RC 滤波电路来保证滤波效果；二是加入一个整流二极管的保护电容，如图 2-26 所示。

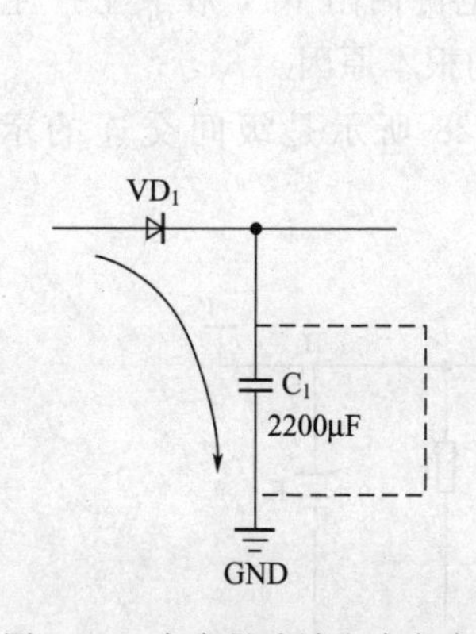

图 2-25　大容量滤波电容危害二极管示意图

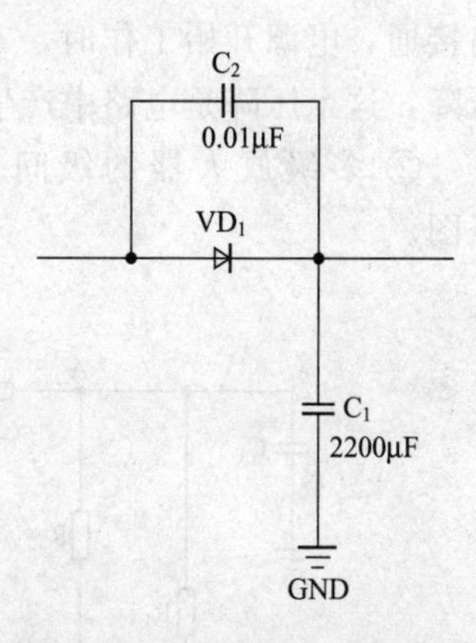

图 2-26　整流二极管保护电容

图中的小电容 C_2 就是用来保护整流二极管 VD_1 的保护电容。加入这个电容后，在电源接通的瞬间，电容 C_2 两端的电压不能突变，同时对高频电压的容抗又很小，这样前文提到的很大的对 C_1 的充电电流就从电容器 C_2 而非二极管 VD_1 中通过。在经过很短的时间后，电容器 C_2 就充满了电荷，此时 C_2 就相当于开路，实现了对 VD_1 的保护。

2.4.6　退耦电容电路

在两级放大器之间，通常需要设置退耦电路，但只有多级放大器才有退耦电路。

(1) 设置退耦电路的原因

在多级电路之间，存在通过电源内阻的有害信号的耦合，称为级间交连，为什么会产生级间交连呢？主要有以下两点原因：

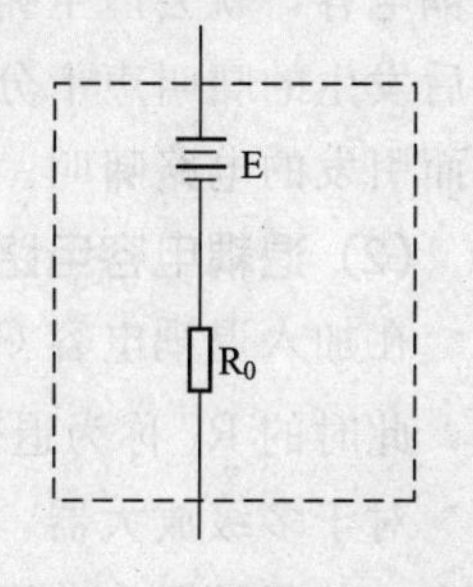

图 2-27　电源内部电路

① 电源内阻的影响，图 2-27 所示为电源内部电路。

普通电源可以看作是由一个理想电源与内阻串联而成的，当电路接通，电源开始工作时，有电流流过电源内阻 R_0，在其上产生压降，这个压降是电路中产生有害交流的根本原因。

② 多级放大器的级间交连。图 2-28 所示是级间交连的示意图。

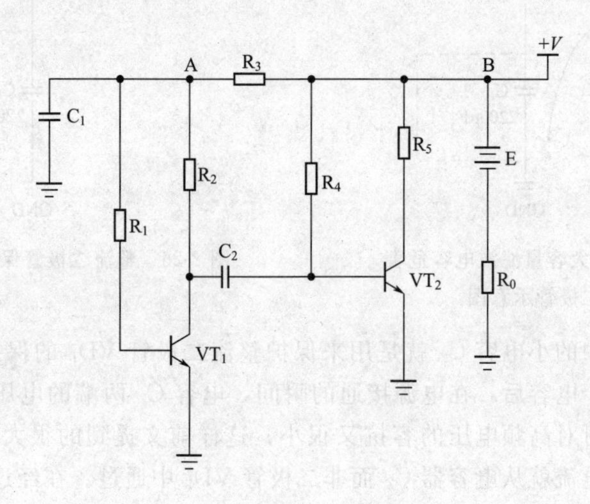

图 2-28 级间交连示意图

图中，VT_1 和 VT_2 分别构成了两级共发射级放大器，而我们关注的重点是电容器 C_1，此处起退耦电容的作用。如果没有这个退耦电容，就会产生啸叫声（与我们在实际生活中将麦克风对准音响后发生的啸叫声十分类似），这就是多级放大电路中由于有害交连而引发的电路啸叫。

（2）退耦电容电路

在加入退耦电容 C_1 之后，电阻 R_3 和电容 C_1 就构成了分压电路，此时的 R_3 称为退耦电阻，这种电路可以避免正反馈的发生。

对于多级放大器，至少每两级要设置一个退耦电路，如果级数很多，就要设置多节退耦电路。

2.4.7 电容耦合电路

所谓耦合，就是“连接、相互作用、传递”等的意思，而耦合电容就是起到耦合作用的电容，其作用是将前一级的交流信号尽可能没有损耗地传输到后级电路中，同时去掉不需要的信号。例如，耦合电容可以将交流信号从一级耦合到下一级，而利用隔直通交的特性隔开前级中的直流成分。

(1) 典型电容耦合电路分析

图 2-29 所示是电容耦合电路。

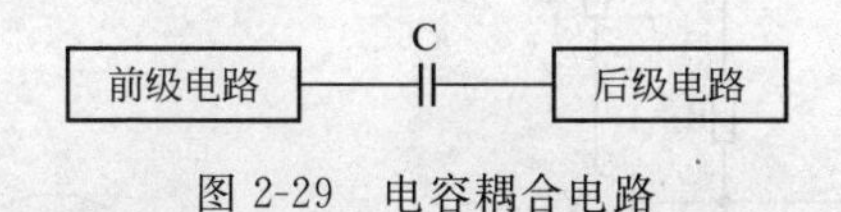

图 2-29 电容耦合电路

从图中可以看出，在前后两级电路或前后两个单元电路中的电容，是耦合电容，使用电容的隔直通交特性，只将有用的交流信号传输到后级，这对于电路的设计和检修都十分方便，只要电路中存在耦合电容，那么在对电路进行直流分析时，就可以分为完全独立的几个部分。

(2) 电容耦合电路的进一步说明

电容耦合电路又称为阻容耦合电路，因为如果想将信号传输到下一级，是需要一个等效阻抗进行分压才可以实现的，图 2-30 所示是一种实用阻容耦合电路。

图中 C_1 是级间耦合电容。

该电路中需要注意：

① 增大 C_1 可以改善耦合电路的低频特性，减小低频信号在传输过程中受到的衰减。但是 C_1 变大后，耦合电容的漏电流会增大，会有部分直流电流进入到下级电路中，增大电路的噪声。

② 后级电路的输入电阻越大，阻容耦合电路的低频特性越好，因此，许多放大电路都要求具有较大的输入电阻。

③ 如果电路的工作频率低，容抗就比较大，耦合电容就应该

选择比较大一些，反之则应该选择比较小一些。

(3) 同功能电容耦合电路分析

下面列举几种电容耦合电路，与典型电容耦合电路相比，这些电路有些是耦合电容的电容量不同，有些是耦合电路的电路形式不同。

① 高频电容耦合电路。图 2-31 所示为高频电容耦合电路。

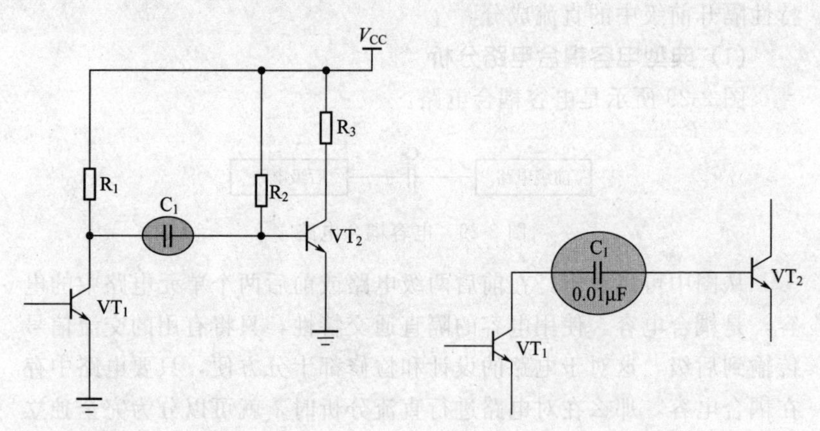

图 2-30　实用阻容耦合电路　　图 2-31　高频电容耦合电路

图中 C_1 是耦合电容，因为电路的工作频率在高频段，所以 C_1 的电容量比较小，通常使用 0.01μF，电路的工作频率越高，耦合电容的电容量就越小。同时需要注意，这里的耦合电容需要选用损耗低的高频电容器。

② 音频电容耦合电路。图 2-32 所示为音频电容耦合电路。

这种电容耦合电路用于音频电路中，此时的耦合电容的电容量通常为 1～10μF，由于音频电路的工作频率比较低，因此要求耦合电容的电容量比较大，通常可以采用有极性的低频电解电容器。

③ 变形的电容耦合电路。图 2-33 所示为变形的电容耦合电路。

所谓变形的电容耦合电路，就是在普通的电容耦合电路的基础

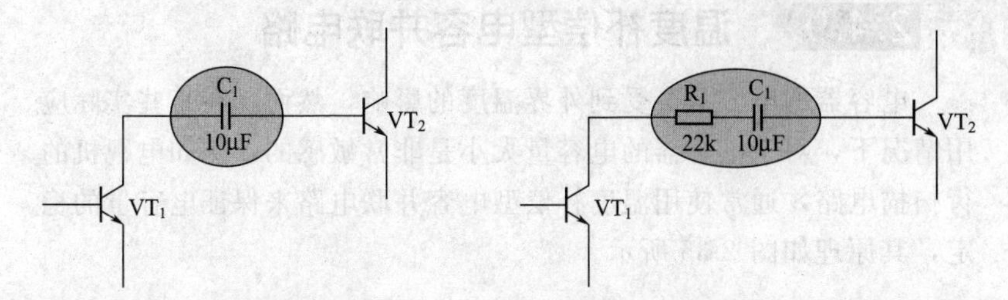

图 2-32 音频电容耦合电路　　　　图 2-33 变形的电容耦合电路

上增加一个电阻 R_1，这个电阻串联在耦合电容 C_1 的回路中，其作用是防止可能出现的高频振荡，来提高工作的稳定性。

2.4.8 高频消振电容电路

高频消振电容电路，通常用于音频负反馈放大器中，用来消除因高频自激引发的高频啸叫。图 2-34 所示是音频放大器中高频消振电容电路。

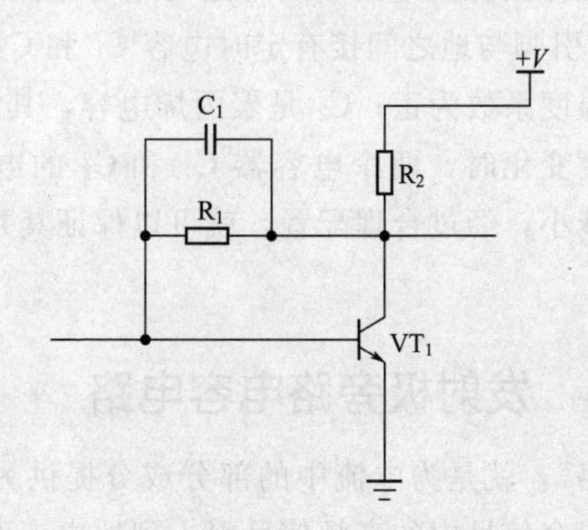

图 2-34 音频放大器中高频消振电容电路

图中，电容 C_1 是音频放大器中高频消振电容，连接在晶体管 VT_1 的集电极和基极中间，容量通常为数百皮法。

这个电容令该放大器对于高频信号的放大倍数很小，可以消除高频信号的自激。而对于音频信号来说，基本不会造成影响。

2.4.9 温度补偿型电容并联电路

电容器的电容量会受到外界温度的影响，然而，在某些实际应用情况下，对于电容器的电容量大小是非常敏感的，例如电视机的行扫描电路，通常使用温度补偿型电容并联电路来保证电容量的稳定，其原理如图 2-35 所示。

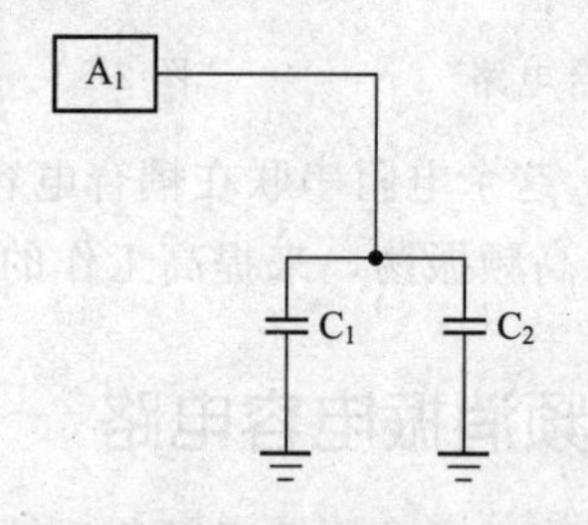

图 2-35 温度补偿型电容并联电路

图中所示的是两只等容量小电容并联电路，C_1 与 C_2 的容量相等。彩色电视机行振荡器电路中的行定时电容电路就是这种形式。集成电路 A_1 的引脚与地之间接有定时电容 C_1 和 C_2，其中，C_1 是聚酯电容，其温度系数为正；C_2 是聚丙烯电容，其温度系数为负。

当环境温度变化时，两个电容器 C_1 和 C_2 的电容量总是一个增大而另一个减小，经过合理配置，就可以保证其并联总容量基本保持不变。

2.4.10 发射极旁路电容电路

所谓“旁路”，就是为电流中的部分成分提供另一条路径，通常是将高低频混合信号中的高频信号引入到地中。下面介绍四种发射级旁路电容电路。

(1) 典型的发射极旁路电容电路

通常情况下，三极管发射极回路都要串联一只电阻，如果这只电阻上并联一只电容，就构成发射极旁路电容电路。如图 2-36 所示。

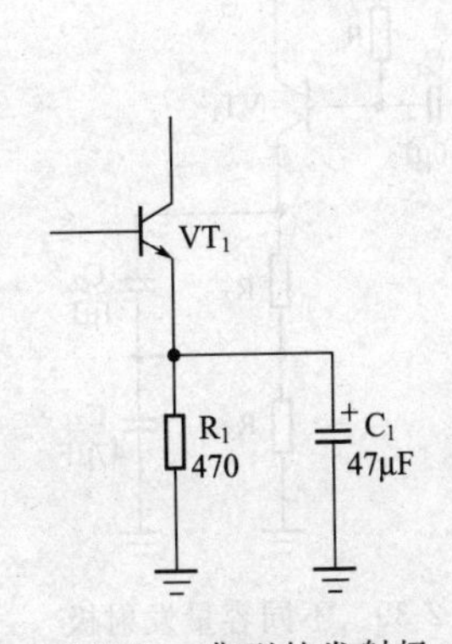

图 2-36 典型的发射极旁路电容电路

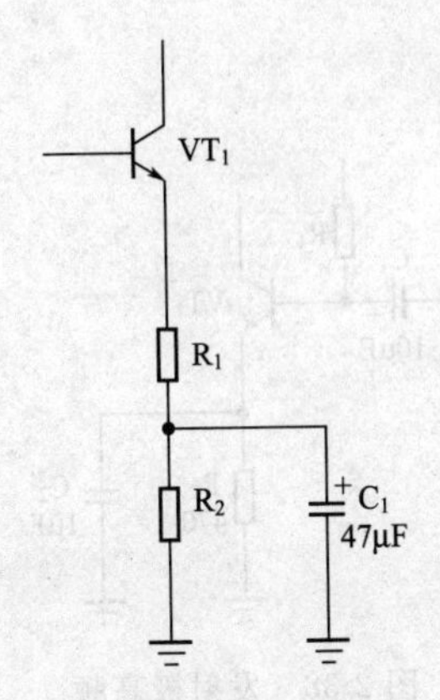

图 2-37 部分发射极电阻接旁路电容电路

图中，VT_1 构成一级音频放大器，C_1 为 VT_1 发射极旁路电容。在 VT_1 发射极电阻 R_1 上并联了一个容量比较大的旁路电容 C_1，将交流信号旁路到地。

(2) 部分发射极电阻接旁路电容电路

图 2-37 所示是部分发射极电阻接旁路电容电路。

发射极电路中，有时为了获得合适的直流负反馈和交流负反馈，会将两只电阻 R_1 和 R_2 串联起来后作为 VT_1 总的发射极负反馈电阻，构成 R_1 和 R_2 串联电路的形式是为了方便形成不同量的直流负反馈和交流负反馈。

(3) 发射极高频旁路电容电路

图 2-38 所示是发射极高频旁路电容电路。

图中，输入端耦合电容 C_1 容量为 10μF，VT_1 构成音频放大器。如果 VT_1 发射极电阻上接有一只容量较小的旁路电容 C_2（1μF），这个电容 C_2 就是发射极高频旁路电容。

(4) 不同容量发射极旁路电容电路

图 2-39 所示是不同容量发射极旁路电容电路。

图中，VT_1 构成音频放大器，它由两只串联起来的电阻 R_2 和 R_3 作为发射极电阻，另有两只容量不等的电容 C_2 和 C_3 作为发射

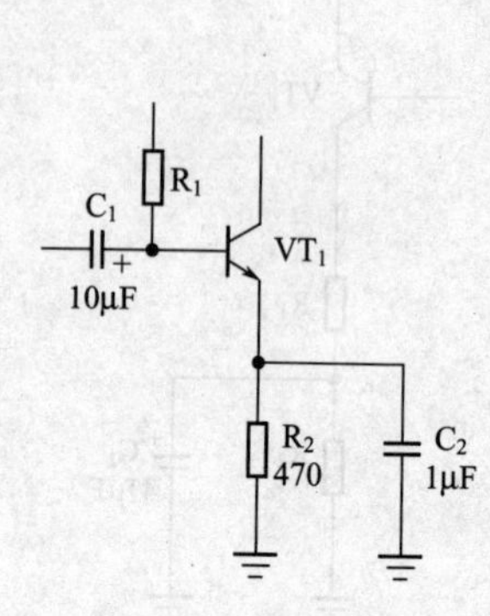

图 2-38 发射极高频旁路电容电路

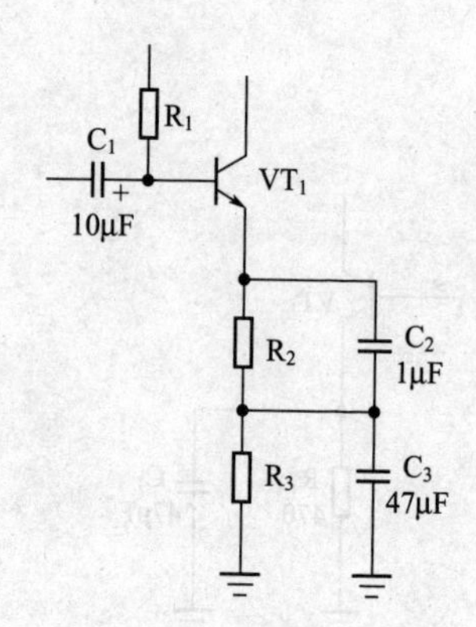

图 2-39 不同容量发射极旁路电容电路

极旁路。

2.4.11 静噪电容电路

所谓“静噪”，是指去除噪声，保证“安静”的意思，电容器由于其隔直通交的特性，常常用于静噪的功能，下面介绍几种静噪电容电路。

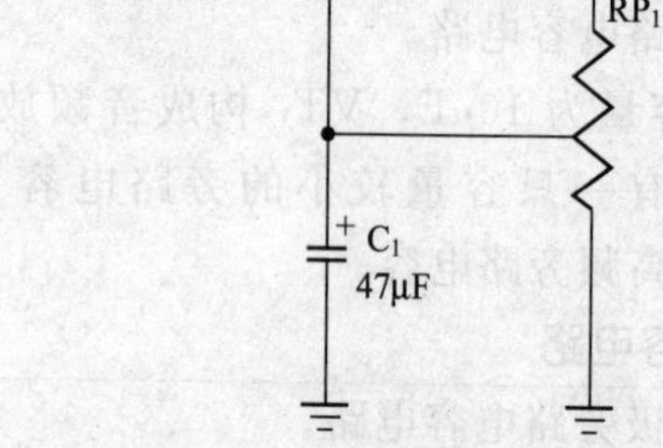

(1) 电子音量电位器中的静噪电容电路

图 2-40 所示是电子音量电位器中的静噪电容电路。

图 2-40 电子音量电位器中的静噪电容电路

图中，我们不需要关心压控增益器是什么，主要需要知道在该器件的 1 端得到一个稳定的电压。C_1 是静噪电容，通常这种静噪电容的容量为 47μF，多采用有极性电解电容。RP_1 动片上的直流电压，由于机械结构的限制，RP_1 动片在滑动过程中会出现噪声，这是一种交流干扰，会叠加到直流电压上，加到压控增益器的 1 引脚上。在加入静噪电容 C_1 后，因为 C_1 容量大，对这些交流噪声的容抗很小，RP_1 上的任何交流噪声都会被 C_1 旁路到地，达到消除音量电位器转动噪声的目的。

(2) 开机静噪电容电路

图 2-41 所示为某型号集成电路内部电路中的静噪电路。

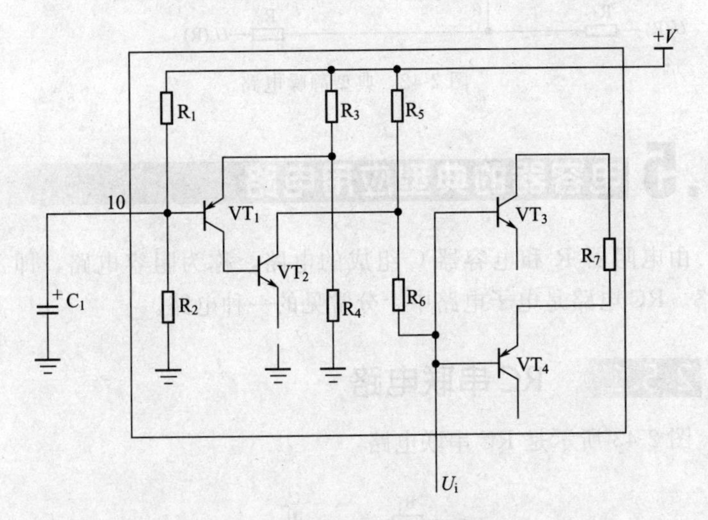

图 2-41　开机静噪电容电路

许多功率放大器集成电路的静噪电路与图中的电路类似。10 引脚是该集成电路的静噪控制引脚，VT_3 是低放电路中的推动管，VT_1 和 VT_2 等构成静噪电路。

开机瞬时，由于电容 C_1 两端的电压不能突变，使开机时的冲击噪声不能加到扬声器中，达到开机静噪的目的。

(3) 静噪电路中消噪电容电路

图 2-42 所示是典型的静噪电路。

图中，C_1 为消噪电容。VT_1 和 VT_2 为静噪三极管。电容 C_1 具有消除开关 S_1 接通和断开动作时产生的噪声的作用。

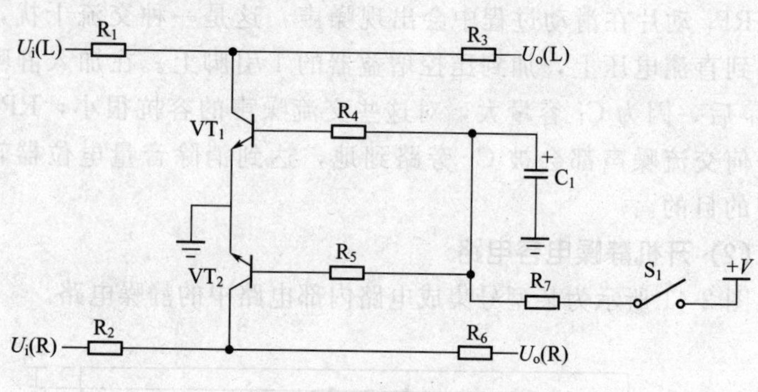

图 2-42　典型静噪电路

2.5 电容器的典型应用电路

由电阻器 R 和电容器 C 组成的电路，称为阻容电路，即 RC 电路。RC 电路是电子电路中十分常见的一种电路。

2.5.1 RC 串联电路

图 2-43 所示是 RC 串联电路。

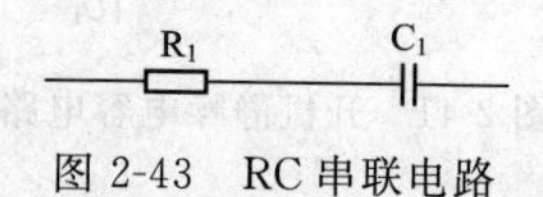

图 2-43　RC 串联电路

(1) RC 串联电路的电流特性

RC 串联电路不能通过直流电流，只能用在交流电路中。当交流电流通过该电路时，电阻器和电容器对其都有阻碍的作用，总的阻抗是电阻器的电阻和电容器的容抗的和。

其中，电阻器的电阻对于交流电是不变的，而电容器的容抗会随着交流电频率的变化而变化，因此 RC 串联电路的总阻抗是随交流电频率的变化而变化的。

(2) RC 串联电路的阻抗特性

表 2-13 给出了 RC 串联电路的阻抗特性。

表 2-13 RC 串联电路的阻抗特性

示意图	说明
	左图所示是 RC 串联电路的阻抗特性曲线，其中横轴是通过电路的信号频率，纵轴是该串联电路的阻抗
	RC 串联电路中前述两种状态转换的频率称为转折频率，其计算公式为： $$f_0=\frac{1}{2\pi R_1 C_1}$$ 从公式中可以看出，当电容器的电容值较大时，转折频率较小，当转折频率小于信号的最低频率时，RC 串联电路的总阻抗不变，这种用法通常用于耦合电路中

2.5.2 RC 并联电路

如图 2-44 所示是 RC 并联电路。

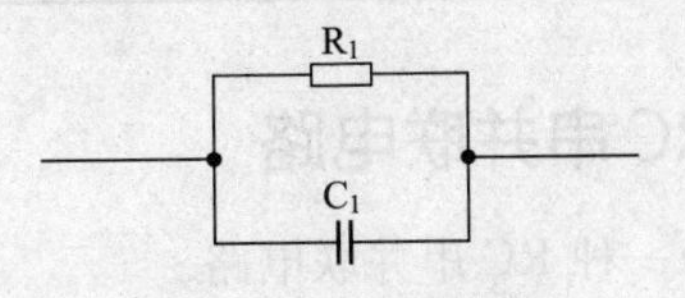

图 2-44 RC 并联电路

RC 并联电路是由一个电阻器 R_1 和一个电容器 C_1 并联而成的电路，由于电阻器 R_1 可以通过直流和交流电路，因此 RC 并联电路可以用在直流电路中，也可以用于交流电路中。

当 RC 并联电路用在直流电路中时，直流电流仅通过电阻器 R_1；而用在交流电路中时，交流电流会同时通过两个支路，具体的电流分配与 R_1 和 C_1 的大小有关，表 2-14 所示是 RC 并联电路的阻抗特性。

表 2-14　RC 并联电路的阻抗特性

示意图	说明
	当输入信号的频率 $f>f_0$ 时，由于电容器 C_1 的容抗随频率的增大而减小，而并联电路中阻抗较小的支路对总阻抗的影响较大，此时需要考虑 C_1 的容抗。RC 并联电路的总阻抗随频率的增大而减小，当频率增大到一定程度后，总阻抗为零
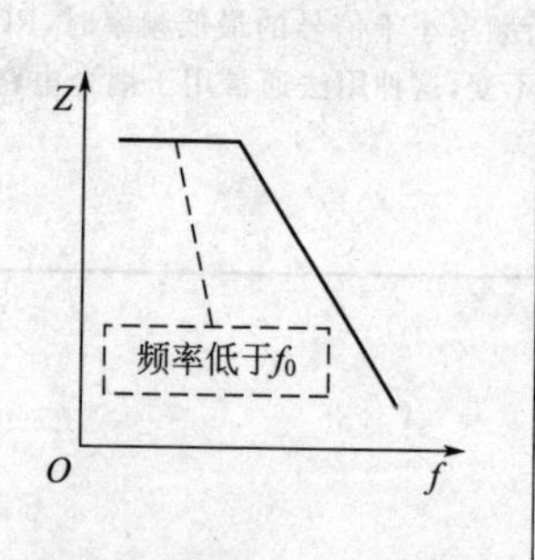	当输入信号的频率 $f<f_0$ 时，电容器 C_1 的容抗很大，相当于开路，RC 并联电路的总阻抗可以看作是仅有一个电阻器，在一定频率范围内电路的阻抗不变

2.5.3　RC 串并联电路

图 2-45 所示为一种 RC 串并联电路。

图中，电阻器 R_2 与电容器 C_1 并联之后再与电阻器 R_1 串联，由于该电路中干路有一个电阻器 R_1，一个支路中有电阻器 R_2，因此这个电路可以通过直流电流和交流电流，该电路的阻抗特性见表 2-15 所示。

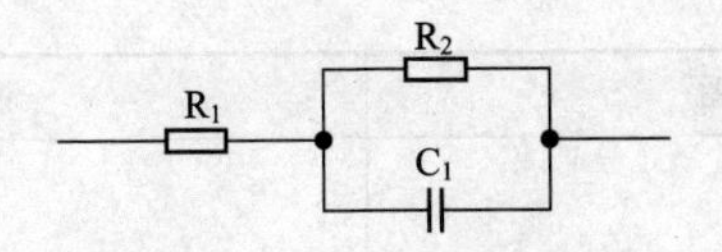

图 2-45　RC 串并联电路

表 2-15　RC 串并联电路的阻抗特性

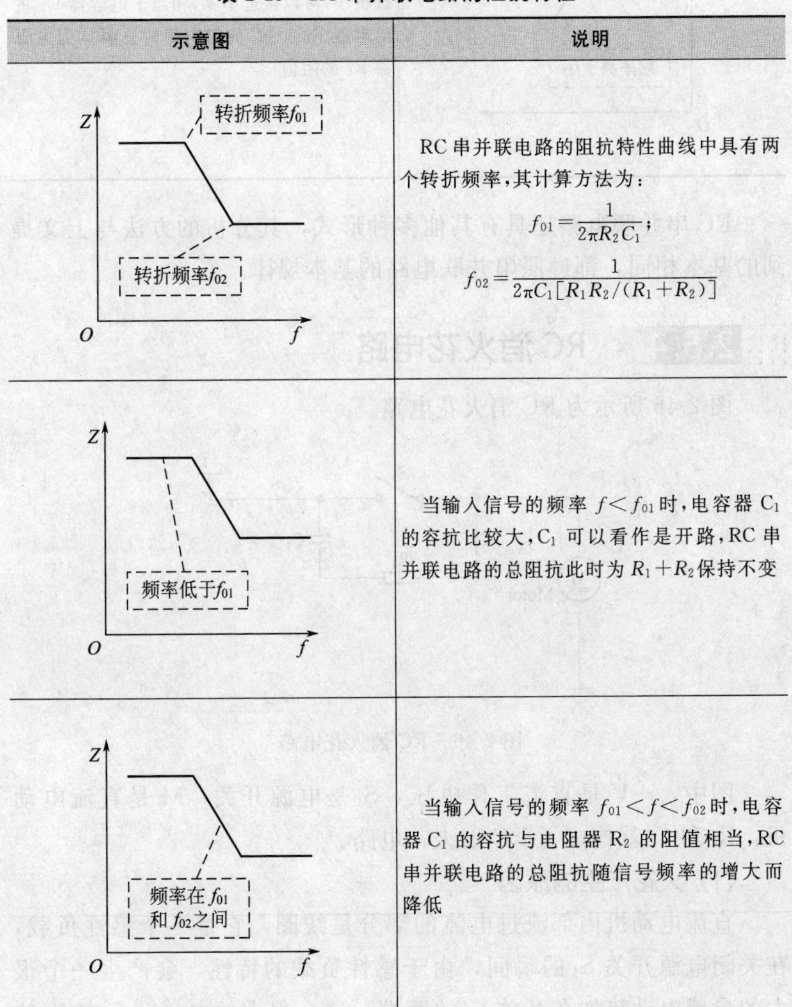

示意图	说明
Z；转折频率f_{01}；转折频率f_{02}；O；f	RC 串并联电路的阻抗特性曲线中具有两个转折频率，其计算方法为：$f_{01}=\frac{1}{2\pi R_2 C_1}$；$f_{02}=\frac{1}{2\pi C_1[R_1R_2/(R_1+R_2)]}$
Z；频率低于f_{01}；O；f	当输入信号的频率 $f<f_{01}$ 时，电容器 C_1 的容抗比较大，C_1 可以看作是开路，RC 串并联电路的总阻抗此时为 R_1+R_2 保持不变
Z；频率在f_{01}和f_{02}之间；O；f	当输入信号的频率 $f_{01}<f<f_{02}$ 时，电容器 C_1 的容抗与电阻器 R_2 的阻值相当，RC 串并联电路的总阻抗随信号频率的增大而降低

续表

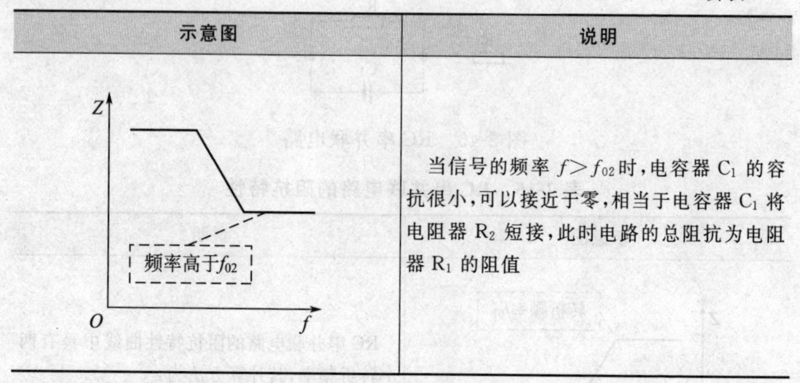

示意图	说明
Z 频率高于f_{02} O f	当信号的频率 $f>f_{02}$ 时，电容器 C_1 的容抗很小，可以接近于零，相当于电容器 C_1 将电阻器 R_2 短接，此时电路的总阻抗为电阻器 R_1 的阻值

RC 串并联电路还具有其他多种形式，其分析的方法与上文提到的基本相同，都遵照串并联电路的基本规律。

2.5.4 RC 消火花电路

图 2-46 所示为 RC 消火花电路。

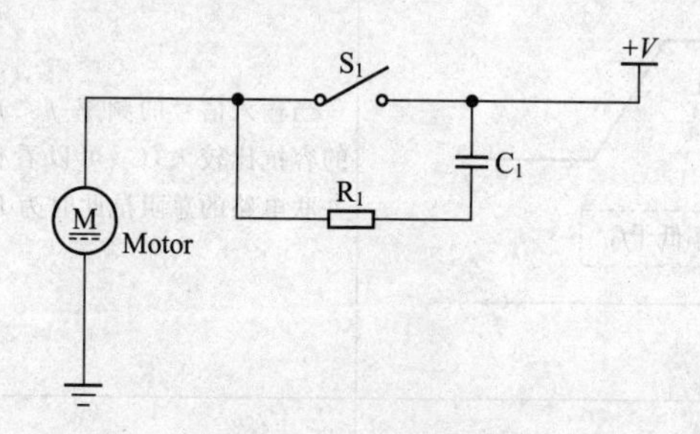

图 2-46　RC 消火花电路

图中，$+V$ 是直流工作电压，S_1 是电源开关，M 是直流电动机，R_1 和 C_1 就构成了 RC 消火花电路。

(1) 火花产生的原因

直流电动机内部流过电流的部分是线圈，它是一个感性负载，在关闭电源开关 S_1 的瞬间，由于感性负载的特性，会产生一个很大的自感电动势加在开关 S_1 的两端，这个很大的电压就会在 S_1 的两个触点之间产生放电现象，对触点造成损失，时间长了之后还会造成开关的接触不良。

（2）RC消火花电路的工作原理

在加入 R_1 和 C_1 构成的 RC 消火花电路之后，当开关 S_1 断开时，R_1 和 C_1 接在开关 S_1 的两个触点之间，这样前面提到的由于自感产生的电动势就加在了 RC 串联电路上，这个电动势会通过电阻器 R_1 而向电容器 C_1 充电，加在 S_1 两端的电压相应就减少了，R_1 同时也起到了消耗充电电能的作用，这样，这个 RC 串联电路就达到消火花的目的。

在这种消火花电路的典型应用中，通常取 $C_1=0.47\mu F$，$R_1=100\Omega$。

2.5.5 积分电路

积分电路是在数学上可以完成积分运算的电路，通常由电阻器和电容器构成。

在分析积分电路的过程中，需要使用到时间常数的概念，时间常数通常使用字母 τ 表示，τ 的计算方法为

$$\tau=R\times C$$

即等于电阻值与电容值的积。当电容大小不变时，时间常数由电阻值决定；当电阻大小不变时，时间常数由电容值决定，时间常数意味着电容器充电的快慢。

在积分电路的使用中，由于其输出信号是输入信号的积分，通常用作波形转换的功能，如将方波转换成锯齿波或三角波，还可将锯齿波转换为抛物波。图 2-47 所示为典型的积分电路。

当输入端的信号为方波时，输入电压和输出电压间的关系如图 2-48 所示。

在时间系数很大的时候，电容被充电的速度比较慢，在输出电压端可以看到明显的充放电效果。输出电压和输入电压间存在下面的关系

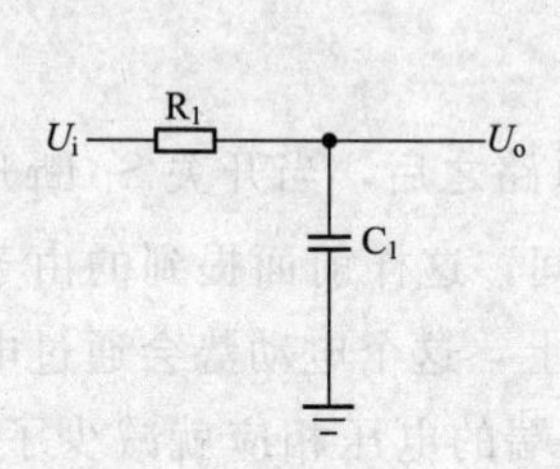

图 2-47　典型的积分电路

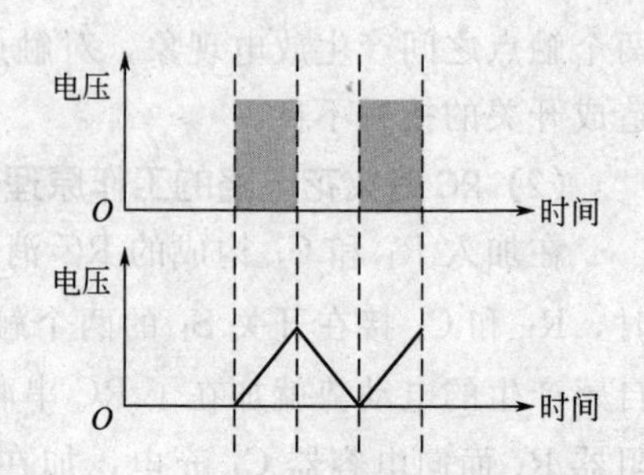

图 2-48　积分电路输入电压与输出电压关系

$$U_o = U_c = \frac{1}{C}\int I_c \mathrm{d}t$$

需要注意，为了满足电容较慢的充电速度，需要设置正确的时间常数，积分电路的时间常数必须大于脉冲宽度，而通常会令时间常数大于或等于 10 倍的脉冲宽度。

2.5.6 微分电路

微分电路和积分电路在电路形式上十分接近，只是其输出电压取自电阻器两端。同时，微分电路的时间常数通常要远小于脉冲宽度。图 2-49 所示为微分电路。

当输入端的信号为方波时，输入电压和输出电压间的关系如图

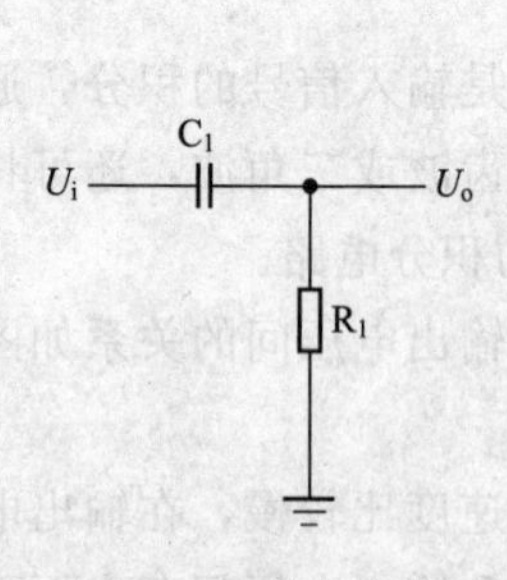

图 2-49　微分电路

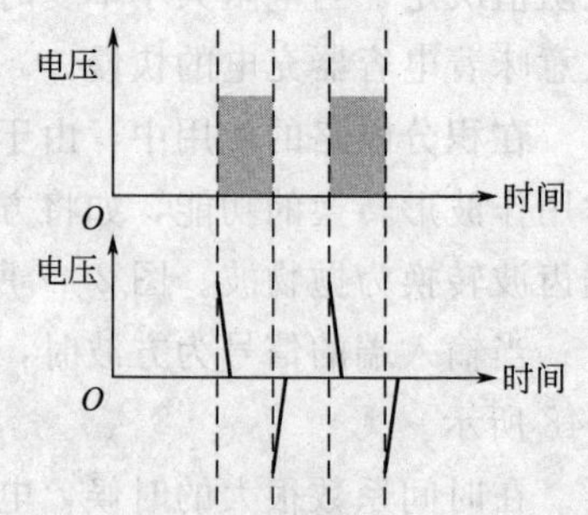

图 2-50　微分电路输入电压与输出电压关系

2-50 所示。

微分电路可以取出输入信号中的突变部分，这个部分中包含着丰富的高频成分，而低频成分不会出现在输出信号中，与积分电路正好相反。

2.5.7 RC 低频衰减电路

图 2-51 所示为 RC 低频衰减电路。

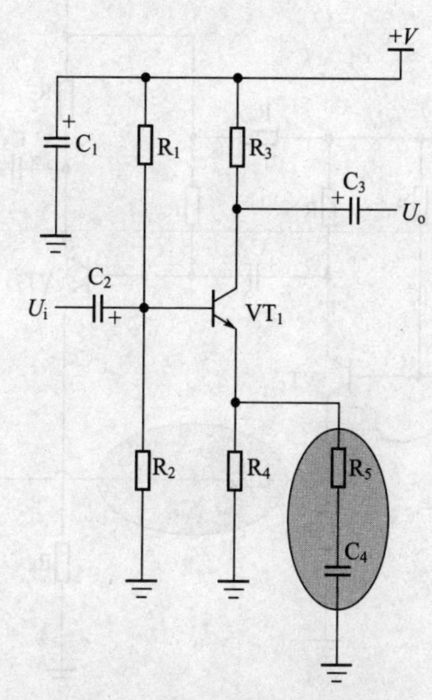

图 2-51　RC 低频衰减电路

图中，使用电阻器 R_5 和电容器 C_4 构成的 RC 串联电路对低频信号进行衰减。

该电路的工作原理如下：

① 当信号频率低于转折频率时，串联电路的阻抗随着信号频率的降低而增大，这样与 R_4 并联后的阻抗也增大，即负反馈量在增大，放大倍数因此减小。信号的频率越低，放大器的放大倍数越小，因此，这一放大电路对频率低于转折频率的信号会进行衰减。

② 当信号频率高于转折频率时，电容器 C_4 的阻抗将远小于电

阻器 R_5 的阻值，这样，负反馈阻抗就是 R_4 和 R_5 并联的结果，而电阻器对于不同频率信号的阻值是一致的，因此，这一放大电路对频率高于转折频率的信号的放大倍数保持不变。

2.5.8 RC 低频提升电路

图 2-52 所示为 RC 低频提升电路。

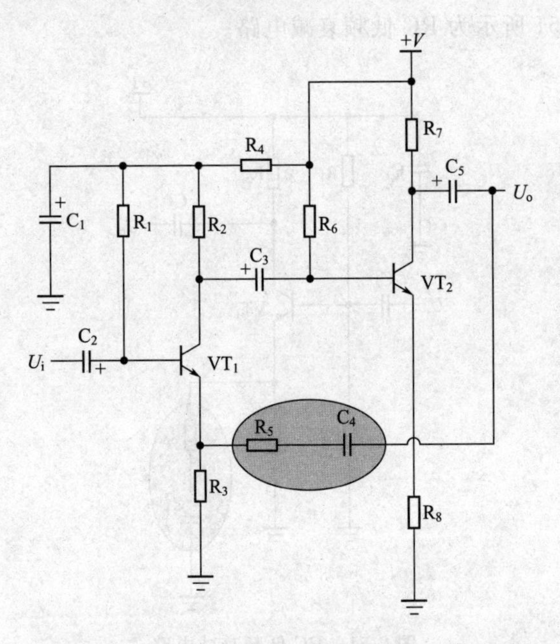

图 2-52　RC 低频提升电路

图中，使用电阻器 R_5 和电容器 C_4 构成的 RC 串联电路对低频信号进行提升。

该电路的工作原理如下：

① 当信号频率低于转折频率时，串联电路的阻抗随着信号频率的降低而增大，这样与 R_4 并联后的阻抗也增大，即负反馈量在减小，放大倍数因此增大。信号的频率越低，放大器的放大倍数越大，因此，这一放大电路对频率低于转折频率的信号会进行提升。

② 当信号频率高于转折频率时，电容器 C_4 的阻抗将远小于电阻器 R_5 的阻值，这样，负反馈阻抗就是 R_4 和 R_5 并联的结果，而电阻器对于不同频率信号的阻值是一致的，因此，这一放大电路对频率高于转折频率的信号的放大倍数保持不变。

2.5.9 负反馈放大器中消振电路

在负反馈放大电路中，如果电路调试的不好或者参数设计不合理，有时会出现自激的现象。

所谓自激，就是在不给负反馈放大器输入信号时放大器也会有输出信号，这一输出信号是由放大器本身产生的，这种现象称为自激。

为了避免这一现象的产生，在负反馈放大器中通常会采取一些消除高频自激的措施，其工作原理为破坏自激的两个条件。一般情况下，消振电路用来对自激信号的相位进行移相，使产生自激的信号的相位不能满足相位正反馈条件。消振电路具有多种形式：

① 超前式：在两极放大器之间接入一个 R 和 C 的并联电路，这一并联电路会对信号产生了超前的相移，如图 2-53 所示。

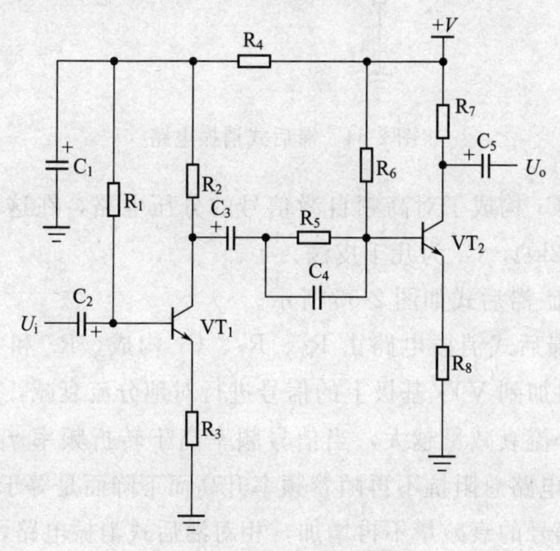

图 2-53 超前式消振电路

图中，电容器 C_4 是一个 pF 级的电容器，C_4 和 R_5 构成的超前式消振电路使得放大器输出的高频信号比较大，实现了对高频段的扩展。

② 滞后式：信号相位滞后移相，该电路增加了附加移相，如图 2-54 所示。

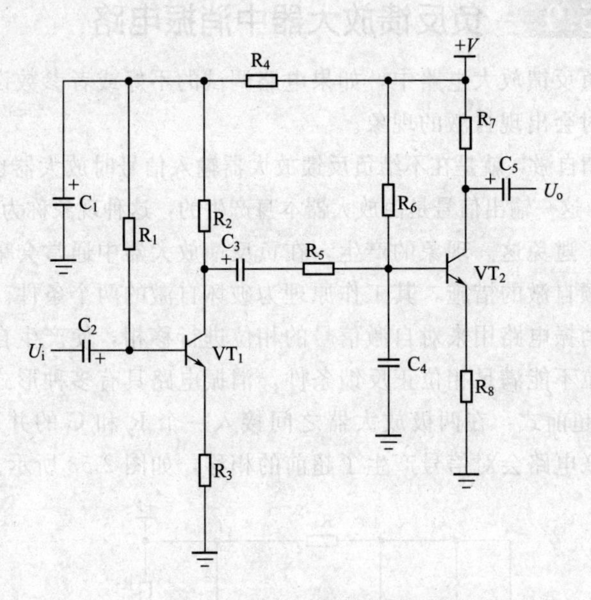

图 2-54　滞后式消振电路

R_5 和 C_4 构成了对高频自激信号的分压电路，在这种电路中，R_5 一般为 2kΩ，C_4 为几千皮法。

③ 超前-滞后式如图 2-55 所示。

超前-滞后式消振电路由 R_5、R_7、C_4 构成，R_7 和 C_4 串联电路的阻抗对加到 VT_2 基极上的信号进行对地分流衰减，阻抗越小，对信号的分流衰减量越大，当信号频率高于转折频率 f_0 之后，R_7 和 C_4 串联电路总阻抗不再随着频率升高而下降而是等于 R_7，这样对更高频信号的衰减量不再增加，相对滞后式消振电路，放大器的高频特性得到改善。

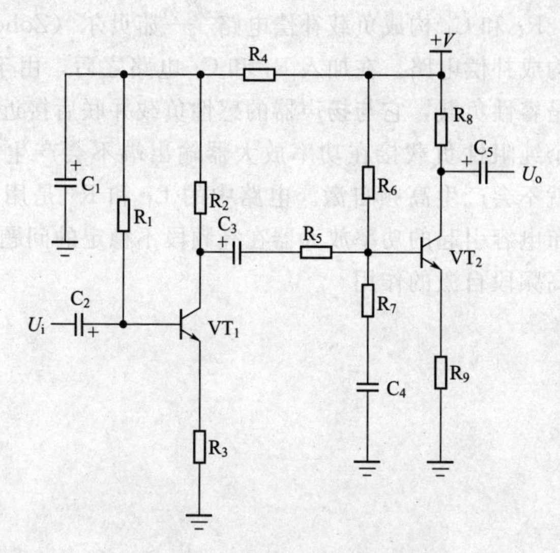

图 2-55 超前-滞后式消振电路

2.5.10 负载阻抗补偿电路

电路中存在扬声器时，由于扬声器不是纯阻性的负载，而是感性负载，它与功率放大器的输出电阻会构成对信号的附加移相电路，可能会使负反馈电路产生自激。因此，需要设置负载阻抗补偿电路，一种典型的负载阻抗补偿电路如图 2-56 所示。

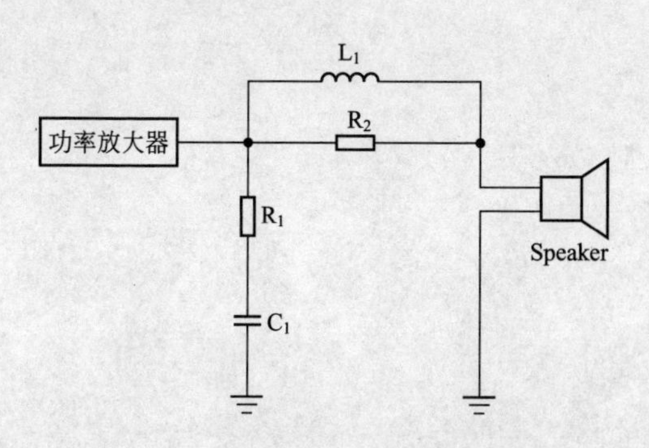

图 2-56 一种典型的负载阻抗补偿电路

图中，R_1 和 C_1 构成负载补偿电路——茹贝尔（Zobel）网络，L_1 和 R_2 构成补偿电路。在加入 R_1 和 C_1 电路之后，由于这一 RC 串联电路是容性负载，它与扬声器的感性负载并联后接近为纯阻性负载，一个纯阻性负载接在功率放大器输出端不会产生附加相位移，所以就不会产生高频自激。电路中的 L_1 和 R_2 是用来消除扬声器的分布电容引起的功率放大器在高频段不稳定的问题，同时也具有消除高频段自激的作用。

第3章 电感器

电感器，英文为 Inductor，因为这类元器件通常是由线圈（Loop）缠绕而成，因此在电路中通常使用字母 L 来表示。电感器能产生电感作用，利用电磁感应的原理进行工作，本章主要给大家介绍与电阻器相关的知识。

【本章内容提要】

◆ 电感器的基础知识

◆ 电感器基本工作原理和主要特性

◆ 电感器的典型应用电路

3.1 电感器的基础知识

电感类元器件是指使用电-磁、磁-电换能原理制成的电子元器件，如电感器、线圈、变压器、磁头等。

3.1.1 电感类元器件种类

电感类元器件可以按照多种不同的形式进行划分，如图 3-1 所示。

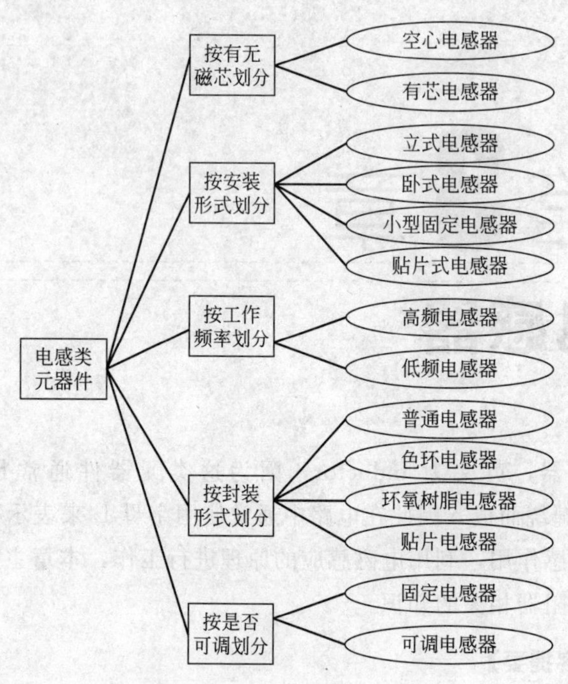

图 3-1　电感类元器件分类

(1) 普通电感器

普通电感器在电路中通常只提供一个电感量。

表 3-1 给出了普通电感器的实物图及其说明。

表 3-1　普通电感器的实物图及其说明

名称	实物图	说　明
空心电感器		这种电感器中没有铁芯或者磁芯，只是一个空心线圈

续表

名称	实物图	说　明
有芯电感器		这种电感器中有一个铁芯或者磁芯
立式电感器		这种电感器垂直安装在电路板上
卧式电感器		这种电感器水平安装在电路板上
小型固定电感器		这种电感器像普通电阻器一样有两根固定引脚,可以方便地在电路板上进行安装
贴片式电感器		这种电感器没有引脚,直接安装在铜箔线路的一面
高频电感器		这种电感器的匝数少,电感量小,应用于工作频率比较高的电路中
低频电感器		这种电感器又称为低频阻流圈,主要用在音频电路中,电感量比较大

续表

名称	实物图	说　明
普通电感器		这种电感器是常见的电感器，俗称线圈
色环电感器		这种电感器的标称电感值使用色环的方法进行标注
环氧树脂电感器		这种电感器的外壳封装材料采用环氧树脂
固定电感器		这种电感器的电感值固定不可变
可调电感器		这种电感器的电感量可以进行微调，通过旋转顶部的磁芯可以微调电感量的大小，称为微调电感器

(2) 专用电感器

利用电感器的基本原理，可以制成各种专用器件，表3-2给出了部分专用电感器的实物图及说明。

表 3-2　部分专用电感器的实物图及说明

名称	实物图	说明
磁棒线圈		磁棒线圈用于调频收音机电路中，作为天线线圈使用，有中波天线线圈、短波天线线圈等多种
振荡线圈		振荡线圈用于收音电路中，作为振荡器中的振荡线圈
行线性线圈		用于电视机电路中，用来补偿行扫描的线性
消磁线圈		用于彩色电视机电路中，在开机时对显像管进行消磁处理
磁头		各类磁头都是使用电感器制成的，如重放信号的放音磁头、记录信号的录音磁头、抹音的抹音磁头、各类控制磁头等
偏转线圈		由行偏转线圈和场偏转线圈组成，用于电视机和监视器的扫描电路中，形成水平扫描磁场和竖直扫描磁场

续表

名称	实物图	说　明
屏蔽式功率电感器		这是一种贴片式的功率电感器
片式绕线电感器		这是一种贴片式的电感器，可以通过较大的电流
共模电感器		也称作共模扼流圈，常用于计算机的开关电源中过滤共模的电磁干扰信号。 共模电感器由铁氧体软磁磁芯和两组同向绕制的线圈组成。对于共模信号，两组线圈产生的磁场相互叠加，铁芯被磁化。由于铁芯材料具有高磁导率，铁芯将产生一个大的电感，线圈的感抗是的共模信号的通过受到抑制
继电器		继电器是利用电流的磁效应来接通或断开电路的装置，常用于自动保护、自动控制环境中。 继电器内部可以看作是一个电磁铁，衔铁上连接一个或多个触点。当电磁铁的绕组中有电流通过时，衔铁被电磁铁所吸引，改变触点的状态
电动式扬声器		电动式扬声器是一种应用电动原理制成的电声换能器件，通入音频电流后可以发出声音
动圈式话筒		动圈式话筒的振膜可以接收人声通过空气传来的振动，然后振膜上的线圈绕组和环绕在动圈麦头的磁铁形成磁场切割，形成电流，将声信号转换为电信号
直流电动机		直流电动机中有多个线圈嵌在转子的铁芯槽中，当导体中通过电流时，在磁场中会因受力而转动，继而带动整个转子旋转

3.1.2 电感器电路图形符号

电感器的电路符号通常都包括一个线圈图形，在电路中使用大写字母 L 表示电感器，表 3-3 给出了电感器电路符号的说明。

表 3-3 电感器电路符号说明

电路符号	符号名称	符号说明
L	电感器新的电路符号	这是最新规定的电感器电路符号，也表示不含磁芯或铁芯的电感器
	有磁芯或铁芯的电感器电路符号	这一符号表示有磁芯或铁芯的电感器，一条实线表示铁芯
	有高频磁芯的电感器电路符号	这一符号中使用虚线表示高频磁芯，现在已很少使用
	磁芯中有间隙的电感器电路符号	这是一种电感器的变形，它的磁芯不是连续的，中间存在间隙
	微调电感器电路符号	这种电感器具有磁芯，同时电感量可以在一定范围内连续调节，也称为微调电感器，用一个箭头表示可调
	无磁芯有抽头的电感器电路符号	这一符号表示的电感器没有磁芯或铁芯，电感器中有一个抽头，具有3 根引脚

3.1.3 电感器参数和识别方法

(1) 电感器的主要参数

电感器的主要参数见表 3-4。

表 3-4 电感器的主要参数

参数	说明
电感量	电感器的电感量大小与线圈的结构有关，线圈缠绕的匝数越多，电感量越大。匝数相同时，加入磁芯或铁芯后，电感量增大。电感量的单位为亨特，简称亨，用字母 H 表示。亨是一个很大的单位，通常使用毫亨(mH)和微亨(μH)表示，1H＝1000mH，1mH＝1000μH

续表

<table>
<tr><th>参数</th><th>说　明</th></tr>
<tr><td>标称电感量</td><td>标称电感量标示了一只电感器的电感量的大小，是电感器最重要的参数之一，标称电感量标注在电感器上。一般高频电感器的电感量较小，一般为0.1～100μH，低频电感器为1～30mH。
小型固定电感器的标称电感量采用E12系列，如下所示：
<table>
<tr><td>名称</td><td colspan="12">系列值</td></tr>
<tr><td>E12</td><td>1</td><td>1.2</td><td>1.5</td><td>1.8</td><td>2.2</td><td>2.7</td><td>3.3</td><td>3.9</td><td>4.7</td><td>5.6</td><td>6.8</td><td>8.2</td></tr>
</table></td></tr>
<tr><td>允许偏差</td><td>电感器的允许偏差表示制造过程中实际的电感量值与标称电感量的偏差，通常有Ⅰ、Ⅱ、Ⅲ三个等级，许多电感器的体积较小，因此在壳体上不标注出这一参数。
Ⅰ级的允许偏差为±5%；Ⅱ级的允许偏差为±10%；Ⅲ级的允许偏差为±20%</td></tr>
<tr><td>品质因数</td><td>品质因数又称为Q值，使用字母Q表示。Q值越大，电感器线圈所损耗的功率就越小，电感器的效率就越高。一般只有LC振荡电路中的电感器才对品质因数有要求，因为此参数会决定LC振荡电路的一些特性</td></tr>
<tr><td>额定电流</td><td>额定电流，是指允许通过电感器的最大电流，当工作电流大于额定电流时，就可能烧坏电感器，工作在电源电路中的滤波电感器由于工作电流大，发生故障和烧坏的概率更高</td></tr>
<tr><td>固有电容</td><td>电感器的固有电容也称为分布电容或寄生电容，由多种原因造成。它相当于在电感线圈两端并联一个等效电容，如下图所示：
L
R
电感器等效电路
C 固有电容
图中，C为电感器的固有电容，L为电感，R为直流电阻。
电感L与固有电容C会构成一个LC并联振荡回路，将影响电感器的有效电感量的稳定性。
当电感器工作在高频电路中时，频率高，容抗就小，等效电容对于电路的影响就大，此时要注意尽量减小电感线圈的固有电容；
当电感器工作在低频电路中时，固有电容的容抗很大，相当于开路，对电路的影响较小</td></tr>
</table>

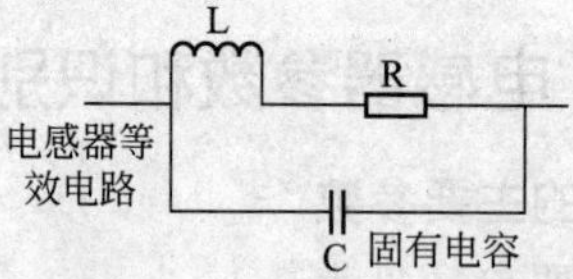

(2) 电感器的直标法和色标法

电感器的直标法是将标称电感值使用数字直接标注在电感器的外壳上，通常使用 3 位数表示法，如图 3-2 所示。

图 3-2 电感器的直标法示意图

这种 3 位数表示法的识别方法与电容器的 3 位数识别方法相同：使用三位数字的前两位数字为标称容量的有效数字，第三位数字表示有效数字后面零的个数，单位为 μH。

【例 3-1】 图 3-2 中所示的电感器电感量为：

$$47\times10^{0}=47\mu H$$

对于固定电感器，除了直接标注出电感量之外，还使用字母标注额定工作电流，使用Ⅰ、Ⅱ、Ⅲ罗马数字表示允许偏差。

采用色标法标注的固定电感器也称为色码电感器，如图 3-3 所示。

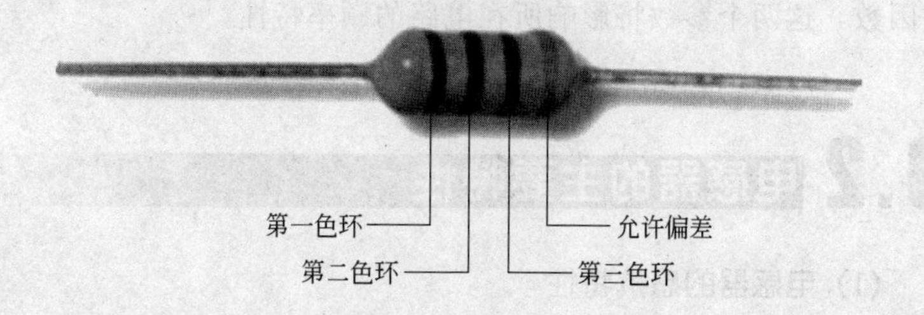

图 3-3 电感器的色标法示意图

特别提醒

还记得口诀吗?

棕红橙黄绿，蓝紫灰白黑

这种标注方法同时标注了电感量和允许偏差，读取的方法与色标法的电阻器相同：前两条表示有效数字，第三条为倍乘数，第四条为允许偏差，各种色码的含义与色标电阻器的色码含义相同。

(3) 固定电感器额定电流等级的表示方法

固定电感器的额定电流一共分为5个等级，使用大写字母表示，其具体含义见表3-5。

表3-5　固定电感器的额定电流等级表示法

字母	A	B	C	D	E
含义	50mA	150mA	300mA	700mA	1.6A

(4) 电感器的参数选择

① 在工作电流要求比较大的电路中，应该主要关心电感器的额定电流，如果选择了较小额定电流的电感器有可能会造成电感器的过电流损坏。

② 振荡器电路中主要关心电感器的允许误差参数，因为振荡器的振荡频率与电感量关系密切，同时，品质因数也很重要。

③ 工作在高频电路中的电感器要关心电感器的固有电容和品质因数，这两个参数将影响所在电路的频率特性。

3.2 电感器的主要特性

(1) 电感器的感抗特性

电感器的感抗和两个因素有关，电感器的电感量 L 和流经电感器的交流电频率 f。电感器的感抗 X_L 使用下面的公式计算

$$X_L = 2\pi f L$$

式中　X_L——电感器的感抗，Ω；

f——流经电感器的交流电频率，Hz；

L——电感器的电感量，H。

当交流电通过电感器时，感抗对其的影响类似于电阻对于电流的阻碍作用，因此在进行电路分析时经常将感抗等效为电阻，如图3-4所示。

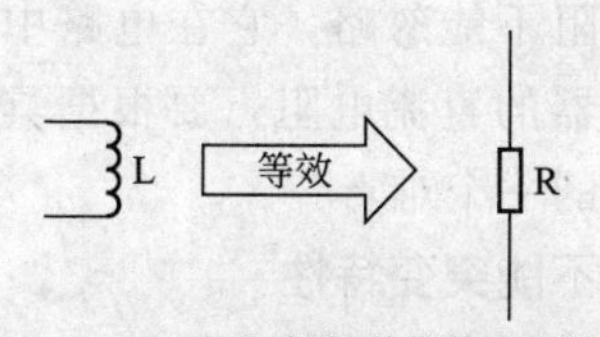

图 3-4　电感器感抗的等效理解

等效电路中，“电阻”与交流电频率的高低、电感量的大小有关，是一个特殊的电感性的“电阻”，这类似于电容器电路中的等效理解，有利于对电感器电路的理解与分析。

图 3-5 所示为电感器等效电阻大小记忆方法示意图。

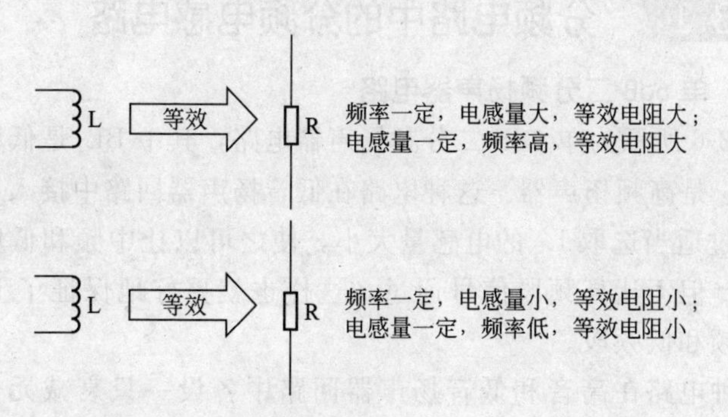

图 3-5　电感器等效电阻大小记忆方法示意图

（2）电感器直流电阻的影响

从阻碍电流这个角度来看，电感器存在感抗和线圈的直流电阻两种因素，在电感电路分析中这两种因素的判断方法如下：

① 对于交流电流而言，线圈的直流电阻对交流电流也有阻碍作用，但是与感抗所起的阻碍作用相比很小，通常可以忽略不计，而认为只存在感抗的作用，这样有利于简化对电感器所在电路工作原理的分析。

② 对于直流电流而言，分析电感电路有两种情况：一是根本不考虑电感器的直流电阻对直流电流的影响，这样有利于简化分析，在许多情况下采用这种方法；二是分析电感器所在电路工作原理时，电感器的直流电阻不能忽略，它在电路中起着一定的作用。到底是不是要考虑电感器的直流电阻，要根据具体电路情况而定，这种问题是电路分析中的一个难点。

(3) 电感器中电流不能突变特性

电容器两端的电压不能突变，与之类似，对线圈而言则是线圈中的电流不能突变，这一点电容器和电感器又是有所不同的。

3.3 电感器的典型应用电路

3.3.1 分频电路中的分频电感电路

(1) 单 6dB 二分频扬声器电路

图 3-6 所示为单 6dB 二分频扬声器电路，其中 BL_1 是低频扬声器，BL_2 是高频扬声器。这种电路在低音扬声器回路中接入了电感 L_1，通过适当选取 L_1 的电感量大小，使之可以让中频和低频段信号通过，但不让高频段信号通过，这样也就更好地保证了 BL_1 工作在中频和低频段。

这种电路在高音和低音扬声器回路中各设一只衰减元件，为 6dB 型。

(2) 双 12dB 型二分频扬声器电路

图 3-7 所示是双 12dB 型二分频扬声器电路，它是在前一种基础上在低音扬声器 BL_1 上并联分频电容 C_2，C_2 将从 L_1 过来的剩

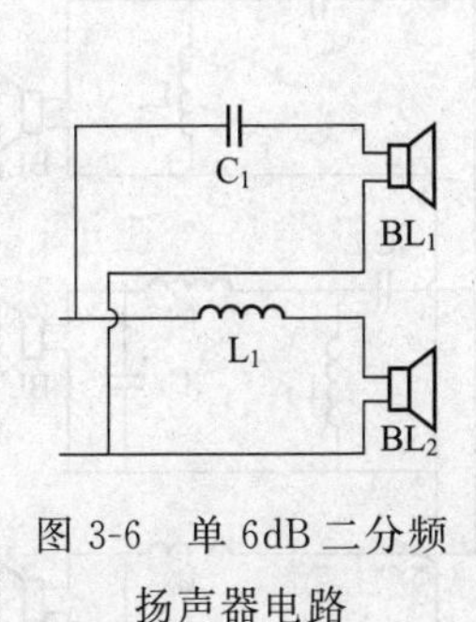

图 3-6 单 6dB 二分频扬声器电路

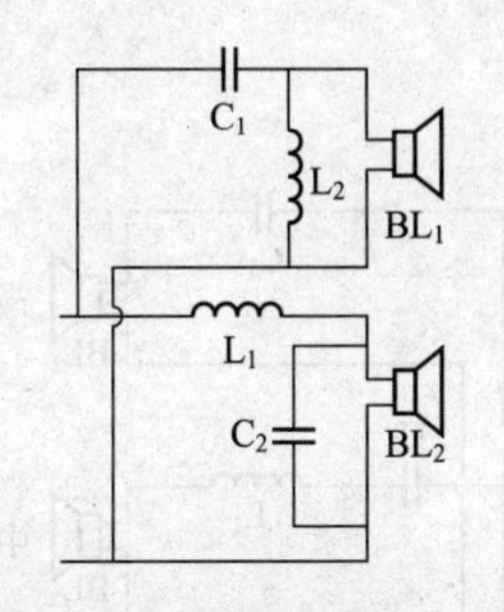

图 3-7 双 12dB 型二分频扬声器电路

余的高频段信号旁路，让 BL_1 更好地工作在中频和低频段，这样 C_2 与 L_1 也具有 12dB 的衰减效果，所以这一扬声器电路是双 12dB 型二分频扬声器电路。

(3) 6dB 型三分频扬声器电路

图 3-8 所示是 6dB 型三分频扬声器电路，其中 BL_1 是高音扬声器，BL_2 是中音扬声器，BL_3 是低音扬声器，电路中的其他电容是分频电容，电感是分频电感。

在这一电路中，每一个扬声器回路中都是 6dB 的衰减。

(4) 12dB 型三分频扬声器电路

图 3-9 所示是 12dB 型三分频扬声器电路，它是在 6dB 型电路基础上再接入分频电感和电容而成的。L_4 用来进一步将中频和低频段信号旁路，L_3 进一步旁路低频段信号，C_3 进一步旁路高频段信号，C_4 进一步旁路中频和高频段信号，使各扬声器更好地工作在各自频段内。这种三分频电路是 12dB 型的，其分频效果好于 6dB 型电路。

(5) 实用三分频电路

图 3-10 所示为一种实用的三分频电路。电路中 BL_1 是低音单元，BL_2 是中音单元，BL_3 是高音单元。L_1 和 C_1、L_2 和 C_2 将中、高频信号滤除，让低频信号加到 BL_1 中。L_3 和 C_3、C_4 将低频和高频信号去除，让中频信号加到 BL_2 中。C_5 和 L_4 将低频和中频信号去除，让高频信号加到 BL_3 中。

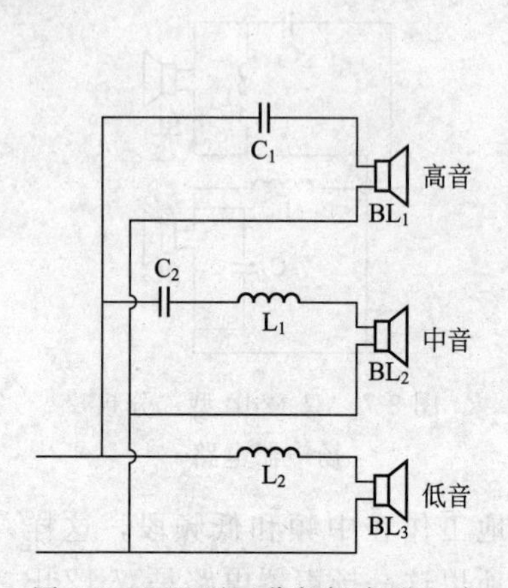

图 3-8　6dB 型三分频扬声器电路

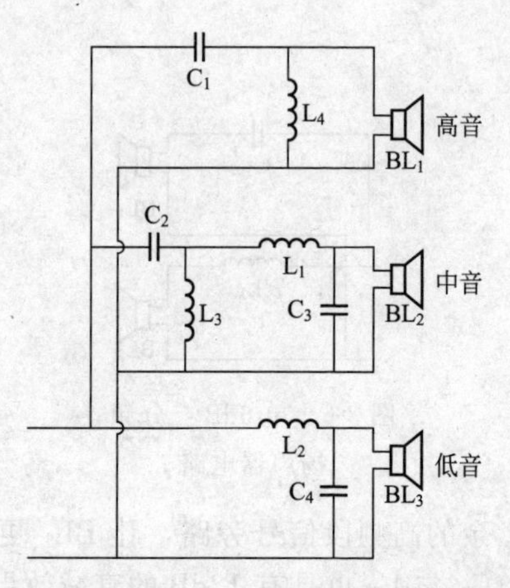

图 3-9　12dB 型三分频扬声器电路

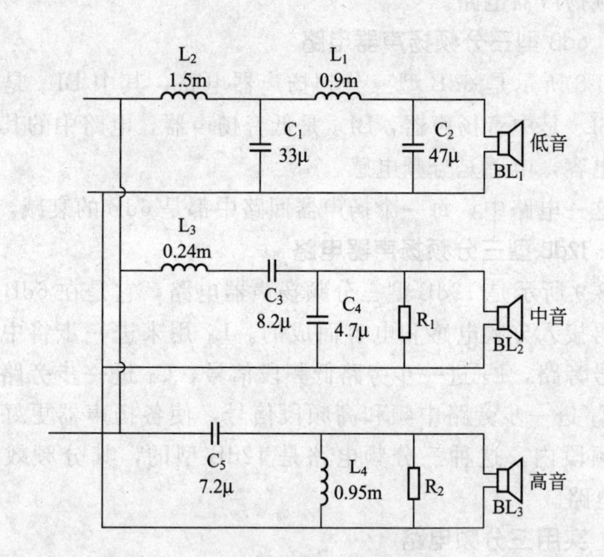

图 3-10　实用的三分频电路

3.3.2 电源电路中的电感滤波电路

电感滤波电路是用电感器构成的一种滤波电路，其滤波效果相当好，只是要求滤波电感的电感量较大，电路的成本比较高。电路中常使用 7c 型 LC 滤波电路。

图 3-11 所示是 π 型 LC 滤波电路。电路中的 C_1 和 C_3 是滤波电容，C_2 是高频滤波电容，L_1 是滤波电感，L_1 代替 π 型 RC 滤波电路中的滤波电阻。电容 C_1 是主滤波电容，将整流电路输出电压中的绝大部分交流成分滤波到地。

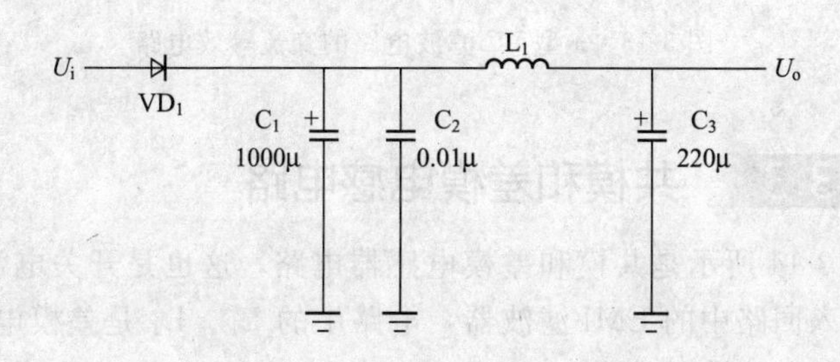

图 3-11 π 型 LC 滤波电路

(1) 直流等效电路

图 3-12 所示是 π 型 LC 滤波电路的直流等效电路，电感 L_1 的直流电阻小到为零，就用一根导线代替。

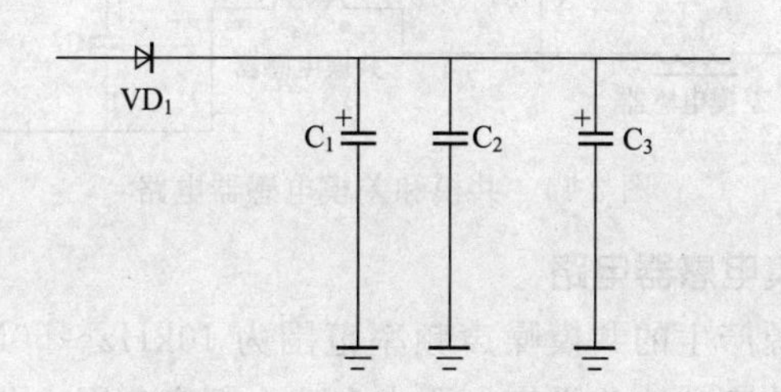

图 3-12 π 型 LC 滤波电路的直流等效电路

(2) 交流等效电路

图 3-13 所示是 π 型 LC 滤波电路的交流等效电路。对于交流成分而言，因为电感 L_1 感抗的存在，且这一电感很大，这一感抗与电容 C_3 的容抗（容抗很小）构成分压衰减电路（见交流等效电路）对交流成分有很大的衰减作用，达到滤波的目的。

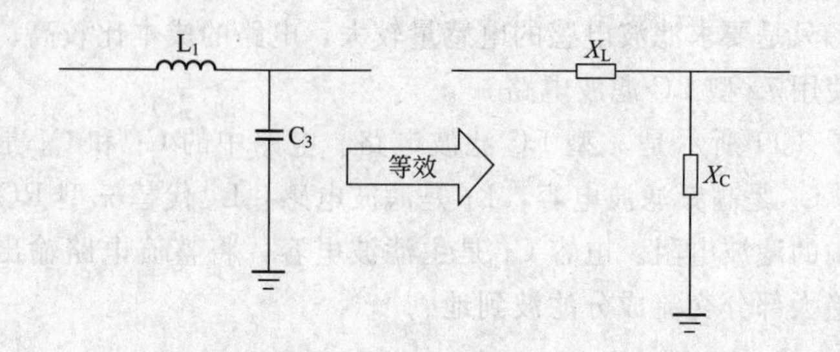

图 3-13　π 型 LC 滤波电路的交流等效电路

3.3.3 共模和差模电感电路

图 3-14 所示是共模和差模电感器电路，这也是开关电源交流市电输入回路中的 EMI 滤波器，电路中的 L_1、L_2 是差模电感器，L_3 和 L_4 为共模电感器，C_1 为 X 电容，C_2 和 C_3 为 Y 电容。该电路输入 220V 交流市电，输出电压加到整流电路中。

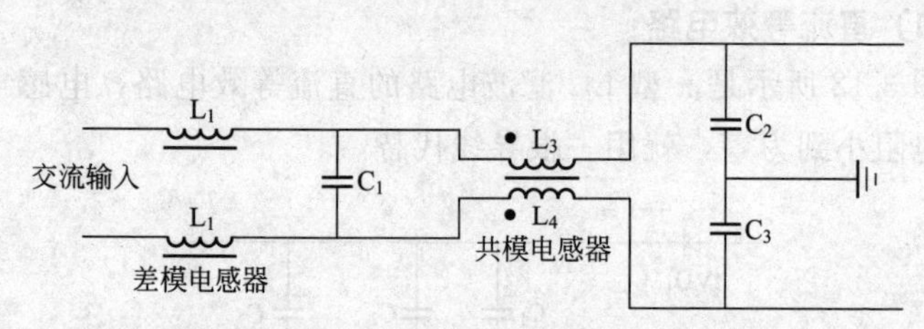

图 3-14　共模和差模电感器电路

(1) 共模电感器电路

开关电源产生的共模噪声频率范围为 10kHz～50MHz 甚至更高，为了有效衰减这些噪声，要求在这个频率范围内共模电感器能够提供足够高的感抗。

在讲解共模电感器工作原理前，应该首先了解共模电感器结构，这将有助于理解共模电感器抑制共模高频噪声。图 3-15 所示是共模电感器实物图和结构示意图。

① 正常的交流电差模电流流过共模电感器分析。图 3-16 所示，220V 交流电是差模电流，它流过共模线圈 L_3 和 L_4 的方向如

图 3-15 共模电感器实物图和结构示意图

图中所示，两线圈中电流产生的磁场方向相反而抵消。这时正常信号电流主要受线圈电阻的影响（这一影响很小），以及少量因漏感造成的阻尼（电感），加上 220V 交流电的频率只有 50Hz，共模电感器电感量不大，所以共模电感器对于正常的 220V 交流电感抗很小，不影响 220V 交流电对整机的供电。

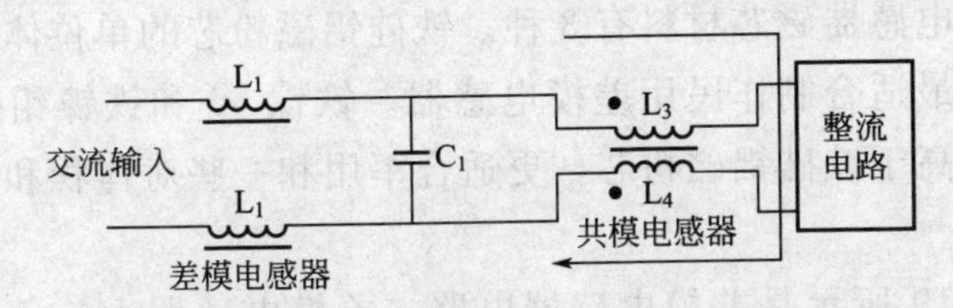

图 3-16 交流电差模电流流过共模电感器示意图

② 共模电流流过共模电感器分析。当共模电流流过共模电感器时，电流方向如图 3-17 所示。由于共模电流在共模电感器中为同方向，线圈 L_3 和 L_4 内产生同方向的磁场，这时增大了线圈 L_3、L_4 的电感量，也就是增大了 L_3、L_4 对共模电流的感抗，使共模电流受到了更大的抑制，达到衰减共模电流的目的，起到了抑制共模干扰噪声的作用。

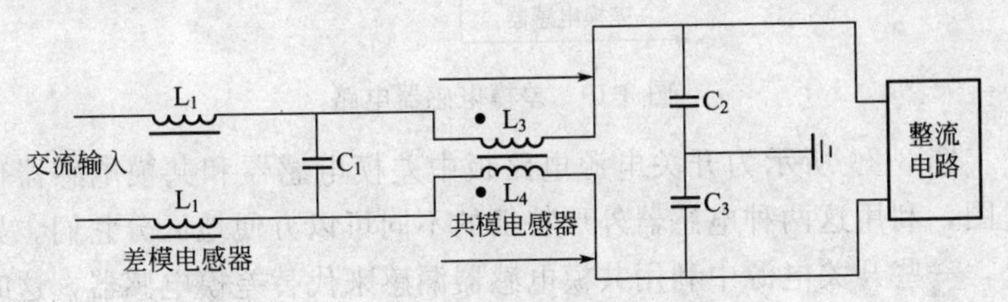

图 3-17 共模电流流过共模电感器示意图

加上两只 Y 电容 C_2 和 C_3 对共模干扰噪声的滤波作用，共模干扰得到了明显的抑制。

(2) 差模电感器

图 3-18 所示是差模电感器实物图和结构示意图，显然它与共模电感器不同。

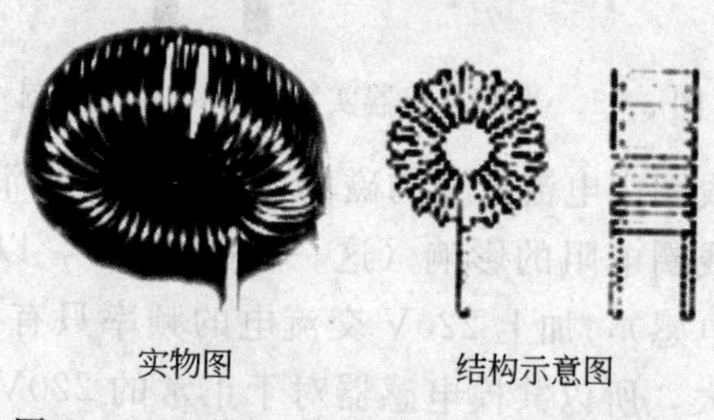

图 3-18 差模电感器实物图和结构示意图

差模电感器磁芯材料有 3 种。铁硅铝磁粉芯的单位体积成本最低，因此最适合制作民用差模电感器。铁镍 50 和铁镍钼磁粉芯的价格远远高于铁硅铝磁粉芯，更适合军用和一些对体积和性能要求高的场合。

图 3-19 所示是差模电感器电路，差模电感器 L_1、L_2 与 X 电容串联构成回路，因为 L_1、L_2 对差模高频干扰的感抗大，而 X 电容 C_1 对高频干扰的容抗小，这样将差模干扰噪声滤除，而不能加到后面电路中，达到抑制差模高频干扰噪声的目的。

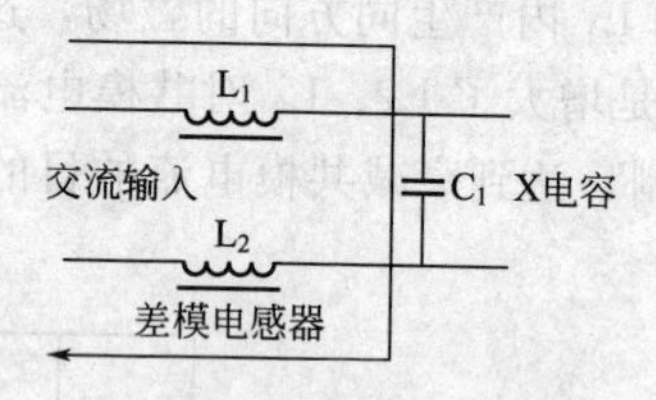

图 3-19 差模电感器电路

图 3-20 所示为开关电源电路板中差模电感器和共模电感器位置图，利用这两种电感器外形特征的不同可以方便地区分它们。另外，一些开关电源中利用共模电感器漏感来代替差模电感器，这时在开关电源电路板上就见不到差模电感器。

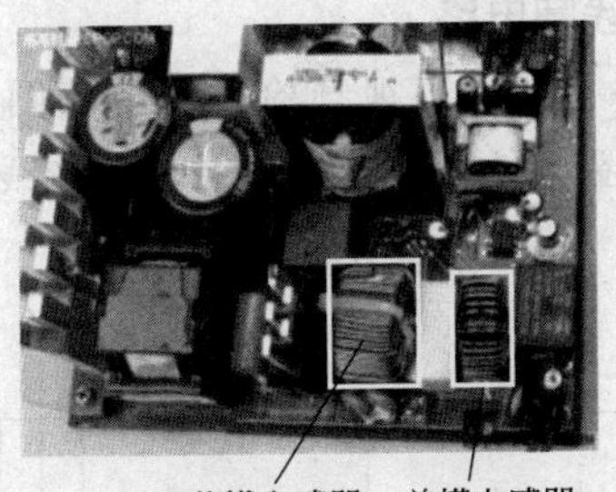

图 3-20 开关电源电路板中的差模电感器和共模电感器

3.3.4 视频检波线圈电路

视频检波线圈用于电视机电路中，它是一个组合元器件，设在检波级电路中。如图 3-21 所示。从图中可以看出，视频检波线圈处于中放末级电路之后，而在预视放电路之前。

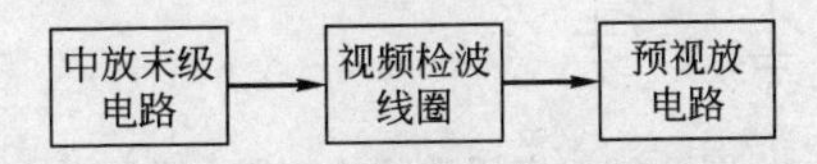

图 3-21 视频检波线圈位置示意图

图 3-22 所示是两种常用视频检波线圈内部电路。视频检波线圈内设检波二极管和滤波容、电感，构成一个完整的视频检波电路。

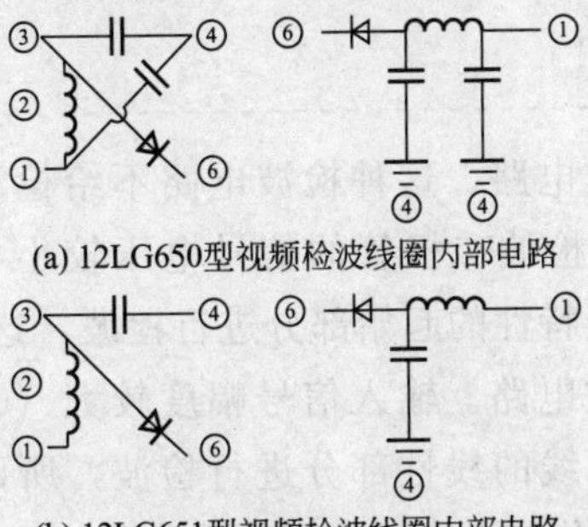

图 3-22 两种常用视频检波线圈内部电路

(1) 视频检波线圈电路

图 3-23 所示是一个实用视频检波器电路图。电路中，虚线框内的是视频检波线圈组件，内含检波二极管和线圈、电容。

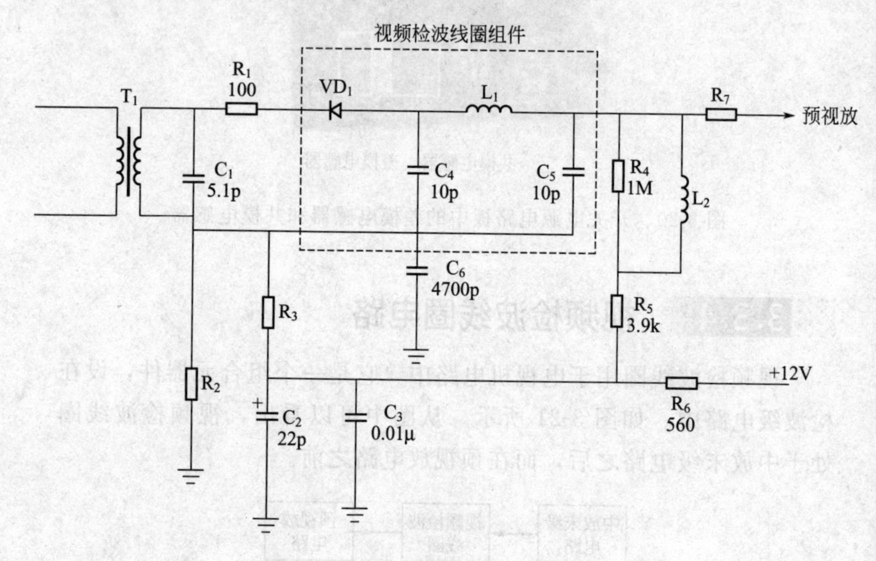

图 3-23　实用视频检波器电路图

再复杂的电路也不要怕，都可以分解成一个个简单的部分加以分析，一起努力吧！

① 小信号检波电路。这种检波电路不给检波二极管加正向偏置电压，而且输入检波二极管的信号电压较小（0.2V 左右）。此时利用二极管伏-安特性的起始部分进行检波，这种检波的失真大。

② 大信号检波电路。输入信号幅度较大（0.5V 以上），使用二极管伏-安特性曲线的线性部分进行检波，所以又称为直线性检波、包络检波。黑白电视机中就是采用这种检波电路。它要求输入检波二极管的图像信号电压较大，在 0.5V 以上。

(2) 低通滤波器电路

电路中的 L_1 和 C_4、C_5 构成 π 型低通滤波器，这一电路让全电视信号和第二伴音中频信号这些频率较低的信号通过，而将图像和第一伴音中频信号及它们的高次谐波滤除，以防止视频信号和伴音信号受到干扰。

(3) 高频补偿电路分析

电路中，L_2（通过 R_5、C_3 交流接地）和 C_5（通过 C_6 交流接地）、分布电容构成一个低 Q 值的 LC 并联谐振电路，其谐振频率为 5MHz。这一并联谐振电路是接在检波二极管负载电阻上的，可以提升全电视信号中的高频段信号，提升高频信号可以改善图像的清晰度。

第4章 二极管

二极管，英文为Diode，在电路中通常使用字母D或VD来表示。具有体积小、重量轻、不怕振动、可靠性好等优点，在电路设计中有广泛应用。本章主要给大家介绍与二极管相关的知识。

【本章内容提要】

◆ 二极管的基础知识
◆ 稳压二极管的基础知识
◆ 发光二极管的基础知识
◆ 肖特基二极管的基础知识
◆ 常用二极管应用电路
◆ 二极管其他应用电路
◆ 稳压二极管和变容二极管电路及肖特基二极管电路

4.1 二极管的基础知识

4.1.1 二极管的种类

二极管可以按照多种不同的形式进行划分，如图4-1所示。对各种二极管的具体说明见表4-1。

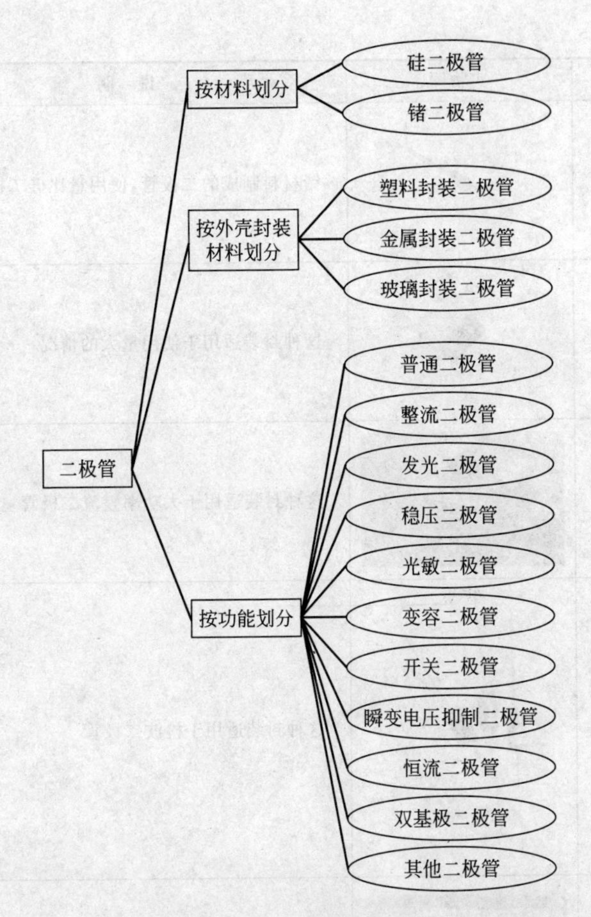

图 4-1　二极管种类图

表 4-1　各种二极管的说明

名称	实物图	说　明
硅二极管		硅材料制成的二极管，是常用的二极管

续表

名称	实物图	说　明
锗二极管		锗材料制成的二极管,使用量比硅二极管少
塑料封装二极管	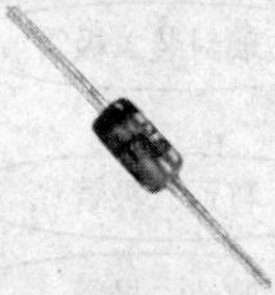	这种封装适用于使用量大的情况
金属封装二极管	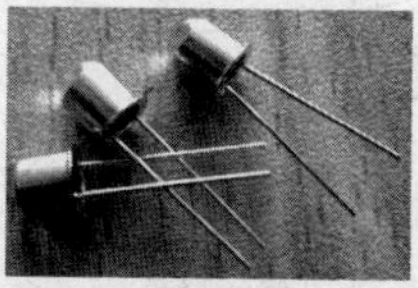	这种封装适用于大功率整流二极管
玻璃封装二极管	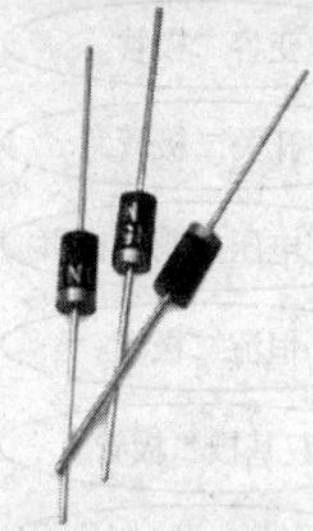	这种封装适用于检波二极管
普通二极管	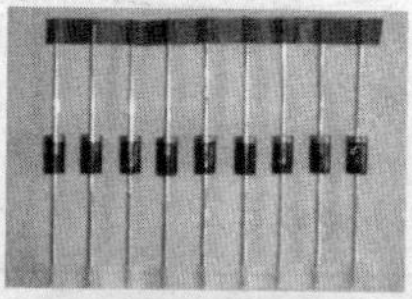	这是最为常见的二极管
整流二极管		用于整流的二极管

续表

名称	实物图	说 明
发光二极管		可以发出可见光，用来指示的二极管；还有能发出不可见光的红外发光二极管
稳压二极管		用于直流稳压的二极管
光敏二极管		对光有敏感作用的二极管，可以用作检测或控制
变容二极管		这种二极管的结电容比较大，可以在较大范围内变化
开关二极管		这种二极管用于电子开关电路中
瞬变电压抑制二极管		这种二极管用于对电路进行快速过压保护，分为单极型和双极型两种

续表

名称	实物图	说　明
恒流二极管		这种二极管能在很宽的电压范围内输出恒定的电流，具有很高的动态阻抗
双基极二极管		这种二极管有两个基极，一个发射极，可以用于张弛振荡电路中

4.1.2 二极管外形特征和电路图形符号

(1) 二极管的外形特征

二极管通常具有两个引脚，引脚沿轴向伸出，与电阻器类似。常见的二极管体积都比较小，有些二极管的外壳上会标记出二极管的负极，有些还会标出二极管的电路符号，如图 4-2 所示。

(2) 二极管电路符号

图 4-3 所示是普通二极管电路符号。

图 4-2　二极管外形特征　　图 4-3　普通二极管电路符号

① 二极管只有两根引脚，电路符号中表示出了这两根引脚。

② 电路符号中表示出了二极管的正、负极性，三角形底边一

端为正极，另一端为负极。

③ 电路符号形象地表示了二极管工作电流流动的方向，即电流流向负极，电路符号中三角形的指向是电流流动的方向。表 4-2 给出了部分二极管的电路符号及说明。

表 4-2　部分二极管的电路符号及说明

名称	电路符号	说　明
二极管电路符号		电路符号中标示出两根引脚，通过三角形标明正极和负极
发光二极管电路符号		这种能发光的二极管简称为 LED(Light Emitting Diode)。其电路符号是在普通二极管的电路符号上，加入箭头来表示这种二极管在导通后可以发光。 有些发光二极管的内部装有两只不同颜色的发光二极管，在电路符号中标明了其内部的发光二极管是如何连接的
三色发光二极管电路符号	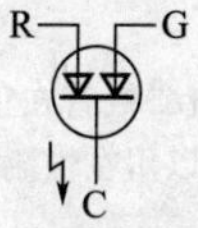 R G C	
双色发光二极管电路符号		
光敏二极管电路符号		光敏二极管电路符号中的箭头指向二极管，用来表示这种二极管在受到光线照射的时候反向电流会增大
稳压二极管电路符号		稳压二极管的负极表示方法与普通二极管不同。 对于内部由两个稳压二极管逆串联而成的特殊稳压二极管，在电路符号上表现出了其内部的电路连接方式
特殊稳压二极管电路符号	 1 3 2	
变容二极管电路符号		这种二极管的电路符号是将普通二极管的电路符号和电容器的电路符号结合起来构成的

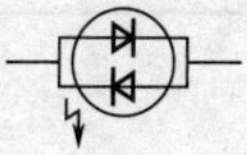

续表

名称	电路符号	说　明
双向触发二极管电路符号		从电路符号中可以看出这种二极管具有双向触发的功能。 这种二极管结构简单、价格低，常用来触发双向晶闸管，构成过压保护电路等
隧道二极管电路符号		隧道二极管也称为江崎二极管，广泛应用于高速脉冲电路中
双基极二极管电路符号	E　B_1　B_2	这种二极管也称为单结晶体管，是一个具有一个P-N结的三端负阻元件，广泛应用于各种振荡器、定时器电路中
恒流二极管电路符号	+	恒流二极管在正向工作时，存在一个恒流区，可以用在恒流源的电路中

特别提醒

这里我们只关心电路符号在电路中的样子！

4.1.3 二极管主要参数和引脚极性识别方法

(1) 二极管主要参数

① 最大整流电流 I_m。最大整流电流是指二极管长时间正常工作下，允许通过二极管的最大正向电流值。各种用途的二极管对这一参数的要求不同，当二极管用来作为检波二极管时，由于工作电流很小，所以对这一参数的要求不高。

② 最大反向工作电压 U_{rm}。最大反向工作电压是指二极管正常工作时所能承受的最大反向电压值，U_{rm} 约等于反向击穿电压的

一半。反向击穿电压是指给二极管加反向电压，使二极管击穿时的电压值。二极管在使用中，为了保证二极管的安全工作，实际的反向电压不能大于 U_{rm}。

③ 反向电流 I_{CO}。反向电流是指给二极管加上规定的反向偏置电压情况下，通过二极管的反向电流值，I_{CO}大小反映了二极管单向导电性能。

给二极管加上反向偏置电压后，没有电流流过二极管，这是二极管的理想情况，实际上二极管在加上反向电压后或多或少地会有一些反向电流，反向电流是从二极管负极流向正极的电流。

④ 最高工作频率 f_M。二极管可以用于直流电路中，也可以用于交流电路中。在交流电路中，交流信号的频率高低对二极管的正常工作有影响，信号频率高时要求二极管的工作频率也要高，否则二极管就不能很好地起作用，这就对二极管提出了工作频率的要求。

(2) 二极管参数运用说明

二极管在不同运用场合下，对各项参数的要求是不同的。

① 对用于整流电路的整流二极管，重点要求它的最大整流电流和最大反向工作电压参数。

② 对用于开关电路的开关二极管，重点要求它的开关速度。

③ 对于高频电路中的二极管，重点要求它的最高工作频率和结电容等参数。

(3) 二极管正、负引脚标注方法

二极管正极和负极引脚识别是比较方便的，通常情况下通过观察二极管的外形和引脚极性标记，能够直接分辨出二极管两根引脚的正、负极性。

① 常见极性标注形式。图 4-4 所示是二极管常见极性标注形式示意图，这是塑料封装的二极管，用一条灰色的色带表示出二极管的负极。

② 电路图形符号极性标注形式。图 4-5 所示是二极管电路图形符号极性标注形式示意图，根据电路图形符号可以知道正、

负极。

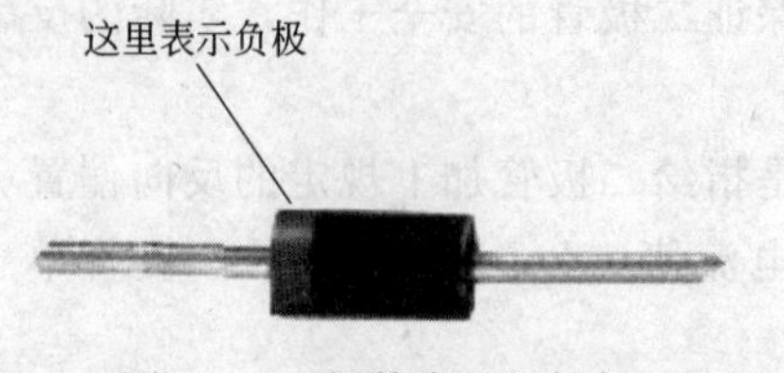

图 4-4　二极管常见极性标注形式示意图

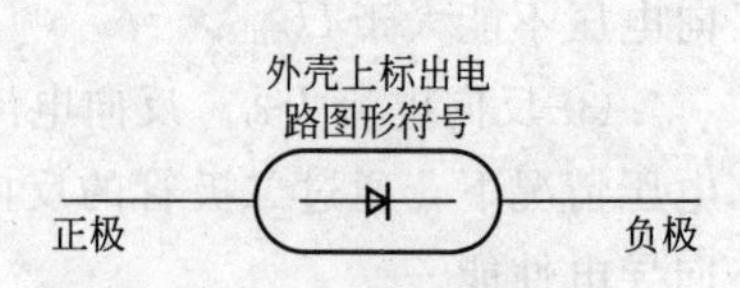

图 4-5　二极管电路图形符号极性标注形式示意图

③ 贴片二极管负极标注形式。图 4-6 所示是贴片二极管负极标注形式示意图，在负极端用一条“灰杠”表示。

④ 大功率二极管引脚极性识别方法。图 4-7 所示是大功率二极管引脚极性识别示意图，这是采用外形特征识别二极管极性的方法示意图。图中所示二极管的正、负极引脚形式不同，这样也可以分清它的正、负极，带螺纹的一端是负极，这是一种工作电流很大的整流二极管。

图 4-6　贴片二极管负极标注形式示意图

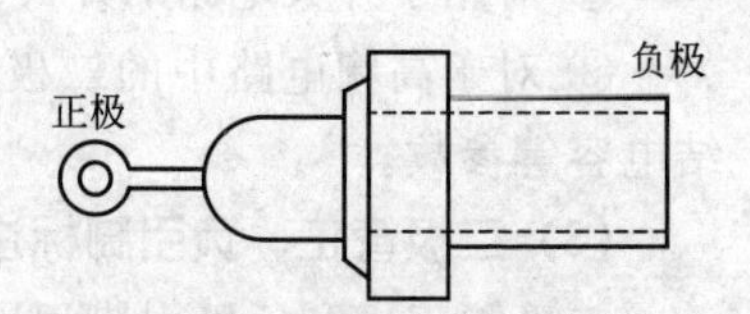

图 4-7　大功率二极管引脚极性识别示意图

(4) 数字式万用表识别二极管正、负引脚方法

用数字式万用表检测二极管极性的方法是：将表置于 P-N 结挡，两支表笔分别接二极管两根引脚，如果这时显示“1”，则说明红表棒接的是二极管负极，黑表棒接的是二极管正极。如果表显示“600”左右，那红表棒接的是二极管正极，黑S表棒接的是二极管

负极。

4.1.4 二极管工作状态说明

(1) 二极管 P-N 结结构

二极管的内部就是一个 P-N 结，图 4-8 所示是二极管 P-N 结示意图。二极管的两根引脚分别引自两块半导体材料，从 P 型材料上引出正极性引脚，从 N 型材料上引出负极性引脚。

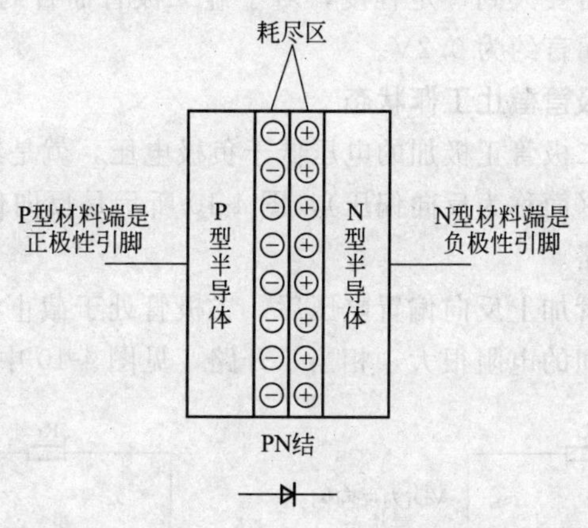

图 4-8　二极管 P-N 结示意图

特别提醒

这里我们不需要关心其内部具体是怎样的原理

(2) 二极管正向导通工作状态

二极管共有两种工作状态：截止和导通。二极管导通与截止需要有一定的工作条件。如果给二极管正极加的电压高于负极电压，就是给二极管加正向偏置电压（简称为正向偏压），图 4-9 所示是二极管加正向偏置电压示意图及等效电路。

只要正向偏压达到一定的值，二极管便导通。

二极管导通的条件有两个：一是要存在正向偏置电压；二是正

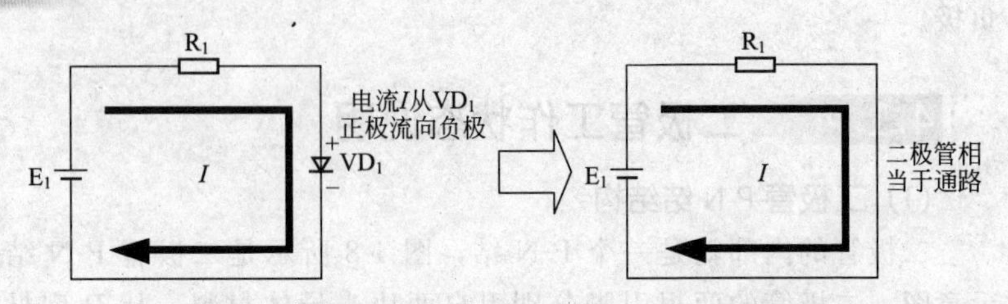

图 4-9　二极管加正向偏置电压示意图及等效电路

向偏置电压需要大到一定程度，对于硅二极管而言约为 0.7V，对于锗二极管而言约为 0.2V。

(3) 二极管截止工作状态

如果给二极管正极加的电压低于负极电压，就是给二极管加反向偏置电压（简称为反向偏压），图 4-10 所示是反向偏置电压示意图及等效电路。

给二极管加上反向偏置电压后，二极管处于截止状态，二极管两根引脚之间的电阻很大，相当于开路，见图 4-10 中的等效电路。

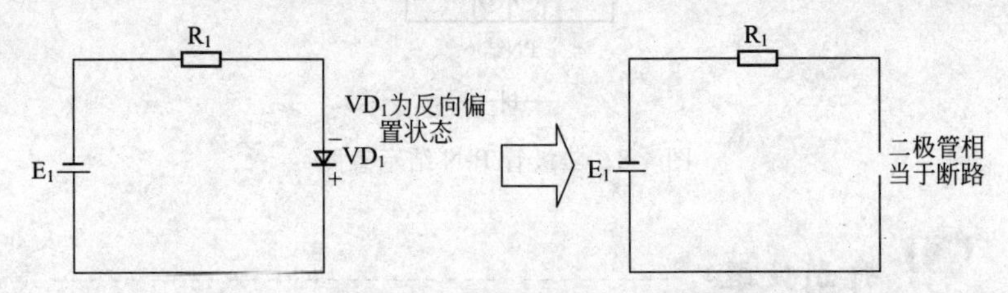

图 4-10　二极管加反向偏置电压示意图及等效电路

只要加反向偏置电压，二极管中就没有电流流动，如果加的反向偏置电压太大，二极管就会被击穿，电流将从负极流向正极，这时二极管已经损坏。

(4) 二极管导通和截止工作状态判断方法

分析二极管电路时，分析二极管的工作状态十分重要，即二极管是导通还是截止。二极管工作状态识别方法见表 4-3，表中的“＋”、“－”符号表示的是电压高低，“＋”号表示电压相对较高，“－”号表示电压相对较低。

表 4-3 二极管工作状态识别方法

电压极性及状态		说明
+ −	正向偏置电压足够大	二极管正向导通，两引脚间内阻很小
	正向偏置电压不够大	二极管不足以正向导通，两引脚间内阻比较大
− +	反向偏置电压足够大	二极管截止，两引脚间内阻很大
	反向偏置电压不够大	二极管反向击穿，两引脚间内阻很小，此时二极管已损坏

4.1.5 正向特性和反向特性

图 4-11 所示是二极管的伏-安（*U-I*）特性曲线，以此说明二极管正向和反向特性。

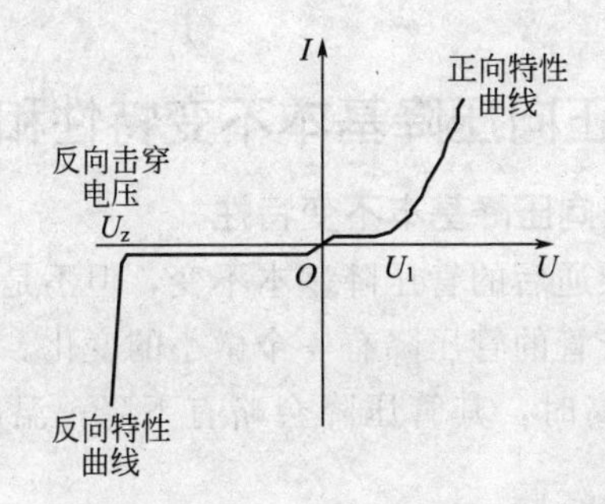

图 4-11 二极管的伏-安（*U-I*）特性曲线

(1) 伏-安特性曲线

曲线中横轴是电压（*U*），即加到二极管两极引脚之间的电压，正电压表示二极管正极电压高于负极电压，负电压表示二极管正极电压低于负极电压。纵轴是电流（*I*），即流过二极管的电流，正方向表示从正极流向负极，负方向表示从负极流向正极。

图中右半部分所示的正向特性曲线，给二极管加上的正向电压小于一定值时，正向电流很小，当正向电压大到一定程度后，正向电流则迅速增大，并且正向电压稍增大一点，正向电流就增大许多。使二极管正向电流开始迅速增大的正向电压 U_1 称为起始电压。

图中左半部分所示为反向特性曲线，给二极管加的反向电压小于一定值时，反向电流始终很小，当所加的反向电压大到一定值时，反向电流迅速增大，二极管处于电击穿状态。使反向电流开始迅速增大的反向电压称为反向击穿电压。

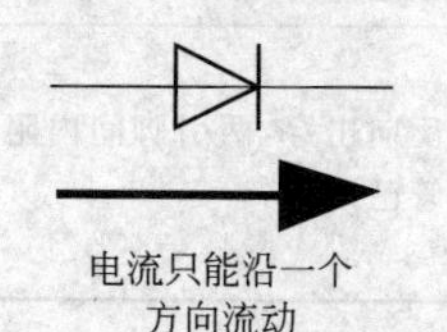

图 4-12　二极管的单向导电特性示意图

(2) 单向导电特性

二极管最基本和重要的特性是单向导电特性。流过二极管的电流只能从正极引脚流向负极引脚，不能从负极引脚流向正极引脚，这即为二极管的单向导电特性，如图 4-12 所示。

4.1.6　正向压降基本不变特性和温度特性

(1) 二极管正向压降基本不变特性

二极管正向导通后的管压降基本不变，但不是绝对不变的，下列因素会导致二极管的管压降有一个微小的变化。

① 当温度升高时，其管压降会略有下降；温度降低时，其管压降会略有增大。

② 正向电流增大许多时，正向压降会有微小的增大。换句话讲，当正向电压有一个微小的增大时，将引起正向电流很大的增大变化，反之则为减小变化。

(2) 温度特性

利用二极管的管压降随温度微小变化的特性可以设计成温度补偿电路，在分析这种温度补偿电路时不了解二极管这种特性，电路工作原理就无法分析。

4.1.7 正向电阻小、反向电阻大特性

电阻器的标称阻值没有正向和反向之分，二极管由于具有单向导电特性，所以它的两根引脚之间的电阻分为正向电阻和反向电阻两种。

(1) 正向电阻和反向电阻

图 4-13 所示是二极管的正向电阻和反向电阻等效电路。

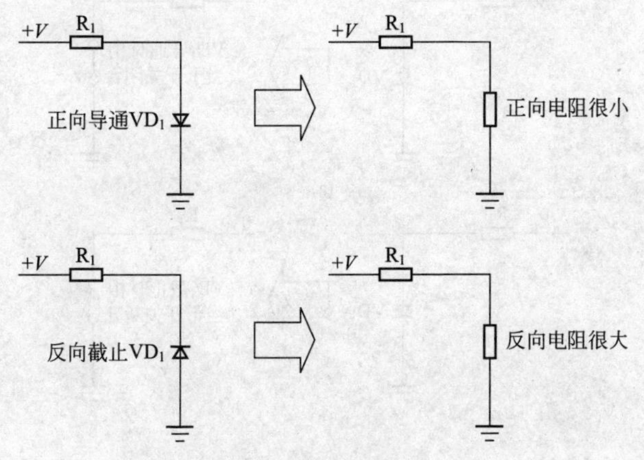

图 4-13 二极管的正向电阻和反向电阻等效电路

(2) 正向电流与正向电阻之间关系

二极管的正向电阻大小还与正向电流大小相关，当二极管的正向电流变化时，二极管的正向电阻将随之做微小的变化，正向电流越大，正向电阻越小，如图 4-14 所示，反之则大。

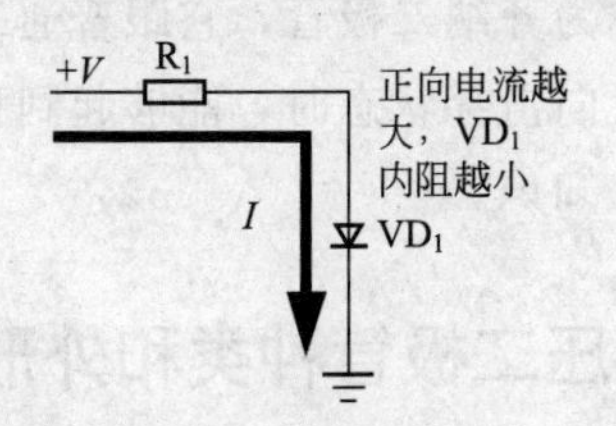

图 4-14 正向电阻与正向电流关系示意图

(3) 二极管开关特性

利用二极管正向电阻和反向电阻相差很大的特性，可以将二极管作为电子开关器件，即所谓的二极管开关电路。

二极管正向导通时，其内阻很小，相当于开关接通；二极管截止时，它两根引脚之间的电阻很大，相当于开关断开。图 4-15 所示是二极管开关特性等效电路。

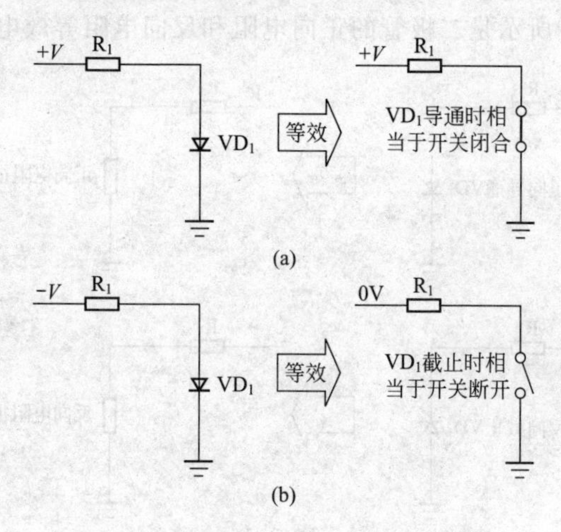

图 4-15　二极管开关特性等效电路

4.2 稳压二极管

稳压二极管也称为齐纳二极管，它跟普通二极管的区别是，当这种二极管工作于反向击穿状态时，能够起到稳压的作用。本节介绍稳压二极管的相关知识。

4.2.1 稳压二极管种类和外形特征

(1) 稳压二极管种类

稳压二极管根据外壳包装材料划分有金属封装、玻璃封装、塑料封装，塑料封装稳压二极管又分为有引线型和表面封装两种类型。根据内部结构划分有普通稳压二极管（两根引脚）和温度互补型稳压二极管（3 根引脚）。根据其电流容量可分为大功率稳压二极管（2A 以上）和小功率稳压二极管（1.5A 以下）。

(2) 稳压二极管外形特征

几种稳压二极管实物图见表 4-4。

表 4-4　几种稳压二极管实物图

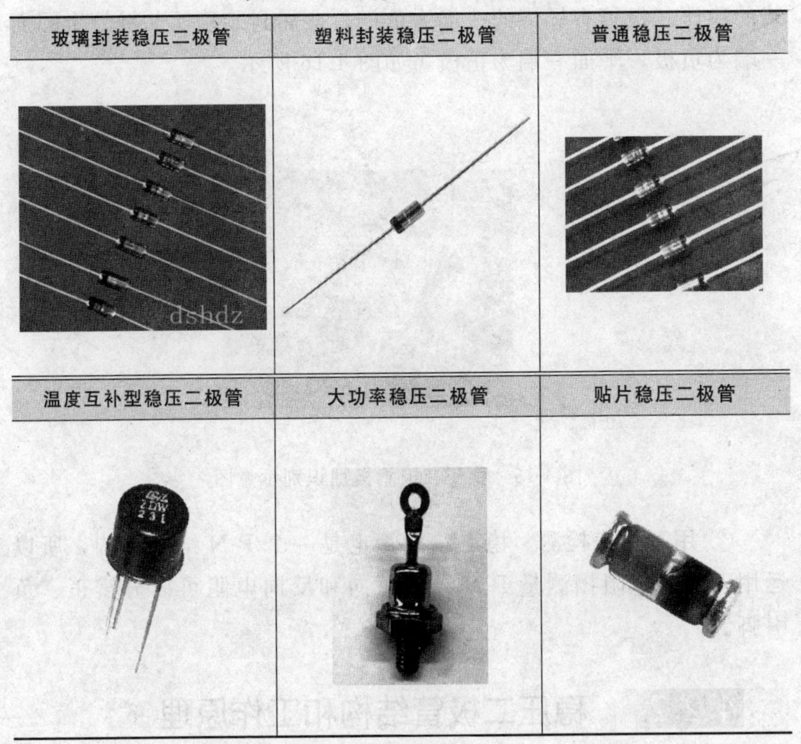

玻璃封装稳压二极管	塑料封装稳压二极管	普通稳压二极管
温度互补型稳压二极管	大功率稳压二极管	贴片稳压二极管

关于稳压二极管的外形特征有以下几点说明：

① 稳压二极管的具体形状有多种，外形同普通二极管基本一样。

② 稳压二极管一般情况下只有两根引脚，在一些特殊的稳压二极管中有 3 根引脚，3 根引脚的稳压二极管外形同三极管一样。

③ 稳压二极管的外壳有金属、玻璃、塑料等多种，有的在外壳上直接标出稳压值。

(3) 稳压二极管引脚识别方法

识别稳压二极管的各引脚有以下两种方法。

① 通过稳压二极管外形特征和管壳上的各种标记，可以识别各种稳压二极管的正、负引脚。

【例 4-1】 有的稳压二极管上直接标出电路图形符号，塑料封装的稳压二极管有标记的一端为负极，金属封装稳压二极管半圆面一端为负极，平面一端为正极，如图 4-16 所示。

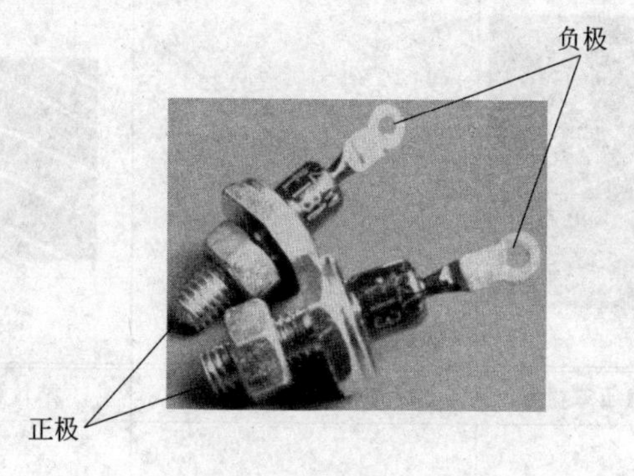

图 4-16　稳压二极管极性识别示意图

② 用万用表检测。稳压二极管也是一个 P-N 结的结构，所以运用万用表电阻挡测量 P-N 结的正向和反向电阻可以分辨正、负引脚。

4.2.2 稳压二极管结构和工作原理

(1) 普通稳压二极管结构和工作原理

稳压二极管的基本结构同普通二极管一样，是一个 P-N 结，但是由于制造工艺不同，当这种 P-N 结处于反向击穿状态时，P-N 结不会损坏，当稳压二极管用于稳定电压时就是应用它的这一击穿特性。

(2) 温度补偿型稳压二极管工作原理

图 4-17 所示是温度补偿型稳压二极管内部结构示意图。在一些要求电压温度特性较高的场合下，采用多种措施来进行温度补偿。温度补偿型稳压二极管在工作时，1 脚和 2 脚不加区分，内部的两只稳压二极管的性能相同，两只二极管一只工作在正向，另一只工作在反向，这样两个 P-N 结一个正向偏置，另一个反向偏置。

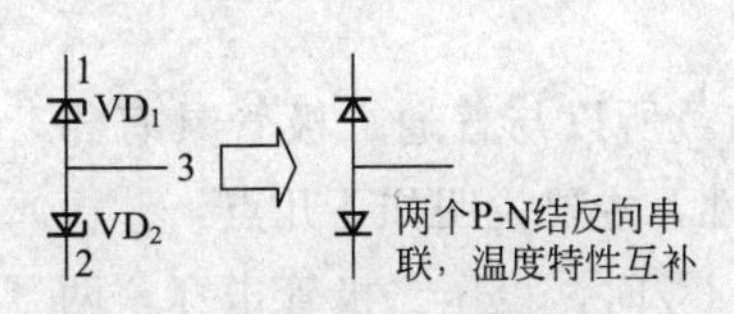

图 4-17 温度补偿型稳压二极管内部结构示意图

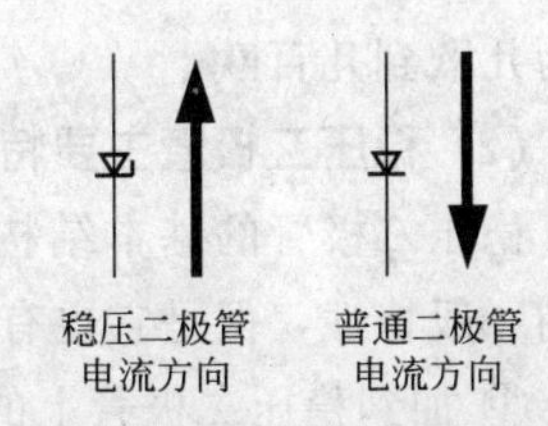

图 4-18 稳压二极管和普通二极管电流方向比较示意图

(3) 稳压二极管电流方向

图 4-18 所示是稳压二极管和普通二极管电流方向比较示意图，这是两种二极管正常工作时的电流方向示意图。从图中可以看出，稳压二极管的电流是从负极流向正极，而普通二极管是从正极流向负极，二者正好相反。

4.2.3 稳压二极管主要参数和主要特性

(1) 稳压二极管主要参数

稳压二极管的参数较多，有下列几项主要参数：

① 稳定电压 U_Z。稳定电压 U_Z 就是伏-安特性曲线中的反向击穿电压，它是指稳压二极管进入稳压状态时二极管两端的电压大小。

② 最大稳定电流 I_{ZM}。它是指稳压二极管长时间工作而不损坏所允许流过的最大稳定电流值。稳压二极管在实际运用中，工作电流要小于最大稳定电流，否则会损坏稳压二极管。

③ 电压温度系数 C_{TV}。它是用来表征稳压二极管的稳压值受温度影响程度和性质的一个参数。此系数有正、负之分，其值越小越好。电压温度系数一般为 0.05～0.1。

④ 最大允许耗散功率 P_M。它是指稳压二极管击穿后稳压二极管本身所允许消耗功率的最大值。实际使用中稳压二极管如果超过这一值，稳压二极管将被烧坏。

⑤ 动态电阻 R_Z。动态电阻 R_Z 越小，稳压性能就越好，R_Z 一般为几欧到几百欧。

(2) 稳压二极管主要特性

稳压二极管的基本结构是 P-N 结，所以与普通二极管具有相似的一般特性，但是它也有自己的特性，主要说明如下几点：

① 加到稳压二极管上的电压达到 U_Z 时，稳压二极管击穿，两引脚之间的电压大小基本不变，利用这一特性可以进行稳压。

② 稳定电压 U_Z 大小受温度变化影响。

③ 稳压二极管的 P-N 结加上正向偏置电压时，它也可以作为一个普通二极管使用，但由于稳压二极管成本较高，所以电路中一般不会用稳压二极管作为普通二极管使用。

4.3 发光二极管

可见光发光二极管广泛应用于各种指示电路中，主要用作指示器件，红外发光二极管通常用于遥控器电路中，还有激光发光二极管，用于激光头中。

4.3.1 发光二极管外形特征和种类

(1) 发光二极管实物照片和种类说明

图 4-19 所示是几种常用发光二极管外形实物图。发光二极管分类方法说明见表 4-5。

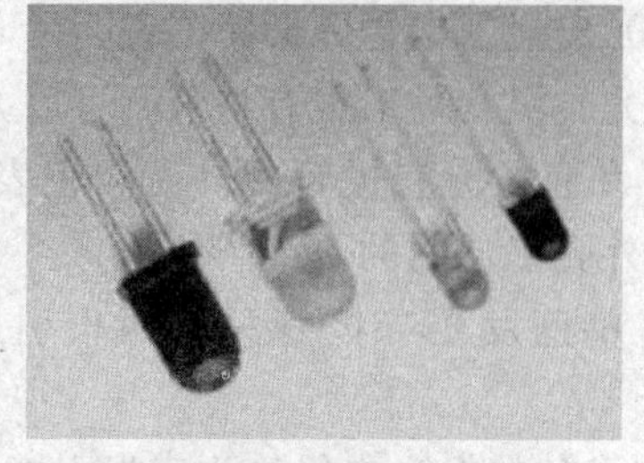

图 4-19 几种常用发光二极管外形实物图

表 4-5 发光二极管分类方法说明

划分方法	种 类	说 明
按材料划分	磷化镓(GaP)发光二极管	给发光二极管加上足够的正向偏置电压之后，由于材料和工艺的不同，在空穴和电子复合时能量主要以光能的形式释放出来
	磷砷化镓(GaAsP)发光二极管	
	砷铝镓(GaAlAs)发光二极管	
按发光颜色划分	红色发光二极管	蓝色发光二极管的使用量一般较少； 红色发光二极管的管压降为 2.0～2.2V； 黄色发光二极管的管压降为 1.8～2.0V； 绿色发光二极管的管压降为 3.0～3.2V； 白色发光二极管的管压降为 3.5V 左右
	黄色发光二极管	
	绿色发光二极管	
	白色发光二极管	
	蓝色发光二极管	
按发光强度划分	普通亮度发光二极管	普通亮度发光二极管发光强度小于 10mcd。
	高亮度发光二极管	高亮度发光二极管发光强度在 10～100mcd 之间。
	超高亮度发光二极管	超高亮度发光二极管发光强度大于 100mcd
按发光颜色是否可以改变划分	单色发光二极管	从名称中可以看出，有些发光二极管可以发出两种或者三种颜色的光，而有些只能发出一种颜色的光
	双色发光二极管	
	三色发光二极管	
按封装及外形划分	圆柱形发光二极管	最常见的发光二极管是圆柱形的，组合形的发光二极管可以用来制作各种符号形状
	矩形发光二极管	
	组合形发光二极管	

(2) 发光二极管外形特征说明

发光二极管外形很有特色，可以方便从电路中识别出来：

① 单色发光二极管的外壳颜色表示了它的发光颜色。发光二极管的外壳是透明的。

② 单色发光二极管只有两根引脚，这两根引脚有正、负极之分。

③ 多色的发光二极管为三根引脚。

4.3.2 发光二极管参数

(1) 电参数

① 正向工作电流 I_F。它是指发光二极管正常发光时的正向电流值。发光二极管工作电流一般为10～20mA。

② 正向工作电压 U_F。它是在给定正向电流下的发光二极管两端正向工作电压。一般是在 I_F＝20mA时测量，发光二极管正向工作电压在1.4～3V。外界温度升高时，发光二极管正向工作电压会下降。

③ 伏-安特性。它是指发光二极管电压与电流之间的关系。

(2) 极限参数

① 允许功耗 P_m。它是允许加于发光二极管两端正向直流电压与流过它的电流之积的最大值，超过此值时发光二极管发热、损坏。

② 最大正向直流电流 I_{Fm}。它是允许加的最大正向直流电流，超过此值可损坏二极管。

③ 最大反向电压 U_{Rm}。它是所允许加的最大反向电压，超过此值发光二极管可能被击穿损坏。

④ 工作环境 t_{opm}。它是发光二极管可正常工作的环境温度范围。低于或高于此温度范围，发光二极管将不能正常工作，效率大大降低。

4.3.3 发光二极管主要特性

(1) 伏-安特性

发光二极管与普通二极管的伏-安特性相似，只是发光二极管的正向导通电压值较大。小电流发光二极管的反向击穿电压很小，为6V至十几伏，比普通二极管小。图4-20所示是发光二极管正向伏-安特性曲线。

(2) 正向电阻和反向电阻特性

发光二极管正向和反向电阻均比普通二极管大得多，了解这一点对检测二极管有重要指导意义。

(3) 工作电流与发光相对强度关系

图4-21所示是发光二极管工作电流与发光相对强度关系特性曲线。对于红色发光二极管而言，正向工作电流增大时发光相对强度也在增大，当工作电流大到一定程度后，曲线趋于平坦（饱和），说明发光相对强度趋于饱和；对于绿色发光二极管而言，工作电流增大，发光相对强度增大，但是没有饱和现象。

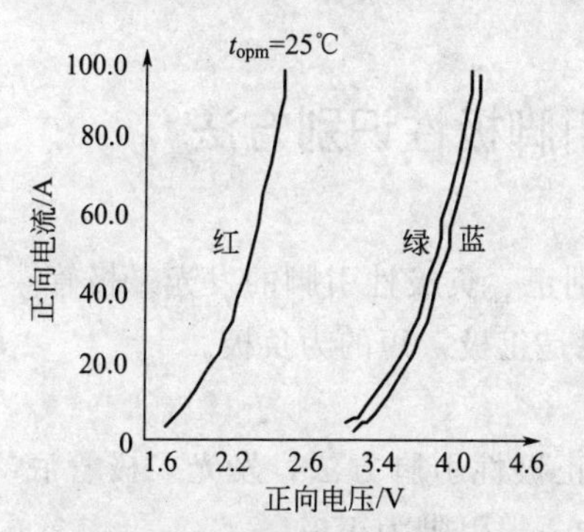

图4-20 发光二极管正向伏-安特性曲线

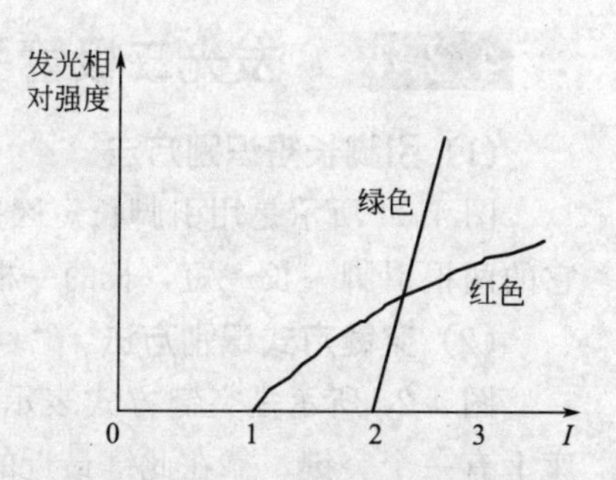

图4-21 发光二极管工作电流与发光相对强度关系特性曲线

(4) 发光强度与环境温度关系

图4-22所示是发光二极管发光强度与环境温度关系特性曲线。温度越低，发光强度越大。当环境温度升高后，发光强度将明显下降。

(5) 最大允许工作电流与环境温度关系

图4-23所示是最大允许工作电流与环境温度关系特性曲线。当环境温度大到一定程度后，最大允许工作电流迅速减小，最终为

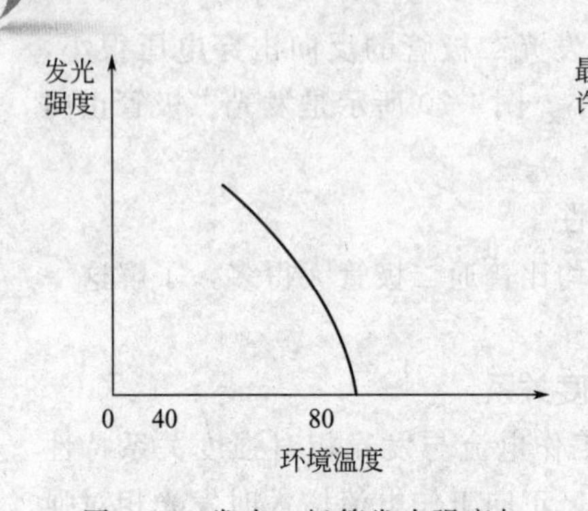

图 4-22　发光二极管发光强度与环境温度关系特性曲线

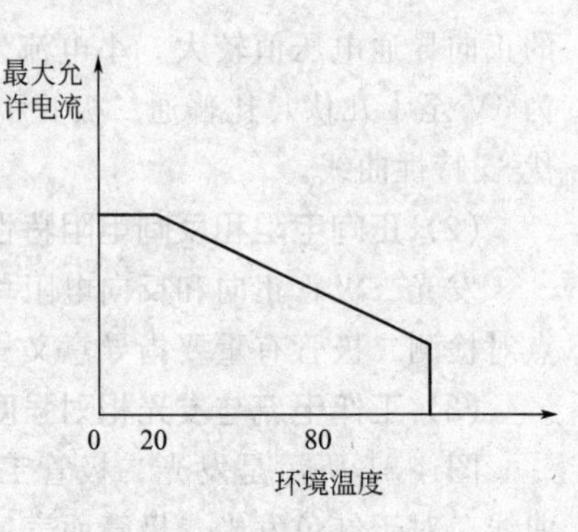

图 4-23　最大允许工作电流与环境温度关系特性曲线

零，说明在环境温度较高场合下，发光二极管更容易损坏，这也是发光二极管怕烫的原因。

4.3.4　发光二极管引脚极性识别方法

(1) 引脚长短识别方法

图 4-24 所示是用引脚长短区别正、负极性引脚的发光二极管，它的两根引脚一长一短，长的一根是正极，短的为负极。

(2) 突键方式识别方法

图 4-25 所示是突键方式表示正极性引脚方法，发光二极管底座上有一个突键，靠在此键最近的一根引脚为正极。

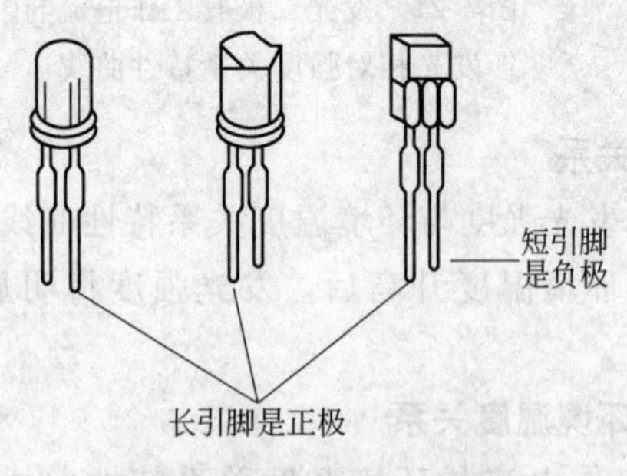

图 4-24　发光二极管引脚长短区别正、负极性引脚方法

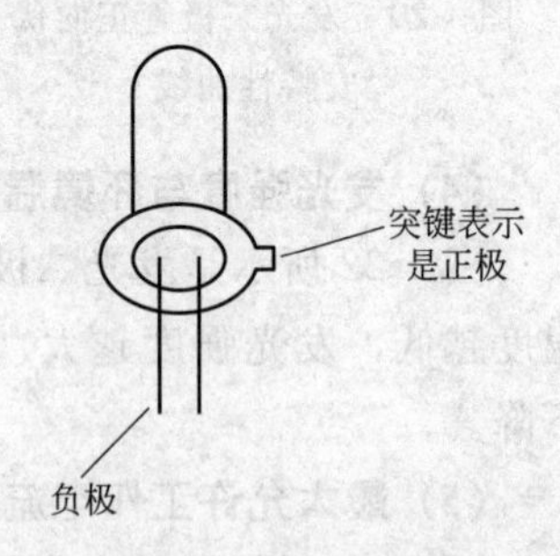

图 4-25　发光二极管突键方式区别正、负极性引脚方法

(3) 三根引脚发光二极管引脚识别方法

图 4-26 所示是一种 3 根引脚发光二极管引脚分布规律和内电路示意图。内设两只不同颜色发光二极管。K 为共同引脚。

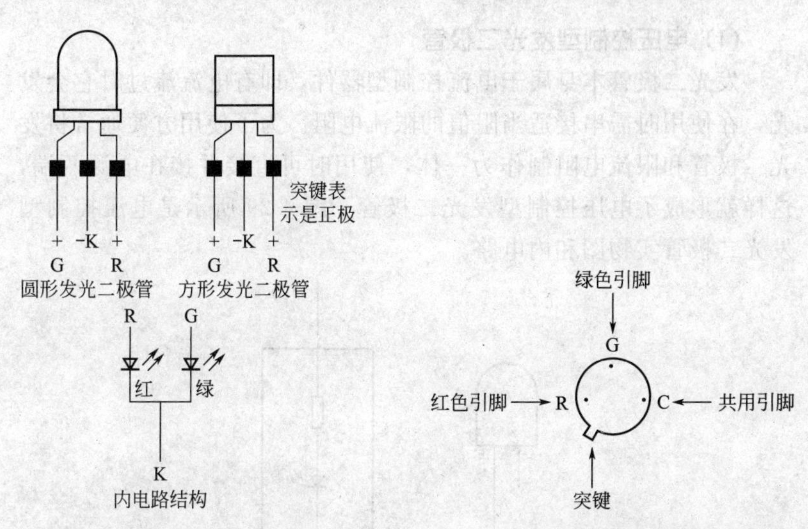

图 4-26 3 根引脚发光二极管引脚分布规律和内电路示意图

图 4-27 3 根引脚的变色发光二极管引脚识别方法示意图

图 4-27 所示是另一种 3 根引脚的变色发光二极管引脚识别方法示意图，它有一个突键，根据它的这一外形特征可以方便地确定各引脚。

(4) 六根引脚发光二极管引脚识别方法

图 4-28 所示是 6 根引脚发光二极管引脚分布规律和内电路示

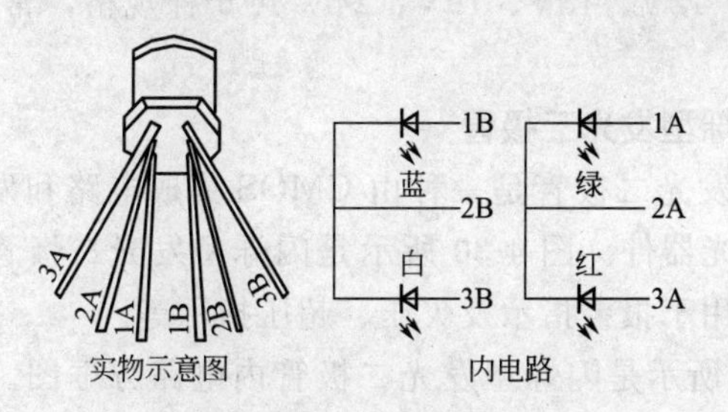

图 4-28 6 根引脚发光二极管引脚分布规律和内电路示意图

意图。它内有两组 3 根引脚的发光二极管。

4.3.5 电压控制型和闪烁型发光二极管

(1) 电压控制型发光二极管

发光二极管本身属于电流控制型器件，即有电流流过时它会发光，在使用时需串接适当阻值的限流电阻。为了使用方便通常将发光二极管和限流电阻制作为一体，使用时可直接并接在电源两端，这样就形成了电压控制型发光二极管。图 4-29 所示是电压控制型发光二极管实物图和内电路。

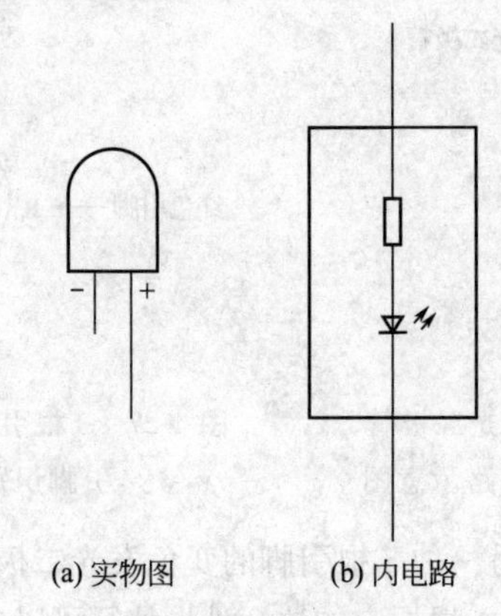

(a) 实物图　(b) 内电路

图 4-29　电压控制型发光二极管实物图和内电路

电压控制型发光二极管的发光颜色有红、黄、绿等，工作电压有 5V、9V、12V、18V、19V、24V 共 6 种规格，常用的是 BTV 系列。

(2) 闪烁型发光二极管

闪烁型发光二极管是一种由 CMOS 集成电路和发光二极管组成的特殊发光器件。图 4-30 所示是闪烁型发光二极管实物图和内电路，它可用于报警指示及欠压、超压指示等。

图 4-31 所示是闪烁型发光二极管内电路方框图。闪烁型发光二极管在使用时，无须外接其他元件，只要在其引脚两端加上适当的直流工作电压（5V）即可闪烁发光，常用的闪烁型发光二极管

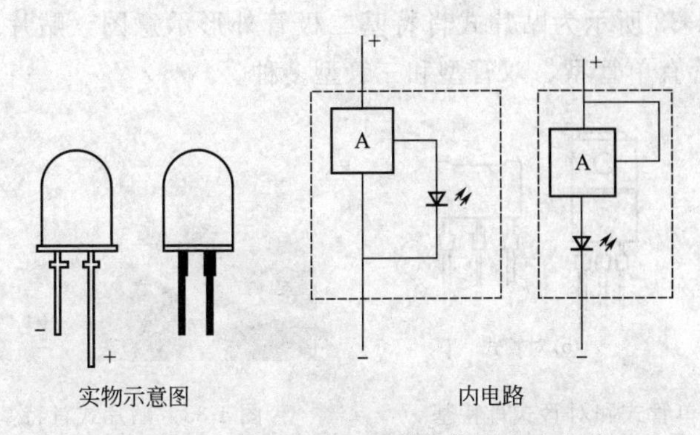

图 4-30 闪烁型发光二极管实物图和内电路

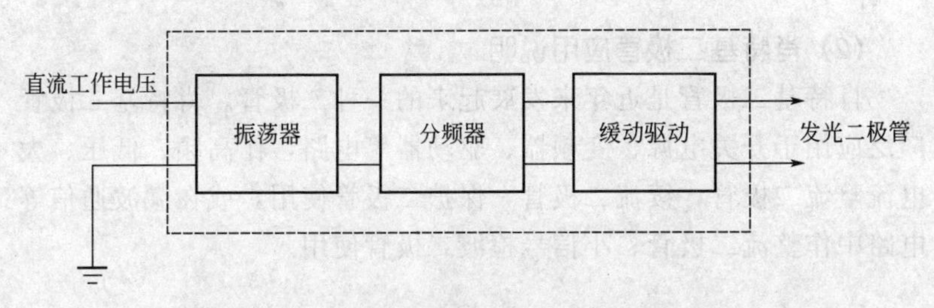

图 4-31 闪烁型发光二极管内电路方框图

是 BTS 系列。

4.4 肖特基二极管

4.4.1 肖特基二极管外形特征和应用说明

(1) 肖特基二极管外形特征

肖特基二极管分为引线式和贴片式两种封装形式。采用引线式封装的肖特基二极管有单管式（两根引脚）和对管式（双二极管，3 根引脚）两种封装形式，如图 4-32 所示。单管中，标有色环的一端为负极。双管中，型号正面对着自己时，从左向右依次是 1、2、3 脚。

图 4-33 所示为贴片式肖特基二极管外形示意图，贴片式肖特基二极管有单管型、双管型和三管型多种。

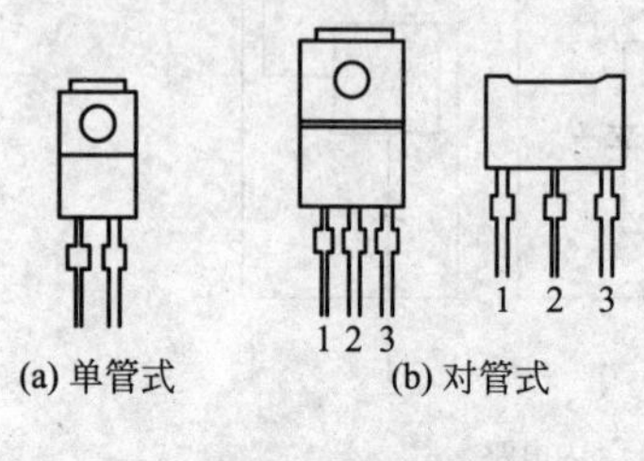

图 4-32 单管式和对管式肖特基二极管外形示意图

图 4-33 贴片式肖特基二极管外形示意图

(2) 肖特基二极管应用说明

肖特基二极管是近年来发展起来的一种二极管。肖特基二极管广泛应用于开关电源、变频器、驱动器等电路，作高频、低压、大电流整流二极管，续流二极管，保护二极管使用，或在微波通信等电路中作整流二极管、小信号检波二极管使用。

4.4.2 肖特基二极管特性曲线

图 4-34 所示是肖特基二极管伏-安特性曲线。

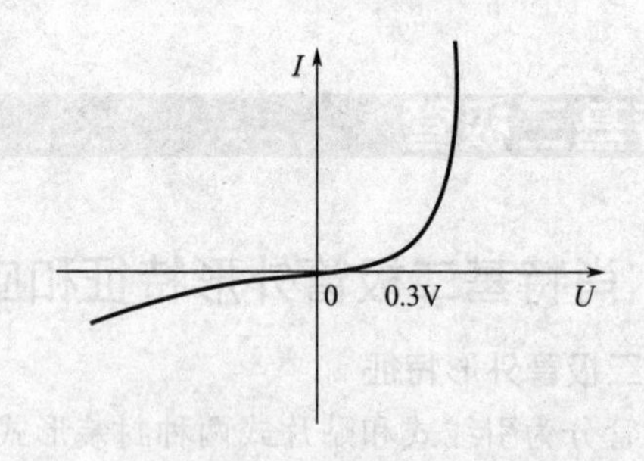

图 4-34 肖特基二极管伏-安特性曲线

从曲线中可以看出，肖特基二极管的伏-安特性与普通二极管的伏安特性曲线十分相似，起始电压 U_1 在 0.3V 左右。

4.5 常用二极管应用电路

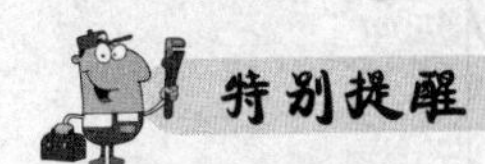

介绍了这么多，现在开始使用吧！

4.5.1 二极管整流电路

(1) 半波整流电路

图 4-35 所示是一种最简单的整流电路。

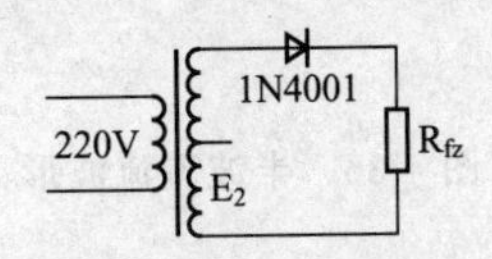

图 4-35 一种最简单的整流电路

它由电源变压器、整流二极管 VD 和负载电阻 R_{fz} 组成。变压器把市电电压（多为 220V）变换为所需要的交变电压，VD 再把交流电变换为脉动直流电。

下面从图 4-36 的波形图上看看二极管是怎样整流的。

可以看出，这种整流方法除去半周、留下半周，叫半波整流。不难看出，半波整是以“牺牲”一半交流为代价而换取整流效果的，电流利用率很低，因此常用在高电压、小电流的场合，而在一般无线电装置中很少采用。

(2) 全波整流电路（单向桥式整流电路）

如果把整流电路的结构作一些调整，可以得到一种能充分利用电能的全波整流电路。图 4-37 所示是全波整流电路的电原理图。

全波整流电路，可以看作是由两个半波整流电路组合成的。

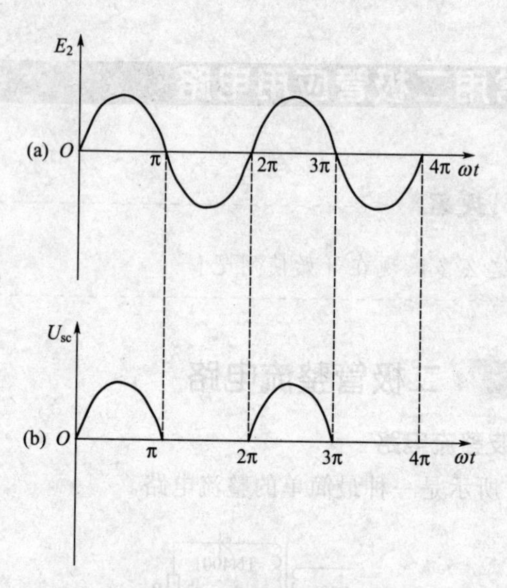

图 4-36 半波整流波形

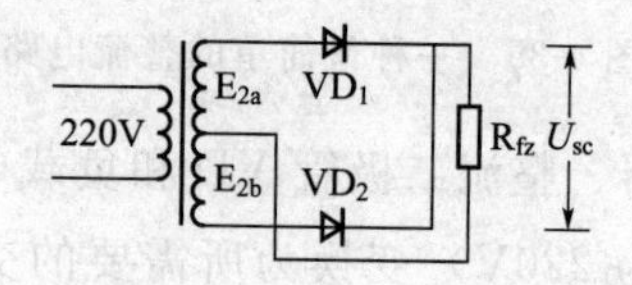

图 4-37 全波整流电路的电原理图

全波整流电路的工作原理可用图 4-38 所示的波形图说明。

在正、负两个半周作用期间，都有同一方向的电流通过，如图 4-38(b) 所示的那样，因此称为全波整流，全波整流大大地提高了整流效率，比半波整流时大一倍。

(3) 桥式整流电路

如图 4-39(a) 所示为桥式整流电路图，图 4-39(b) 为其简化画法。

桥式整流电路是使用最多的一种整流电路。这种电路中，只要增加两只二极管口连接成“桥”式结构，便具有全波整流电路的优点，而同时在一定程度上克服了全波整流电路的缺点。

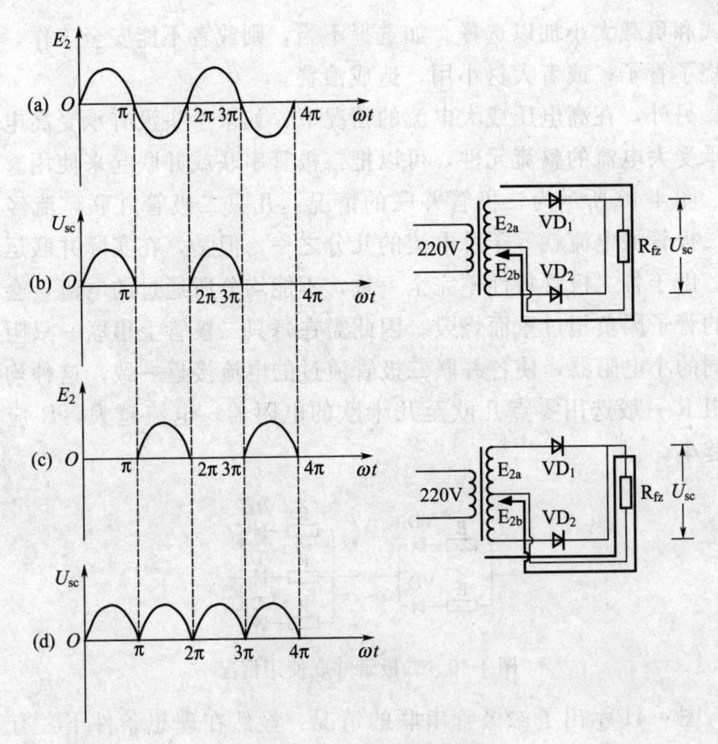

图 4-38 全波整流波形

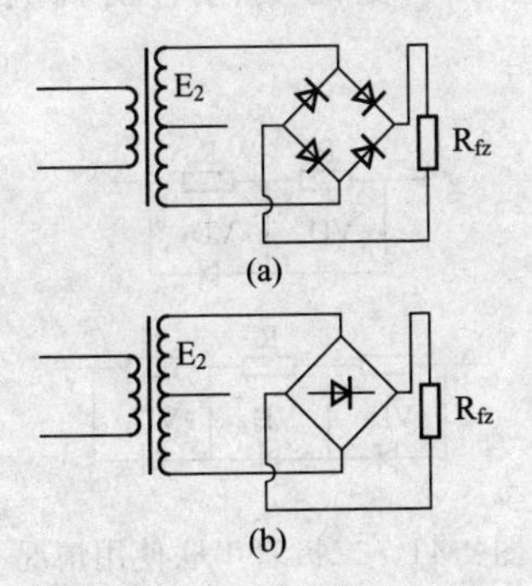

图 4-39 桥式整流电路

(4) 整流元件的选择和运用

需要特别指出的是，二极管作为整流元件，要根据不同的整流方式和负载大小加以选择。如选择不当，则或者不能安全工作，甚至烧了管子；或者大材小用，造成浪费。

另外，在高电压或大电流的情况下，如果手头没有承受高电压或承受大电流的整流元件，可以把二极管串联或并联起来使用。

图 4-40 所示为二极管并联的情况：几只二极管并联，流经每只二极管的电流就等于总电流的几分之一。但是，在实际并联运用时，由于各二极管特性不完全一致，不能均分所通过的电流，会使有的管子因负担过重而烧毁。因此需在每只二极管上串联一只阻值相同的小电阻器，使各并联二极管流过的电流接近一致。这种均流电阻 R 一般选用零点几欧至几十欧的电阻器。电流越大，R 应选得越小。

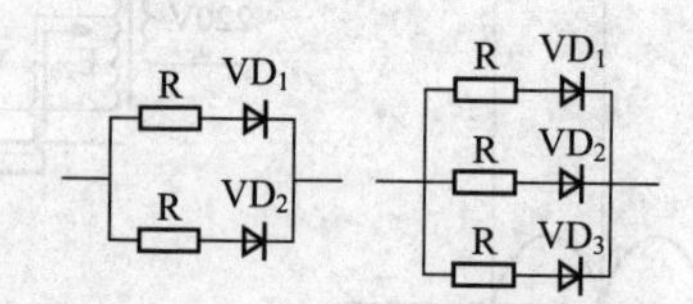

图 4-40　二极管并联使用情况

图 4-41 示出了二极管串联的情况：显然在理想条件下，有几只管子串联，每只管子承受的反向电压就应等于总电压的几分之一。

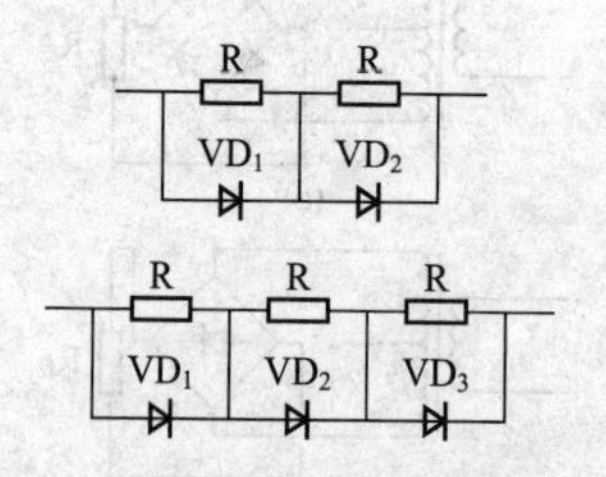

图 4-41　二极管串联使用情况

4.5.2 正极性半波整流电路

图 4-42 所示为经典的正极性半波整流电路。T_1 是电源变压

器，VD_1 是用于整流目的的整流二极管，整流二极管导通后的电流流过负载 R_1。为了分析电路方便，整流电路的负载电路用电阻 R_1 表示，实际电路中的负载是某一个具体电子电路。

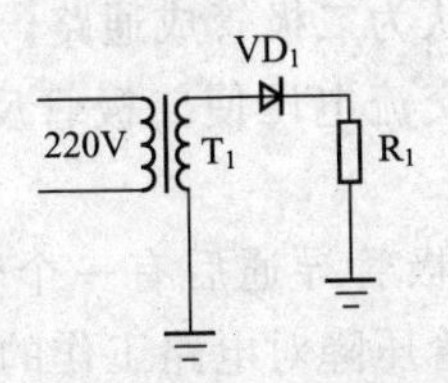

图 4-42　正极性半波整流电路

整流二极管在交流输入电压正半周期间一直为正向偏置而处于导通状态，由于正半周交流输入电压大小在变化，所以流过 R_1 的电流大小也在变化，这样，整流电路输出电压大小也在相应变化，并与输入电压的半周波形相同。图 4-43 所示为输出电压波形示意图。

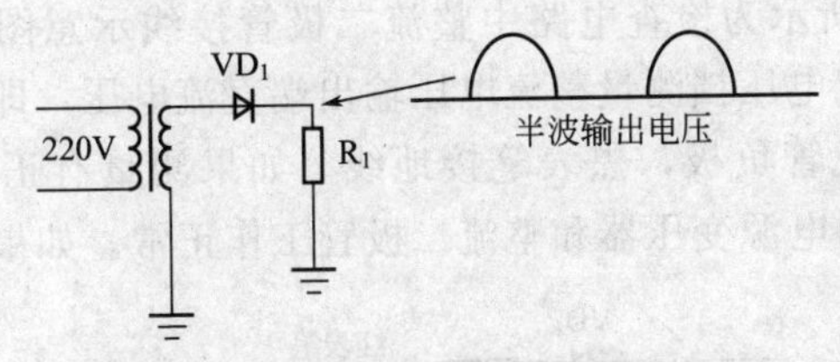

图 4-43　输出电压波形示意图

(1) 整流电路分析的关键点

整流电路分析的关键点说明如下：

① 单向导电特性最重要。电路分析中主要运用二极管单向导电特性，只有二极管正极上电压大于负极上电压时，二极管才导通，否则二极管处于截止状态。

② 整流电路工作特点。输入整流电路的电压是交流电压，电路分析时要将交流输入电压分成正半周和负半周两种情况。利用交流电压本身的电压大小来使整流二极管正向偏置（二极管导通）或反向偏置（二极管截止），这是整流电路的特点。

③ 正、负半周情况相反。若输入交流电压的某个半周给二极

管加上正向偏置电压，那么输入交流电压的另半周则给二极管加上反向偏置电压。

④ 等效理解中的关键点。当输入交流电压使二极管正向偏置时二极管导通，导通后认为二极管成通路，可以忽略二极管正向导通的管压降；当输入的交流电压使二极管反向偏置时二极管截止，截止时认为二极管开路。

⑤ 管压降不计。二极管导通后有一个管压降，分析整流电路中的二极管时可以不计管压降对电路工作的影响，因为整流二极管导通后管压降只有 0.6V 左右，而输入交流电压则为几伏甚至几十伏，比起二极管管压降大许多。

⑥ 电流方向不变。整流二极管导通期间，流过二极管的电流大小在变化，但是方向不变，所以流过负载电路的电流方向不变，输出电压极性不变。

(2) 故障检测方法

图 4-44 所示为检查电路中整流二极管接线示意图，通电后用万用表的直流电压挡测量整流电压输出端直流电压，即万用表红表笔接整流二极管负极，黑表笔接地线。如果测量有正常的直流电压，可以说明电源变压器和整流二极管工作正常。如果测量直流输

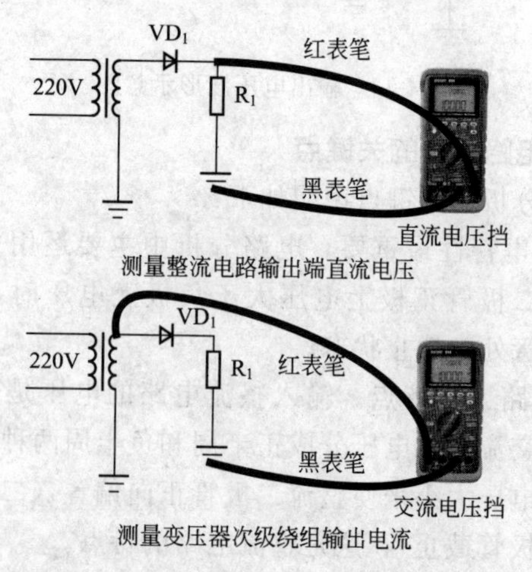

图 4-44 检查电路中整流二极管接线示意图

出电压为0V，再测量电源变压器二次线圈上的交流输出电压，如果交流输出电压正常，说明整流二极管开路。

如果故障表现为总烧坏交流电路中的熔断器，可以用万用表电阻挡测量整流二极管反向电阻，如果很小说明二极管被击穿。

4.5.3 负极性半波整流电路

图4-45所示为负极性半波整流电路。电路中的 VD_1 是二极管，无论是正极性还是负极性，整流二极管只是其在电路中的连接方式不同。在负极性半波整流电路中，整流二极管的负极接交流输入电压 U_i 端。R_1 是这个整流电路的负载电阻，U_o 是整流电路的输出电压。

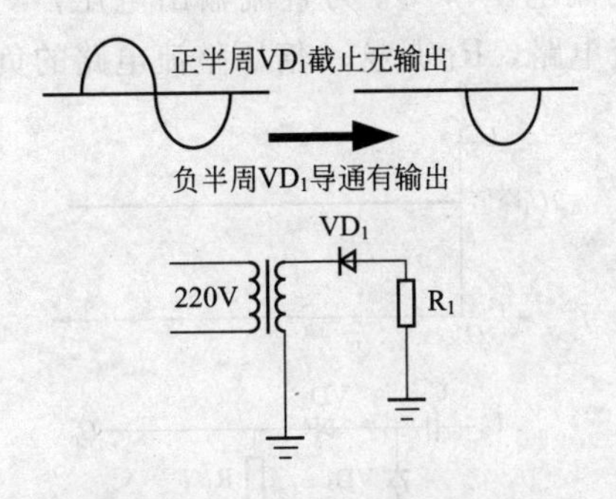

图4-45　负极性半波整流电路

4.5.4 正、负极性半波整流电路

图4-46所示为正、负极性半波整流电路。电路中 T_1 是电源变压器，它的次级绕组中有一个抽头，抽头接地，这样抽头之上和之下分成两个绕组，分别输出两组50Hz交流电压。VD_1 和 VD_2 是两只整流二极管。

这种电路也是半波整流电路，只是将两种极性的半波整流电路整合在一起。这种电路相对于半波整流电路的变化，主要是电源变压器二次绕组结构不同，不同结构的二次绕组有不同的正、负极性

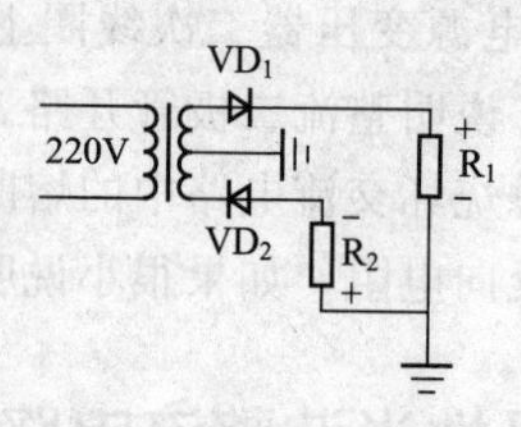

图 4-46　正、负极性半波整流电路

半波整流电路。

4.5.5 倍压整流电路

图 4-47 所示是经典的二倍压整流电路。电路中的 U_i 为交流输入电压（正弦交流电压），U_o 为直流输出电压，VD_1、VD_2 和 C_1 构成二倍压整流电路，R_1 是这一倍压整流电路的负载电阻。

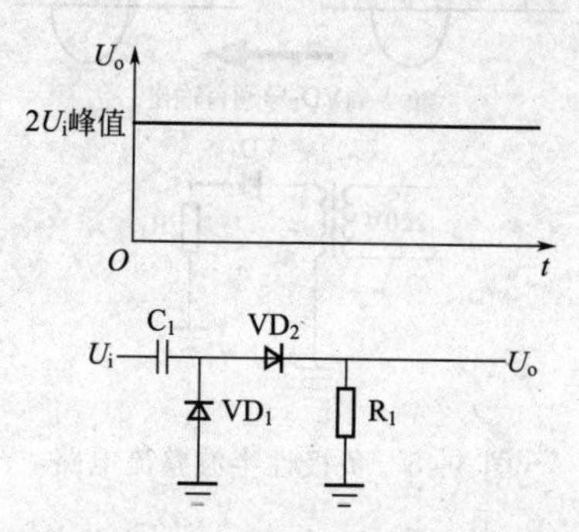

图 4-47　二倍压整流电路

这种电路可以在负载电阻 R_1 上得到的电压，是交流输入电压峰值两倍的直流电压，所以称此电路为二倍压整流电路。

(1) 电路分析小结

① 倍压整流电路可以有 N（N 为整数）倍电压整流电路，在电子电路中常用二倍压整流电路。

② 倍压整流电路的特点是在交流输入电压不高的情况下，通过多倍压整流电路可以获得很高的直流电压。

③ 倍压整流电路有一个不足之处，就是整流电路输出电流的

能力比较差，具有输出电压高、输出电流小的特点，所以带负载的能力比较差，不适用于一些要求有足够大输出电流的情况下。

④ 倍压整流电路在电源电路中的应用比较少，主要用于交流信号的整流电路中，例如在音响电路中用于对音频信号的整流，在电平指示器电路中就常用二倍压整流电路。

⑤ 三倍压及 N 倍压整流电路的工作原理与二倍压整流电路的工作原理相似，可以类比分析。

⑥ 二倍压整流电路中使用两只整流二极管，三倍压整流电路中使用三只整流二极管，依次类推。

(2) 电平指示器中实用倍压整流电路工作原理分析及理解

图 4-48 所示为单级发光二极管电平指示器。VD_2 是发光二极管，VT_1 是电路中发光二极管 VD_2 的驱动三极管，VD_1、C_1 和 VT_1 发射结构成二倍压整流电路，R_1 是发光二极管 VD_2 的限流保护电阻。

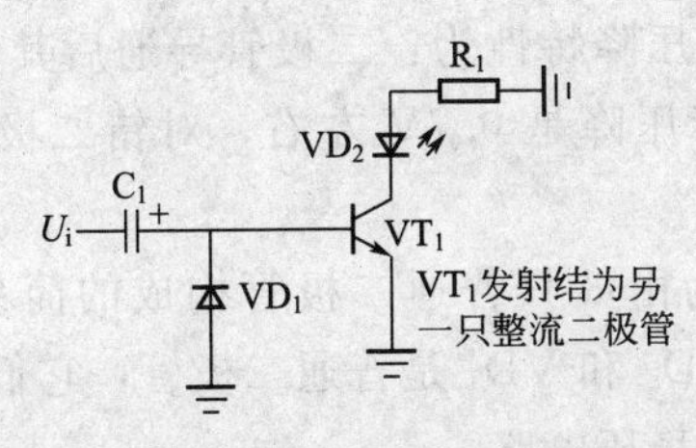

图 4-48 单级发光二极管电平指示器

这一电路中的倍压整流电路是一种变形的电路，前面介绍的二倍压整流电路中有两只整流二极管，可这一电路中只有一只整流二极管 VD_1，另一只整流二极管是三极管 VT_1 的发射结（基极与发射极之间的 P-N 结，相当于另一只整流二极管），图 4-49 所示为这一倍压整流电路的等效电路。

从这一等效电路中可以看出，这是一个标准的二倍压整流电路，只是第二只整流二极管采用了驱动管 VT_1 的发射结。通过 VD_2 发光亮度的强弱变化，可以指示交流输入信号的幅度大小，这就是单级发光二极管电平指示器的电路功能。

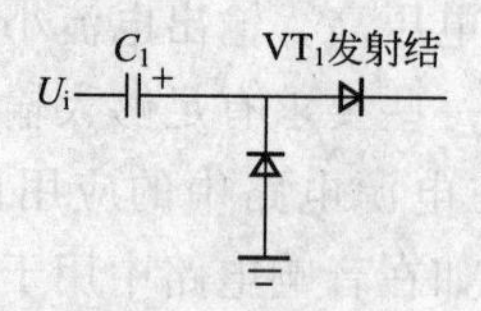

图 4-49　倍压整流电路的等效电路

4.6 二极管其他应用电路

4.6.1 二极管简易直流稳压电路

二极管简易直流稳压电路主要用于一些局部的直流电压供给电路中，由于电路简单，成本低，所以应用比较广泛。

二极管简易直流稳压电路中主要利用二极管的管压降基本不变特性。二极管的管压降特性为：二极管导通后其管压降基本不变，对硅二极管而言管压降是 0.7V 左右，对锗二极管而言管压降是 0.2V 左右。

图 4-50 所示为由 3 只普通二极管构成的简易直流稳压电路。电路中的 VD_1、VD_2 和 VD_3 是普通二极管，它们串联起来后构成一个简易直流电压稳压电路。

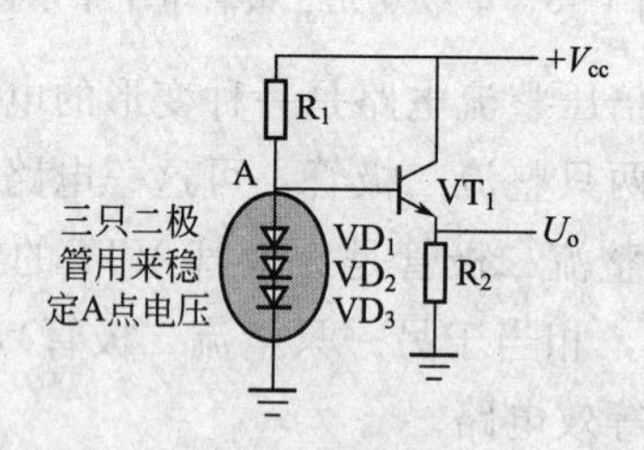

图 4-50　由 3 只普通二极管构成的简易直流稳压电路

(1) 故障检测方法

检测这一电路中的 3 只二极管最为有效的方法是测量二极管上的直流电压，图 4-51 所示是测量时接线示意图。如果测量直流电压结果是 2.1V 左右，说明 3 只二极管工作正常；如果测量直流电压结果是 0V，要测量直流工作电压＋V 是否正常和电阻 R_1 是否开路，与 3 只二极管无关，因为 3 只二极管同时击穿的可能性较小；如果测量直流电压结果大于 2.1V，应检查 3 只二极管中有一只开路故障。

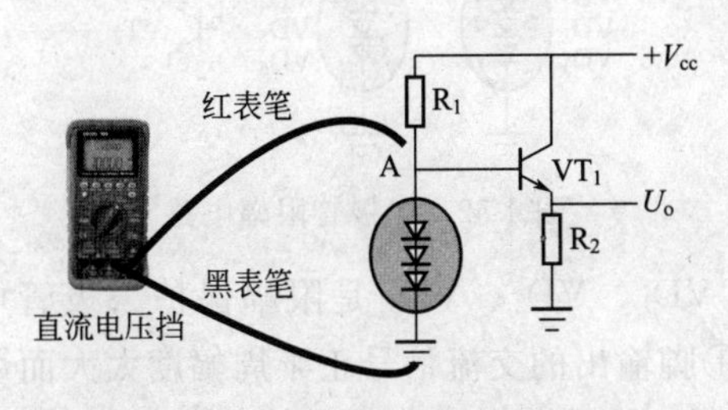

图 4-51　测量时接线示意图

(2) 电路分析细节

关于上述二极管简易直流电压稳压电路分析细节说明如下：

① 在电路分析中，利用二极管的单向导电性可以知道二极管处于导通状态，但是并不能说明这几只二极管导通后对电路有什么具体作用，所以只利用单向导电特性还不能够正确分析电路工作原理。

② 二极管众多的特性中只有导通后管压降基本不变这一特性能够最为合理地解释这一电路的作用，所以依据这一点可以确定这一电路是为了稳定电路中 A 点的直流工作电压。

③ 电路中有多只元器件时，一定要设法搞清楚实现电路功能的主要元器件，然后围绕它展开分析。分析中运用该元器件主要特性，进行合理解释。

4.6.2 二极管限幅电路

图 4-52 所示是二极管限幅电路。在电路中，A_1 是集成电路（一种常用元器件），VT_1 和 VT_2 是三极管（一种常用元器件），R_1 和 R_2 是电阻器，VD_1～VD_6 是二极管。

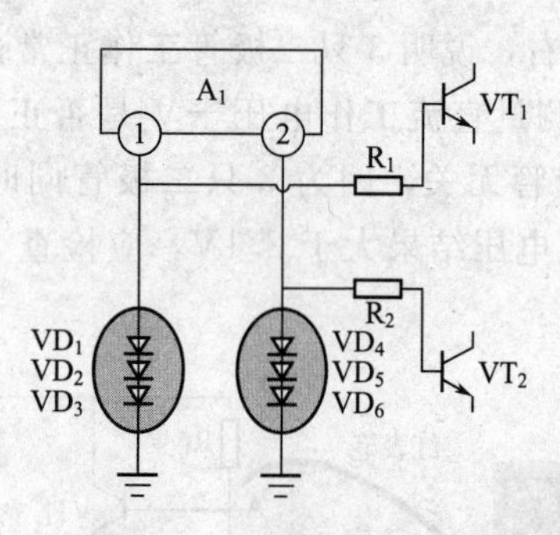

图 4-52　二极管限幅电路

电路中的 VD_1、VD_2、VD_3 是限幅保护二极管电路，防止集成电路 A_1 的①脚输出的交流信号正半周幅度太大而烧坏 VT_1。

(1) 电路分析细节

对于这一电路的具体分析细节说明如下：

① 集成电路 A_1 的①脚输出的负半周大幅度信号不会造成 VT_1 过电流，因为负半周信号只会使 NPN 型三极管的基极电压下降，基极电流减小，所以无须加入对于负半周的限幅电路。

② 上面介绍的是单向限幅电路，这种限幅电路只能对信号的正半周或负半周大信号部分进行限幅，对另一半周信号不限幅。另一种是双向限幅电路，它能同时对正、负半周信号进行限幅。

③ 3 只二极管 VD_1、VD_2 和 VD_3 导通之后，集成电路 A_1 的①脚上的直流和交流电压之和是 2.1V，这一电压通过电阻 R_1 加到 VT_1 基极，这也是 VT_1 最高的基极电压，这时的基极电流也是 VT1 最大的基极电流。

④ 根据串联电路特性可知，串联电路中的电流处处相等，这样可以知道 VD_1、VD2 和 VD_3 这 3 只串联二极管同时导通或同时截止，绝不会出现串联电路中的某只二极管导通而某几只二极管截止的现象。

(2) 故障检测方法

对这一电路中的二极管故障检测主要采用万用表电阻挡来测量其正向和反向电阻大小，因为这一电路中的二极管不工作在直流电路中，所以采用测量二极管两端直流电压降的方法不合适。

4.6.3 二极管温度补偿电路

图 4-53 所示是二极管温度补偿电路。

三极管 VT_1 有一个与温度相关的不良特性，导致放大器的温度稳定性能不良，使用该电路可以解决这一问题。

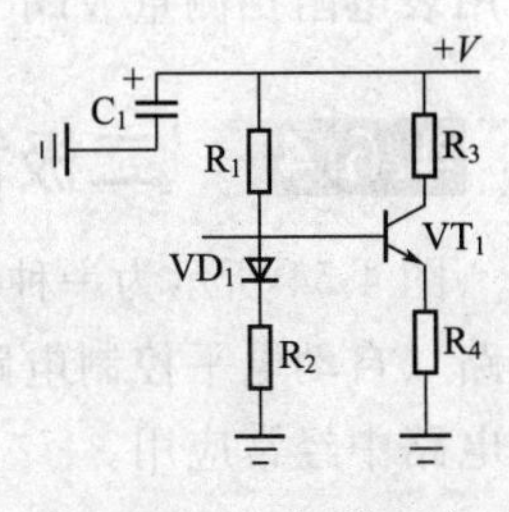

图 4-53 二极管温度补偿电路

(1) 二极管 VD_1 温度补偿电路分析

根据二极管 VD_1 在电路中的位置，对它的工作原理分析思路主要说明下列几点。

① VD_1 的正极通过 R_1 与直流工作电压$+V$相连，而它的负极通过 R_2 与地线相连，这样 VD_1 在直流工作电压$+V$的作用下处于导通状态。理解二极管导通的要点是：正极上电压高于负极上电压。

② 利用二极管的管压降温度特性可以正确解释 VD_1 在电路中的作用。加入二极管 VD_1 后，原来温度升高使 VT_1 基极电流增大的，现在通过 VD_1 电路可以使 VT_1 基极电流减小一些，这样起到稳定三极管 VT_1 基极电流的作用，所以 VD_1 可以起温度补偿的作用。

(2) 电路分析细节

对电路分析中的细节说明如下：

① 温度补偿电路的温度补偿是双向的，即对于温度升高或降低而引起的电路工作的不稳定性都可以补偿。

② 分析温度补偿电路工作原理时，要假设温度的升高或降低变化，然后分析电路中的反应过程，得到正确的电路反馈结果。

③ 在上述电路分析中，VT_1 基极与发射极之间 P-N 结（发射结）的温度特性与 VD_1 温度特性相似，因为它们都是 P-N 结的结构，所以温度补偿的效果比较好。

④ 在上述电路串的二极管 VD_1，对直流工作电压$+V$的大小

波动无稳定作用，所以不能补偿由直流工作电压+V大小波动造成的VT_1基极直流工作电流的不稳定性。

(3) 故障检测方法

这一电路中的二极管VD_1故障检测方法比较简单，可以采用万用表电阻挡测量VD_1正向和反向电阻大小的方法。

4.6.4 二极管控制电路

图4-54所示为一种由二极管构成的自动控制电路，又称ALC电路（自动电平控制电路），它在磁性录音设备中（如卡座）的录音电路中经常应用。

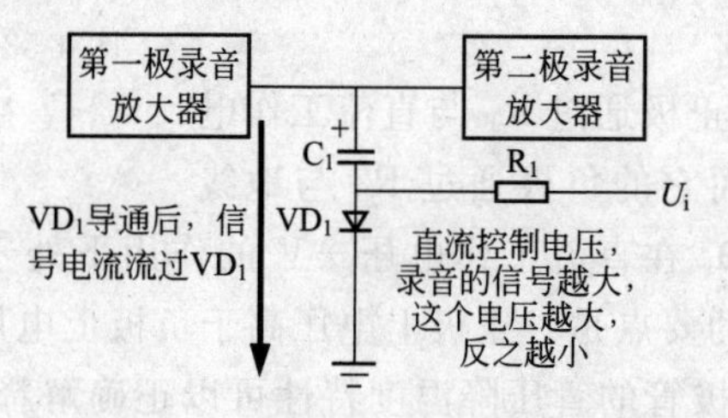

图4-54　二极管构成的自动控制电路

ALC电路在磁性录音设备（如卡座）的录音电路中，录音时要对录音信号的大小幅度进行控制，具体为：

① 在录音信号幅度较小时，不控制录音信号的幅度。

② 当录音信号的幅度大到一定程度后，开始对录音信号幅度进行控制，即对信号幅度进行衰减，对录音信号幅度控制的电路就是ALC电路。

③ ALC电路进入控制状态后，当录音信号越大时，该电路对信号的衰减量越大，它可对增益进行自动控制。

(1) 电路分析思路

分析这个电路的关键是在VD_1导通后，利用了二极管导通后其正向电阻与导通电流之间的关系特性进行电路分析，即二极管正向电流越大，其正向电阻越小，流过VD_1的电流越大，其正极与负极之间的电阻越小，反之则大。

(2) 控制电路的一般分析方法

对于控制电路的分析通常要分成多种情况，例如将控制信号分成大、中、小等。就这一电路而言，控制电压 U 对二极管 VD_1 的控制要分成下列几种情况。

① 电路中没有录音信号时，直流控制电压 U 为 0V，二极管 VD_1 截止，VD_1 对电路工作无影响，第一级录音放大器输出的信号可以全部加到第二级录音放大器中。

② 当电路中的录音信号较小时，直流控制电压 U 较小，没有大于二极管 VD_1 的导通电压，所以不足以使二极管 VD_1 导通，此时二极管 VD_1 对第一级录音放大器输出的信号也没有分流作用。

③ 当电路中的录音信号比较大时，直流控制电压 U 较大，使二极管 VD_1 导通，录音信号越大，直流控制电压 U 越大，VD_1 导通程度越深，VD_1 的内阻越小。

④ VD_1 导通后，VD_1 的内阻下降，第一级录音放大器输出的录音信号中的一部分通过电容 C_1 和导通的二极管 VD_1 被分流到地端，VD_1 导通越深，它的内阻越小，对第一级录音放大器输出信号的对地分流量越大，实现自动电平控制。

⑤ 二极管 VD_1 的导通程度受直流控制电压 U_i 控制，而直流控制电压 U 随着电路中录音信号大小的变化而变化，所以二极管 VD_1 的内阻变化实际上受录音信号大小控制。

(3) 故障检测方法

对于这一电路中的二极管故障检测最好的方法是进行代替检查，因为二极管如果性能不好也会影响到电路的控制效果。

4.6.5 二极管开关电路

开关电路是一种常用的功能电路，例如家庭中的照明电路中的开关，各种民用电器中的电源开关等。在开关电路中有两大类开关：

① 机械式开关。采用机械式的开关件作为开关电路中的元器件。

② 电子开关。所谓的电子开关，不用机械式的开关件，而是采用二极管、三极管这类器件构成开关电路。

(1) 开关二极管开关特性

开关二极管同普通的二极管一样，也是一个 P-N 结的结构，不同之处是要求这种二极管的开关特性要好。

(2) 二极管开关电路等效电路

二极管开关电路中要使用二极管，由于普通二极管的开关速度不够高，所以在这种开关电路中所使用的二极管为专门的开关二极管。图 4-55(a) 所示是开关二极管的等效电路，从图中可看出，此时开关二极管在等效成一只开关 S_1 的同时，还有两只电阻。等效电路中的开关 S_1 可认为是一个理想的开关，即其接通电阻小到为零，其断开电阻大到为无穷大。

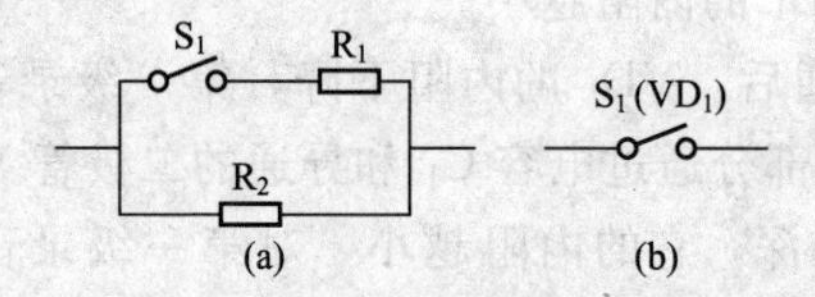

图 4-55 开关二极管的等效电路

(3) 二极管典型应用开关电路分析

二极管构成的电子开关电路形式多样，如图 4-56 所示是一种常见的二极管开关电路。

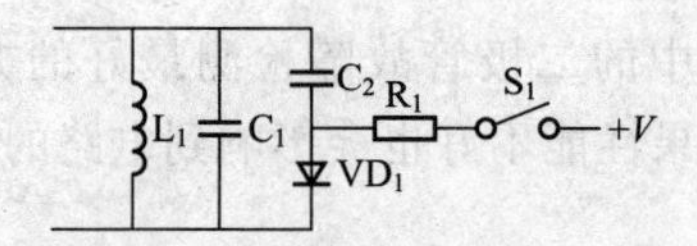

图 4-56 一种常见的二极管开关电路

① 单元电路的功能。从图中所示电路中可以看出，电感 L_1 和电容 C_1 并联，这显然是一个 LC 并联谐振电路，这是这个单元电路的基本功能，明确这一点后可以知道，电路中的其他元器件应该是围绕这个基本功能的辅助元器件，是对电路基本功能的扩展或补充等，以此思路可以方便地分析电路中的元器件作用。

② C_2 和 VD_1 构成串联电路，然后再与 C_1 并联。从这种电路结构可以得出一个判断结果：C_2 和 VD_1 这个支路的作用是通过该支路来改变与电容 C_1 并联后的总容量大小。这样判断的理由是：C_2 和 VD_1 支路与 C_1 并联后总电容量改变了，与 L_1 构成的 LC 并联谐振电路其振荡频率改变了。所以，这是一个改变 LC 并联谐振电路频率的电路。

4.6.6 二极管检波电路

图 4-57 所示是二极管检波电路。电路中的 VD_1 是检波二极管，C_1 是高频滤波电容，R_1 是检波电路的负载电阻，C_2 是耦合电容。

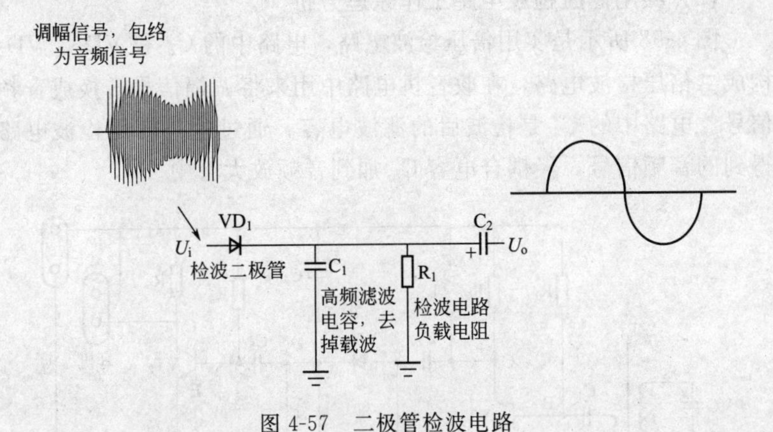

图 4-57　二极管检波电路

收音机有调幅收音机和调频收音机两种，调幅信号就是调幅收音机中处理和放大的信号。

(1) 电路中各元器件作用说明

表 4-6 是元器件作用说明。

(2) 故障检测方法及电路故障分析

对于检波二极管不能用测量直流电压的方法来进行检测，因这种二极管不工作在直流电压中，所以要采用测量正向和反向电阻

表 4-6 元器件作用说明

元器件名称	说明
检波二极管 VD_1	将调频信号中的下半部分去掉，留下上包络信号上半部分的高频载波信号
高频滤波电容 C_1	将检波二极管输出信号中的高频载波信号去掉
检波电路负载电阻 R_1	检波二极管导通时的电流回路由 R_1 构成，在 R_1 上的压降就是检波电路的输出信号电压
耦合电容 C_2	检波电路输出信号中有不需要的直流成分，还有需要的音频信号，这一电容的作用是让音频信号通过，不让直流成分通过

的方法来判断检波二极管质量。

当检波二极管开路和短路时，都不能完成检波任务，所以收音电路均会出现收音无声故障。

（3）实用倍压检波电路工作原理分析

图 4-58 所示是实用倍压检波电路，电路中的 C_2 和 VD_1、VD_2 构成二倍压检波电路，在收音机电路中用来将调幅信号转换成音频信号。电路中的 C_3 是检波后的滤波电容。通过这一倍压检波电路得到的音频信号，经耦合电容 C_5 加到音频放大管中。

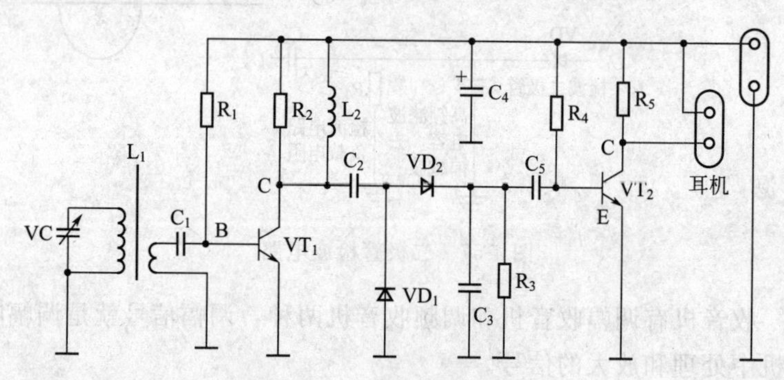

图 4-58 实用倍压检波电路

4.6.7 二极管或门电路

（1）或门电路图形符号

图 4-59(a) 所示为过去规定的或门电路的电路图形符号，方框

中用＋号表示是或逻辑。图 4-59(b) 所示最新规定的或门电路图形符号，注意新规定中的符号与旧符号不同。

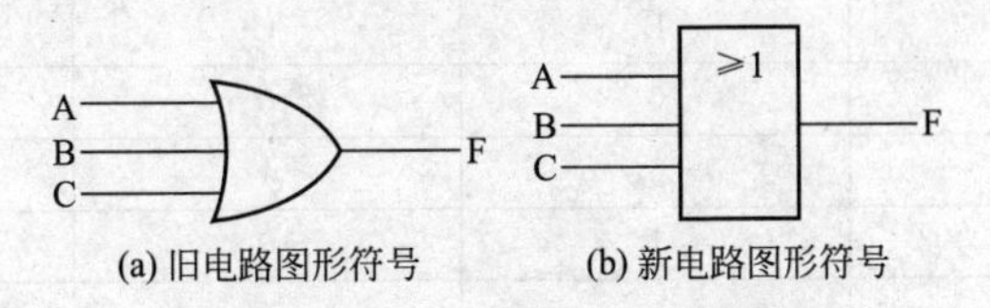

(a) 旧电路图形符号　(b) 新电路图形符号

图 4-59　或门电路的电路图形符号

(2) 二极管或门电路

图 4-60 所示为二极管构成的或门电路，这里的或门电路共有 3 个输入 A、B、C，输出是 F。

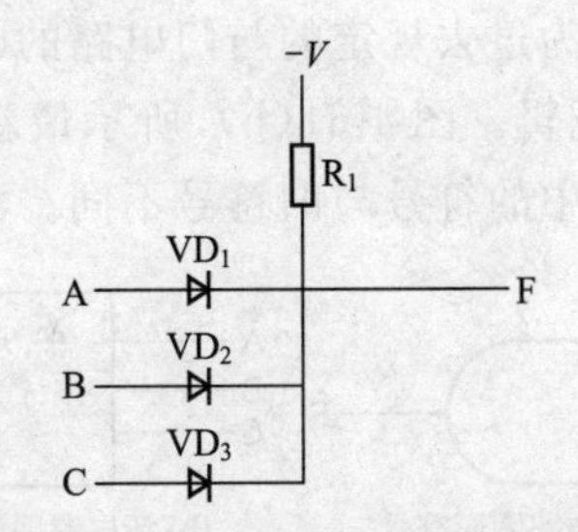

图 4-60　二极管构成的或门电路

(3) 或逻辑真值表

或门电路的输入与输出之间的逻辑关系为或逻辑，或逻辑可以用真值表来表示各输入与输出之间的逻辑关系，有 3 个输入的或门电路真值表，见表 4-7。

表 4-7　3 个输入的或门电路真值表

输　入			输出
A	B	C	F
0	0	0	0
0	0	1	1
0	1	0	1
0	1	1	1

续表

输 入			输出
A	B	C	F
1	0	0	1
1	0	1	1
1	1	0	1
1	1	1	1

4.6.8 二极管与门电路

(1) 与门电路图形符号

图 4-61(a) 所示为过去规定的与门电路的电路图形符号，方框中用 & 号表示是与逻辑。图 4-61(b) 所示最新规定的与门电路图形符号，注意新规定中的符号与旧符号不同。

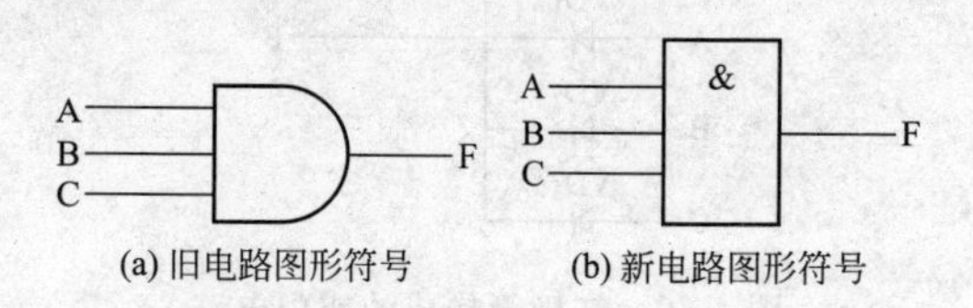

图 4-61 与门电路的电路图形符号

(2) 二极管与门电路

图 4-62 所示是二极管构成的与门电路，这里的与门电路共有 3 个输入 A、B、C，输出是 F。

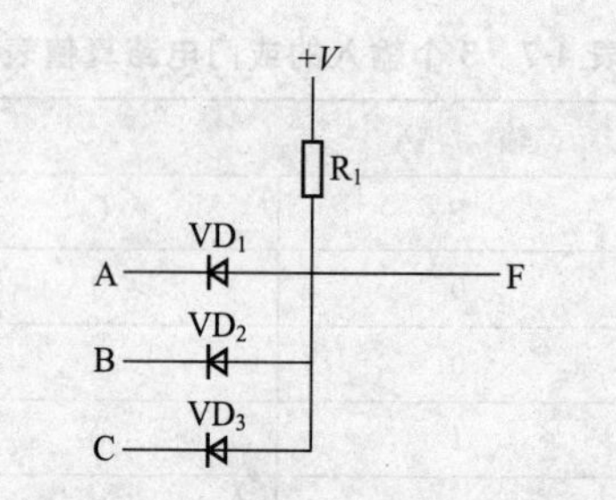

图 4-62 二极管构成的与门电路

(3) 与逻辑真值表

与门电路的输入与输出之间的逻辑关系为与逻辑，与逻辑可以用真值表来表示各输入与输出之间的逻辑关系，3 个输入的与门电路真值见表 4-8。

表 4-8 3 个输入的与门电路真值表

输入			输出
A	B	C	F
0	0	0	0
0	0	1	0
0	1	0	0
0	1	1	0
1	0	0	0
1	0	1	0
1	1	0	0
1	1	1	1

4.7 稳压二极管和变容二极管电路及肖特基二极管电路

4.7.1 稳压二极管应用电路

(1) 稳压二极管典型直流稳压电路分析

稳压二极管主要用来构成直流稳压电路，这种直流稳压电路结构简单，稳压性能一般。图 4-63 所示是稳压二极管构成的典型直流稳压电路。电路中，VD_1 是稳压二极管，R_1 是 VD_1 的限流保护电阻。

未经稳定的直流工作电压$+V$ 通过 R_1 加到稳压二极管上，由于$+V$ 远大于 VD_1 稳压值，所以 VD_1 进入工作状态，其两端得到稳定的直流电压，作为稳压电路的输出电压。

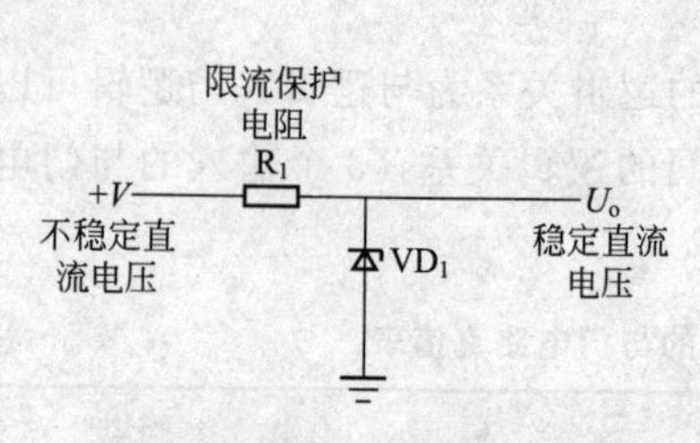

图 4-63　稳压二极管构成的典型直流稳压电路

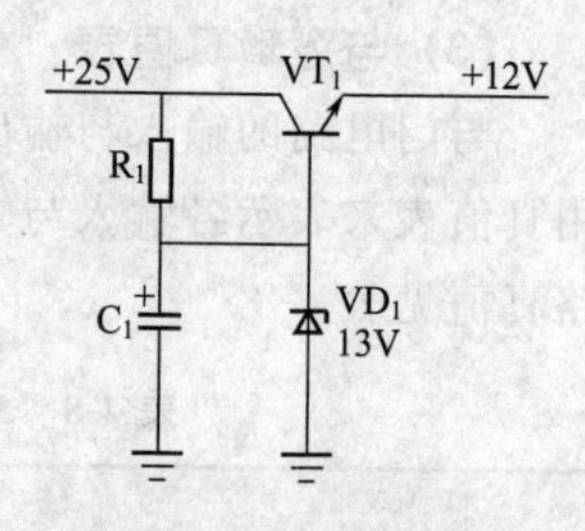

图 4-64　电子滤波器中的稳压二极管应用电路

(2) 电子滤波器中稳压二极管电路

图 4-64 所示是电子滤波器中的稳压二极管应用电路。电路中，VD_1 是稳压二极管，VT_1 是电子滤波管，C_1 是 VT_1 基极滤波电容，R_1 是 VT_1 偏置电阻。

在稳压二极管导通后，将 VT_1 基极电压稳压在 13V，根据三极管发射结导通后的结电压基本不变特性可知，这时 VT_1 发射极直流输出电压也是稳定的，达到稳定直流输出电压的目的。

(3) 稳压二极管构成的浪涌保护电路

图 4-65 所示是稳压二极管构成的浪涌保护电路。电路中，K_1 是继电器，VD_1 是稳压二极管，R_1 是限流保护电阻，RL 是负载电阻。

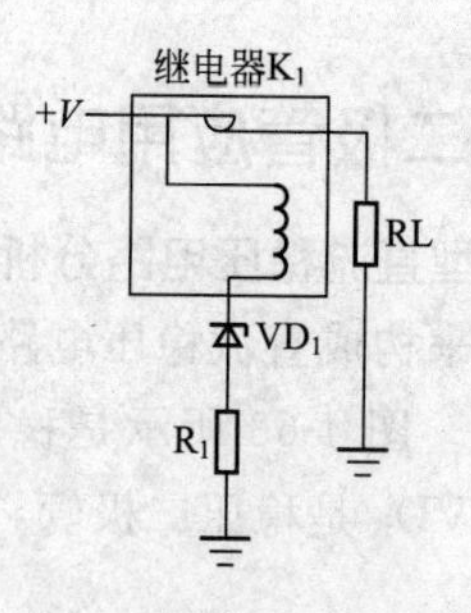

图 4-65　稳压二极管构成的浪涌保护电路

(4) 稳压二极管构成的过压保护电路

图 4-66 所示是稳压二极管构成的过压保护电路，这是电视机

中的具体应用电路。电路中 VD_1 是稳压二极管，VT_1 是控制管，+115V 是主工作电压。

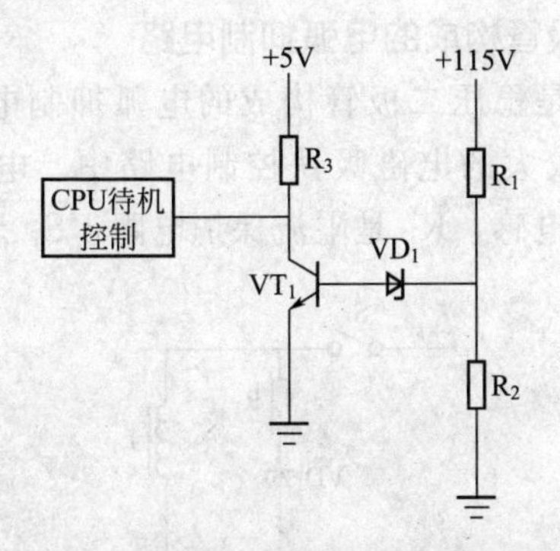

图 4-66　稳压二极管构成的过压保护电路

电阻 R_1 和 R_2 构成+115V 直流工作电压的分压电路，分压后的电压通过稳压二极管加到 VT_1 基极。当+115V 电压大小正常时，待机保护电路不动作，电视机正常工作。

当+115V 过高时，R_1 和 R_2 分压后的电压足以使稳压二极管 VD_1 导通，这时 VT_1 饱和导通，其集电极为低电平，通过待机控制线的控制使电视机进入待机保护状态。

(5) 稳压二极管限幅电路

图 4-67 所示是稳压二极管构成的限幅电路。电路中，A_1 和 A_2 是集成电路，VD_1 和 VD_2 是稳压二极管。

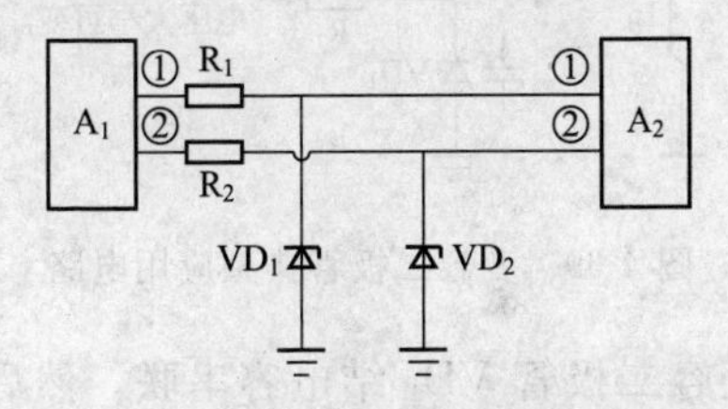

图 4-67　稳压二极管构成的限幅电路

从集成电路 A_1 的①脚输出信号通过 R_1 加到集成电路 A_2 的①脚。当集成电路 A_1 的①脚输出信号幅度没有超过 VD_1 稳压值时，这一信号完整地加到集成电路 A_2 的①脚上；当集成电路 A_1 的①

脚输出信号幅度超过 VD_1 稳压值时，幅度超过部分使 VD_1 导通，信号幅度的最大值被限制，达到限幅目的。

(6) 稳压二极管构成的电弧抑制电路

图 4-68 所示是稳压二极管构成的电弧抑制电路，这种电路通常用于一些功率较大的电磁吸铁控制电路中。电路中，VD_1 是稳压二极管，L_1 是电感，R_1 是限流保护电阻，S_1 是电源开关。

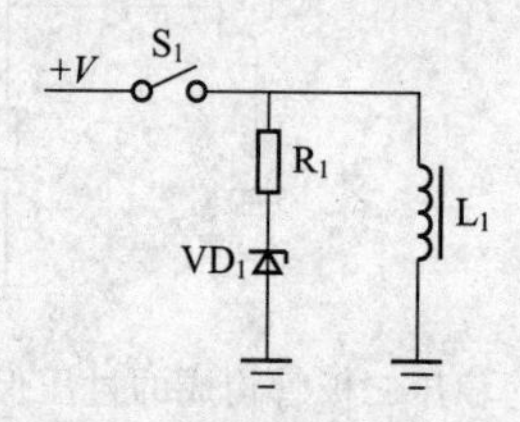

图 4-68 稳压二极管构成的电弧抑制电路

4.7.2 变容二极管应用电路

(1) 变容二极管典型应用电路

图 4-69 所示是变容二极管典型应用电路，电路中的 VD_1 是变容二极管。

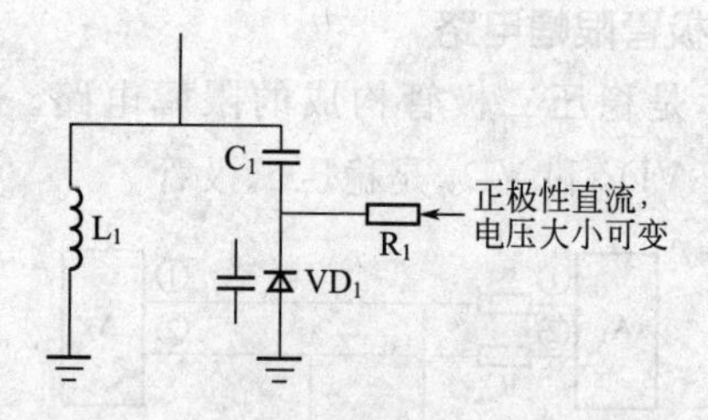

图 4-69 变容二极管典型应用电路

电容 C_1 与变容二极管 VD_1 结电容串联，然后与 L_1 并联构成 LC 并联谐振电路。正极性的直流电压通过电阻 R_1 加到 VD_1 负极，当这一直流电压大小变化时，给 VD_1 加的反向偏置电压大小改变，其结电容也大小改变，这样 LC 并联谐振电路的谐振频率也随之改变。

(2) 故障检测方法

对于这一电路中的变容二极管故障检测最简单的方法是进行正向电阻和反向电阻测量，当对测量结果有怀疑时进行代替检查。

4.7.3 肖特基二极管应用电路

图 4-70 所示是肖特基二极管一种应用电路，这是肖特基二极管在步进电动机驱动电路中的应用，VD_1、VD_2、VD_3 和 VD_4 为肖特基二极管。

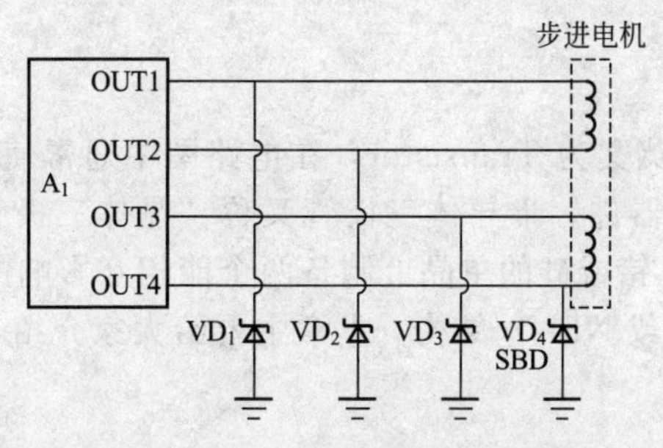

图 4-70　肖特基二极管一种应用电路

这种电路利用了肖特基二极管的管压降小、恢复时间短的特点，使大部分电流流过外部的肖特基二极管，从而集成电路 A_1 内部的功耗就小了很多，提高了热稳定性能，也就提高了可靠性。

第5章 三极管

三极管，英文为 Transistor，在电路图中通常使用 T 来表示，是一种半导体器件。半导体三极管又称“晶体三极管”或“晶体管”。在半导体锗或硅的单晶上制备两个能相互影响的 P-N 结，组成一个 PNP（或 NPN）结构。本章主要给大家介绍与三极管相关的知识。

【本章内容提要】

- 三极管基础知识
- 三极管主要特性
- 三极管直流电路
- 三大类三极管偏置电路
- 三极管集电极直流电路
- 三极管发射极直流电路

5.1 三极管基础知识

5.1.1 三极管种类和外形特征

(1) 三极管的种类

三极管的种类多种多样，可以按照不同的分类方法进行分类，各种分类方法如图 5-1 所示。

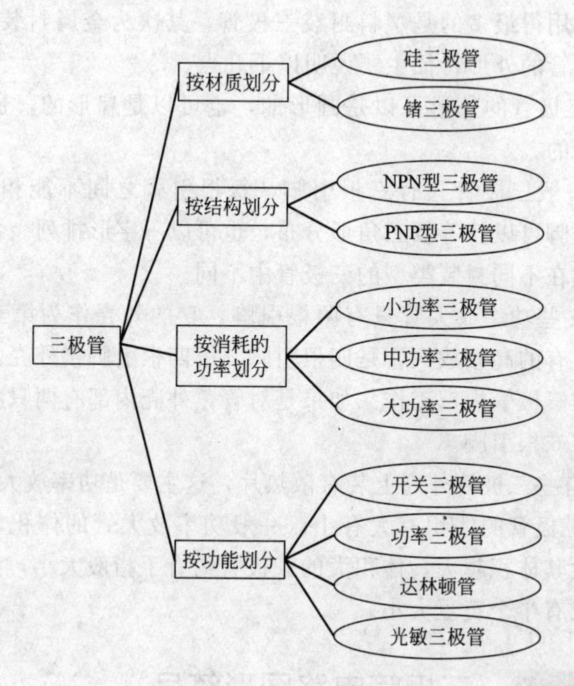

图 5-1 三极管分类

半导体三极管也称为晶体三极管，可以说它是电子电路中最重要的器件。它最主要的功能是电流放大和开关作用。三极管顾名思义具有三个电极。二极管是由一个 P-N 结构成的，而三极管由两个 P-N 结构成，共用的一个电极成为三极管的基极（用字母 b 表示）。其他的两个电极成为集电极（用字母 c 表示）和发射极（用字母 e 表示）由于不同的组合方式，形成了一种是 NPN 型的三极管，另一种是 PNP 型的三极管。

三极管的种类很多，并且不同型号各有不同的用途。三极管大都是塑料封装或金属封装，常见三极管的外观，有一个箭头的电极是发射极，箭头朝外的是 NPN 型三极管，而箭头朝内的是 PNP 型。实际上箭头所指的方向是电流的方向。

(2) 三极管的外形特征

目前用得最多的是塑料封装三极管，其次为金属封装三极管。关于三极管的外形特征主要说明以下几点。

① 三极管的外形可以是圆形的，也可以是扁形的，也可以是其他形状的。

② 一般三极管只有三根引脚，每根引脚之间不能相互代替。这三根引脚可以按等腰三角形分布，也可以一字形排列。各引脚的分布规律在不同封装类型的三极管中不同。

③ 一些功率放大管只有两根引脚，它的外壳作为第三根引脚集电极。有的高频放大管是四根引脚，第四根引脚接外壳，这一引脚不参与三极管内部工作。如果是对管，外壳内部有两只独立的三极管，有 6 根引脚。

④ 有些三极管外壳上装有散热片，这主要是功率放大管。

⑤ 三极管的体积有大有小，一般功率放大管的体积较大，且功率越大其体积越大，体积大的三极管约有手指般大小，体积小的三极管只有半个黄豆大小。

5.1.2 三极管电路图形符号

图 5-2 所示是三极管的电路符号。

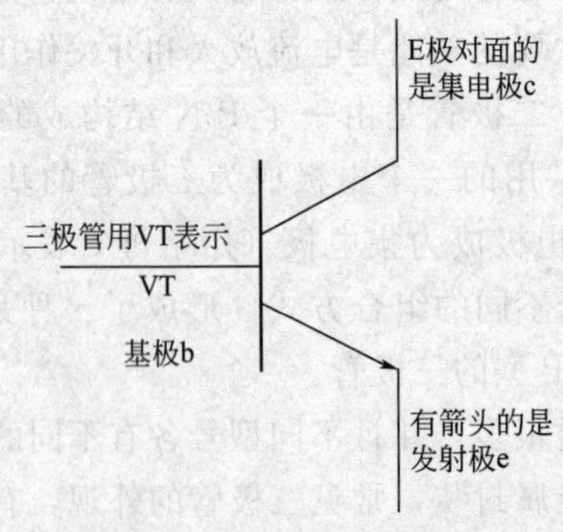

图 5-2　三极管的电路符号

三极管共有三个电极，分别是基极（base，用 b 表示）、集电极（collect，用 c 表示）和发射机（emit，用 e 表示），在电路符号中，有箭头的一端是发射极，令两端为基极和集电极，见图中说明。

表 5-1 给出了几种三极管电路符号的说明。

表 5-1　几种三极管电路符号的说明

电路符号	名称	说　明
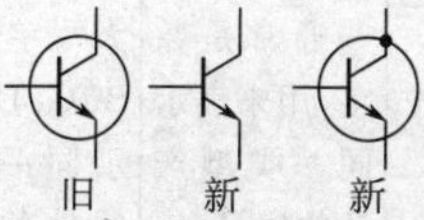 旧　新　新	NPN 型三极管电路符号	旧三极管电路符号外有一个圆圈，使用字母 T 表示三极管。 新三极管电路符号外没有圆圈，在电路图中使用字母 VT 表示。 新 NPN 型三极管的电路符号，有一个圆圈，同时集电极和圆圈之间有一个黑点相连。表示这种三极管只有两个引脚，其金属外壳就是集电极引脚
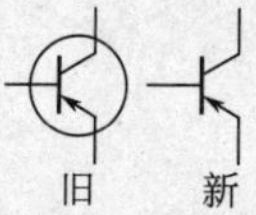 旧　新	PNP 型三极管电路符号	两种不同极性的三极管，其电路符号的主要区别是发射极箭头方向不同。NPN 型三极管的符号发射极箭头方向朝外，PNP 型三极管的符号发射极箭头方向朝内。 PNP 型三极管电路符号发射极的箭头朝内

5.1.3 三极管型号命名方法

国产三极管的型号命名由五部分组成，各部分的含义如下：

① 第一部分用数字“3”表示主称和三极管。

② 第二部分用字母表示三极管的材料和极性。

③ 第三部分用字母表示三极管的类别。

④ 第四部分用数字表示同一类型产品的序号。

⑤ 第五部分用字母表示规格号。

各部分的具体含义见表5-2。

表5-2 国产三极管的型号命名方法

第一部分 主称		第二部分 材料和特性		第三部分 类别		第四部分 序号	第五部分 规格号
数字	说明	字母	含义	字母	含义	说明	说明
3	三极管	A	锗材料 PNP型	G	高频小功率管	通常是数字,用来表示同一类型产品的序号	通常使用大写字母A、B、C、D…表示同一型号器件的不同档次
				X	低频小功率管		
		B	锗材料 NPN型	A	高频大功率管		
				D	低频大功率管		
		C	硅材料 PNP型	T	晶闸管		
				K	开关管		
		D	硅材料 NPN型	V	微波管		
				B	雪崩管		
		E	化合物材料	J	阶跃恢复管		
				U	光敏管		
				Y	场效应管		

国产三极管常见的型号有以下形式。

PNP三极管:

3AG×× 锗高频管;

3AX×× 锗低频管;

3AD×× 锗大功率管;

3CG×× 硅高频管;

3CX×× 硅低频管。

NPN三极管:

3DG×× 硅高频管;

3DX×× 硅低频管;

3DD×× 硅低频大功率管;

3DA×× 硅高频大功率管;

3BX×× 锗低频管。

5.1.4 三极管结构和基本工作原理

(1) 三极管的结构

三极管按其结构可分为 NPN 和 PNP 两类。NPN 型三极管的结构与电路符号如图 5-3(a) 所示。

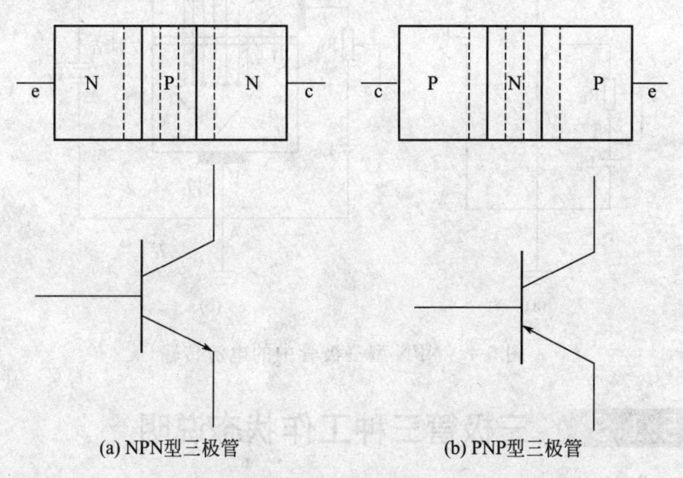

图 5-3 三极管结构示意图和电路符号

PNP 型三极管的结构与 NPN 型相似，如图 5-3(b) 所示。

(2) 三极管的工作原理

PNP 型半导体三极管和 NPN 型半导体三极管的基本工作原理完全一样，下面以 NPN 型半导体三极管为例来说明其内部的电流传输过程，进而介绍它的工作原理。半导体三极管常用的连接电路如图 5-4(a)所示。半导体三极管内部的电流传输过程如图 5-4(b) 所示。

对于三极管的工作原理，我们只需要知道只要使 I_B略有增加，I_C就会增加很多，起到了放大作用就可以了。

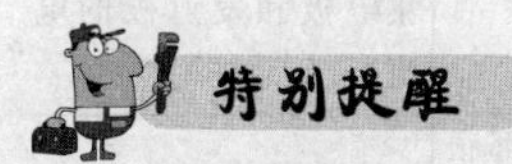

想更详细地了解的话，可以看《模拟电子技术》

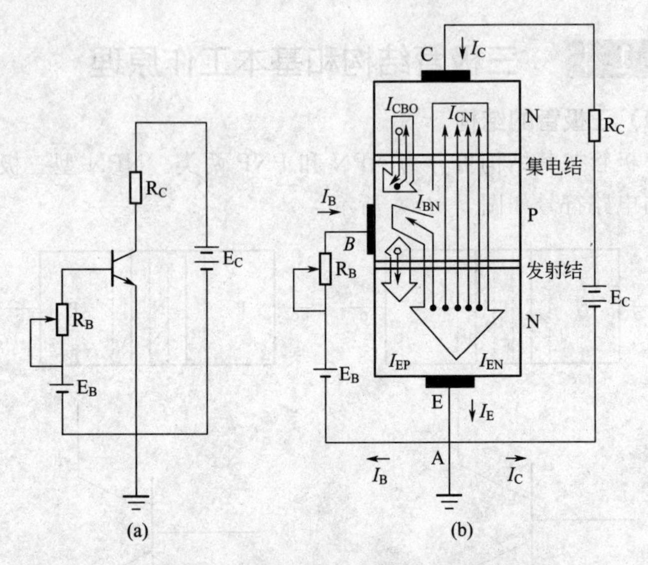

图 5-4　NPN 型三极管中的电流传输

5.1.5 三极管三种工作状态说明

三极管共有三种工作状态：截止状态、放大状态、饱和状态。用于不同目的的三极管其工作状态是不同的。

(1) 三极管三种工作状态电流特征

三极管三种工作状态的定义、电流特征及说明见表 5-3。

表 5-3　三极管三种工作状态的定义、电流特征及说明

工作状态	定　义	电流特征	说　明
截止状态	集电极与发射极间的内阻很大	I_B、I_C、I_E都基本为零	利用电流基本为零的特征，可以判断三极管是否处于截止状态
放大状态	集电极和发射极间的内阻受基极电流大小控制，基极电流越大，这个内阻越小	$I_C=\beta I_B$ $I_E=(1+\beta)I_B$	基极电流可以控制集电极和发射极的电流
饱和状态	集电极与发射极间的内阻很小	各电极的电流都很大，基极电流无法控制集电极和发射极电流	电流放大倍数 β 很小

(2) 三极管截止工作状态

用来放大信号的三极管不应工作在截止状态。倘若输入信号部分地进入了三极管特性的截止区，则输出会产生非线性失真。

可以这样理解非线性，给三极管输入一个标准的正弦信号，从三极管输出的信号已不是一个标准的正弦信号，输出信号与输入信号不同就是失真。图 5-5 所示是非线性失真信号波形示意图，产生这一失真是三极管截止区的非线性所致。

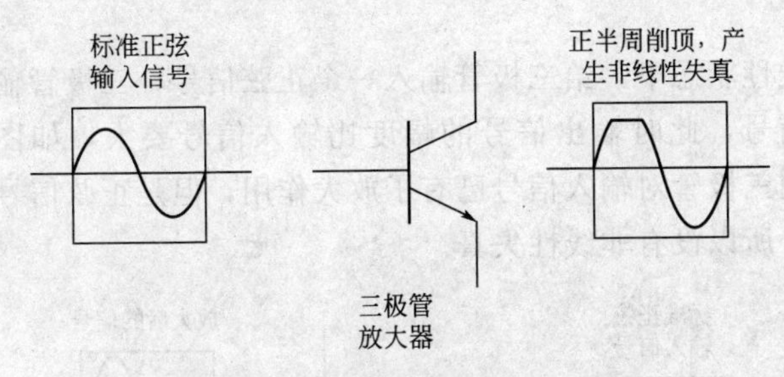

图 5-5　非线性失真信号波形示意图

如果三极管基极上输入信号的负半周进入三极管截止区，将引起削顶失真。

注意，三极管基极上的负半周信号对应于三极管集电极的是正半周信号，所以三极管集电极输出信号的正半周被三极管的截止区削掉，如图 5-6 所示。

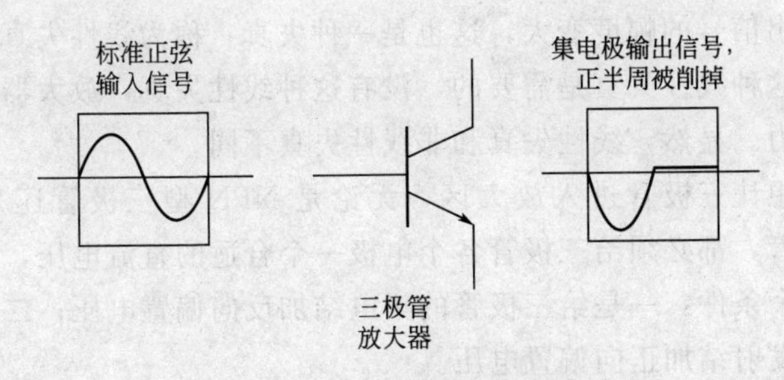

图 5-6　三极管截止区造成的失真

三极管用于开关电路时，它的一个工作状态就是截止状态。注意，开关电路中的三极管不用来放大信号，所以不存在这样的削顶失真问题。

(3) 三极管放大工作状态

当三极管用来放大信号时，三极管工作在放大状态，输入三极管的信号进入放大区，这时的三极管是线性的，信号不会出现非线性失真。

在放大状态下，$I_C = \beta I_B$中β的大小基本不变，有一个基极电流就有一个与之相对应的集电极电流。β值基本不变是放大区的一个特征。

在线性状态下，给三极管输入一个正弦信号，三极管输出的也是正弦信号，此时输出信号的幅度比输入信号要大，如图 5-7 所示，说明三极管对输入信号已有了放大作用，但是正弦信号的特性未改变，所以没有非线性失真。

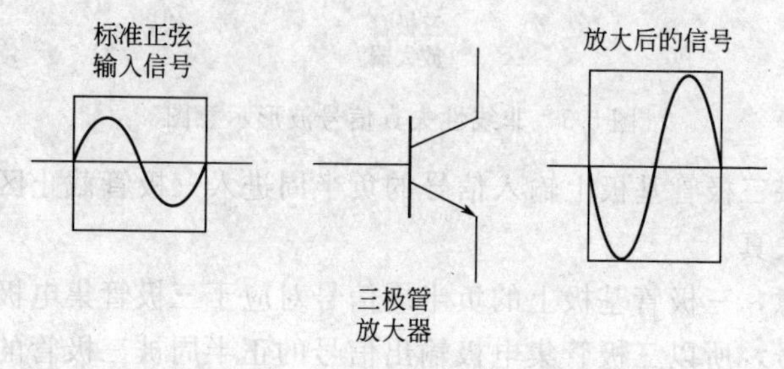

图 5-7　信号电压放大示意图

输出信号的幅度变大，这也是一种失真，称为线性失真。在放大器中这种线性失真是需要的，没有这种线性失真，放大器就没有放大能力。显然，线性失真和非线性失真不同。

要想让三极管进入放大区，无论是 NPN 型三极管还是 PNP 型三极管，都必须给三极管各个电极一个合适的直流电压，归纳起来是两个条件：一是给三极管的集电结加反向偏置电压；二是给三极管的发射结加正向偏置电压。

(4) 三极管饱和工作状态

在放大工作状态的基础上，如果基极电流进一步增大许多，三极管将进入饱和状态，这时的三极管电流放大倍数β要下降许多，饱和得越深，其β值越小，电流放大倍数β一直能小到小于 1 的程度，这时三极管没有放大能力。

在三极管处于饱和状态时，输入三极管的信号要进入饱和区，这也是一个非线性区。图 5-8 所示是三极管进入饱和区后造成的信号失真，它与截止区信号失真不同的是，加在三极管基极的信号的正半周进入饱和区，在集电极输出信号中是负半周被削掉，所以放大信号时三极管也不能进入饱和区。

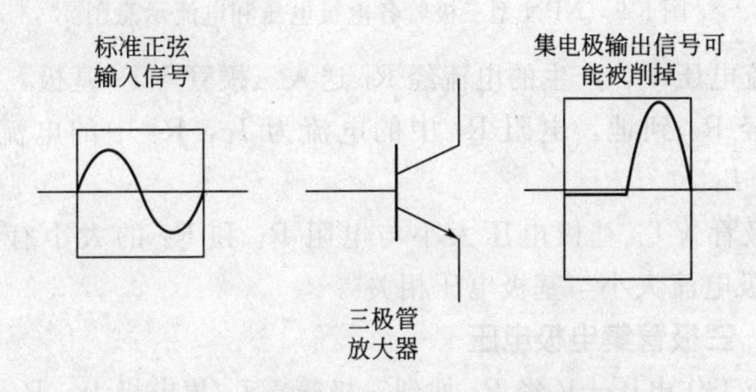

图 5-8 三极管进入饱和区后的信号失真

在开关电路中，三极管的另一个工作状态是饱和状态。由于三极管开关电路不放大信号，所以也不会存在非线性失真的问题。

三极管开关电路中，三极管从截止状态迅速地通过放大状态而进入饱和状态，或是从饱和状态迅速地进入截止状态，不停留在放大状态。

5.1.6 三极管各电极电压与电流之间的关系

给三极管各电极加上适当的直流电压后，各电极才有直流电流。三极管基极电压用U_B表示，U_C是集电极电压，U_E是发射极电压。图 5-9 所示是 NPN 型三极管各电极电压和电流示意图。

(1) 三极管基极电压

电路中，直流工作电压$+V$通过电阻 R_1 和 R_2 分压加到三极管 VT_1 基极，作为 VT_1 的基极直流电压。改变电阻 R_1 或 R_2 的阻值大小，可以改变三极管基极电压的大小。

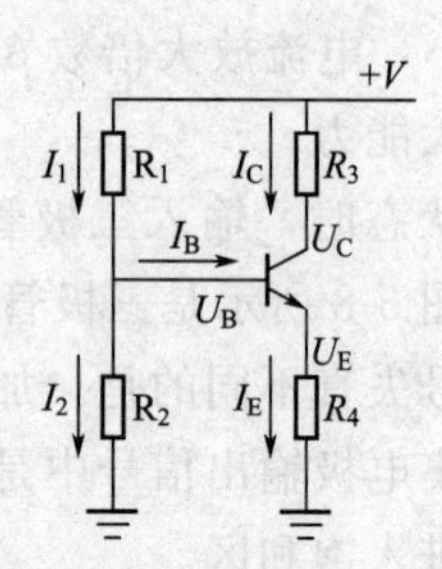

图 5-9　NPN 型三极管各电极电压和电流示意图

直流电压$+V$产生的电流经 R_1 送入三极管 VT_1 基极，另一部分电流经 R_2 到地，电阻 R_1 中的电流为 I_1，R_2 中的电流为 I_2，$I_1=I_2+I_B$。

三极管 VT_1 基极电压大小与电阻 R_1 和 R_2 的大小有关，而 VT_1 基极电流大小与基极电压相关。

(2) 三极管集电极电压

直流工作电压$+V$经 R_3 加到三极管 VT_1 集电极上，R_3 两端的电压 $U_3=I_CR_3$，集电极电压 $U_C=+V-U_3$，如图 5-10 所示。掌握集电极电压大小的分析方法，对分析三极管集电极电路非常重要。

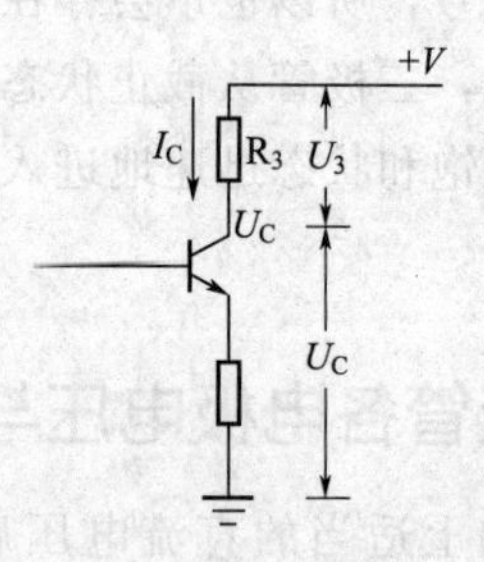

图 5-10　三极管集电极电压示意图

当直流工作电压$+V$和 R_3，确定后，集电极电压只与集电极电流 I_C的大小有关，而集电极电流受基极电流控制，所以三极管的集电极电压最终由基极电流决定。

(3) 三极管发射极电压

发射极电压 U_E与发射极电流 I_E和发射极电阻 R_4 阻值大小相

关，如图 5-11 所示。由于发射极电流受基极电流控制，所以发射极电压也由基极电流大小决定。

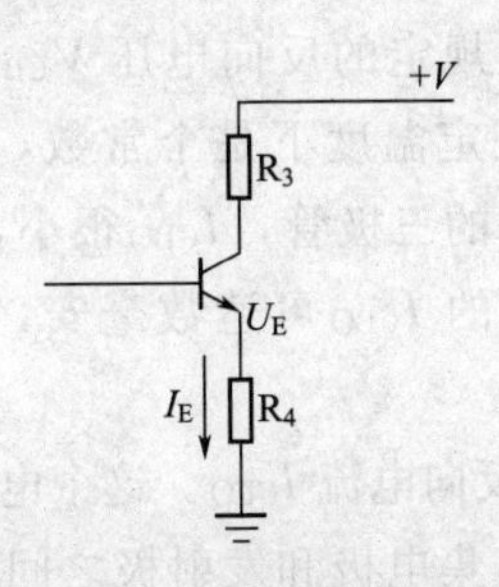

图 5-11 发射极电压示意图

(4) 三极管三种工作状态下各电极电压特征

表 5-4 给出了 NPN 型三极管三种工作状态下各电极电压特征及说明。

表 5-4 NPN 型三极管三种工作状态下各电极电压特征及说明

工作状态	各电极电压特征	说 明
截止状态	集电极电压等于直流工作电压+V	集电极电流为零，集电极电阻上压降为零
放大状态	集电极电压大于基极电压，集电结反偏，基极电压大于发射极电压，发射结正偏	集电极电流大时，电压低；集电极电流小时，电压高
饱和状态	集电极与发射极间电压为 P-N 结导通电压	基极电压大于集电极电压，基极电压大于发射极电压

5.1.7 三极管主要参数

三极管的主要参数可以分为直流参数、交流参数、极限参数三类，下面分别进行介绍。

参数虽然有很多，单对于不同的应用只要关心某几个就可以了！

(1) 直流参数

① 集电极-基极反向饱和电流 I_{CBO}　发射极开路（$I_E=0$）时，基极和集电极之间加上规定的反向电压 V_{CB} 时的集电极反向电流，它只与温度有关，在一定温度下是个常数，所以称为集电极-基极的反向饱和电流。良好的三极管，I_{CBO} 很小，小功率锗管的 I_{CBO} 为 $1\sim10\mu A$，大功率锗管的 I_{CBO} 可达数毫安，而硅管的 I_{CBO} 则非常小，是毫微安级。

② 集电极-发射极反向电流 I_{CEO}。这个电流也称为穿透电流，是基极开路（$I_B=0$）时，集电极和发射极之间加上规定反向电压 V_{CE} 时的集电极电流。I_{CEO} 大约是 I_{CBO} 的 β 倍，即 $I_{CEO}=(1+\beta)I_{CBO}$。I_{CBO} 和 I_{CEO} 受温度影响极大，它们是衡量三极管热稳定性的重要参数。其值越小，性能越稳定，小功率锗管的 I_{CEO} 比硅管大。

③ 发射极——基极反向电流 I_{EBO}。当集电极开路时，在发射极与基极之间加上规定的反向电压时，发射极的电流。它实际上是发射结的反向饱和电流。

④ 直流电流放大系数 β_1。这个参数有时也称为 h_{EF}，这是指共发射接法，没有交流信号输入时，集电极输出的直流电流与基极输入的直流电流的比值。即

$$\beta_1=\frac{I_C}{I_B}$$

(2) 交流参数

① 交流电流放大系数 β。这个参数有时也称为 h_{FE}，这是指共发射极接法，集电极输出电流的变化量 ΔI_C 与基极输入电流的变化量 ΔI_B 之比。即

$$\beta=\frac{\Delta I_C}{\Delta I_B}$$

一般三极管的 β 在 10～200 之间，如果 β 太小，电流放大作用差；如果 β 太大，电流放大作用虽然大，但性能往往不稳定。

② 共基极交流放大系数 α。这个参数有时也称为 h_{FB}，这是指共基接法时，集电极输出电流的变化是 ΔI_C 与发射极电流的变化量

ΔI_E之比。即

$$\alpha=\frac{\Delta I_C}{\Delta I_E}$$

因为 $\Delta I_C<\Delta I_E$，故 $\alpha<1$。高频三极管的 $\alpha>0.9$ 就可以使用。

α 与 β 之间存在下面的关系：

$$\alpha=\frac{\beta}{1+\beta}$$

$$\beta=\frac{\alpha}{1-\alpha}\approx\frac{1}{1-\alpha}$$

③ 截止频率 f_β、f_α。当 β 下降到低频时 0.707 倍的频率，就是共发射极的截止频率 f_β；当 α 下降到低频时的 0.707 倍的频率，就是共基极的截止频率 f_α。f_β、f_α 是表明三极管频率特性的重要参数，它们之间的关系为：

$$f_\beta\approx(1-\alpha)f_\alpha$$

④ 特征频率 f_T。因为频率 f 上升时，β 就下降，当 β 下降到 1 时，对应的频率 f_T 是全面地反映三极管的高频放大性能的重要参数。

(3) 极限参数

① 集电极最大允许电流 I_{CM}。当集电极电流 I_C 增加到某一数值，引起 β 值下降到额定值的 2/3 或 1/2，这时的 I_C 值称为 I_{CM}。所以当 I_C 超过 I_{CM} 时，虽然不致使管子损坏，但 β 值显著下降，影响放大质量。

② 集电极-基极击穿电压 BV_{CBO}。当发射极开路时，集电结的反向击穿电压称为 BV_{CBO}。

③ 发射极-基极反向击穿电压 BV_{EBO}。当集电极开路时，发射结的反向击穿电压称为 BV_{EBO}。

④ 集电极-发射极击穿电压 BV_{CEO}。当基极开路时，加在集电极和发射极之间的最大允许电压。使用时如果 $V_{CE}>BV_{CEO}$，三极管就会被击穿。

⑤ 集电极最大允许耗散功率 P_{CM}。集电极通过电流 I_C，其温度会升高，三极管因受热而引起参数的变化不超过允许值时的最大

集电极耗散功率称为 P_{CM}。三极管实际的耗散功率等于集电极直流电压和电流的乘积，即 $P_C = U_{CE} \times I_C$，使用时应使 $P_C < P_{CM}$。P_{CM}与散热条件有关，增加散热片可提高 P_{CM}。

5.1.8 三极管封装形式和管脚识别

三极管的封装形式是指三极管的外形参数，也就是安装半导体

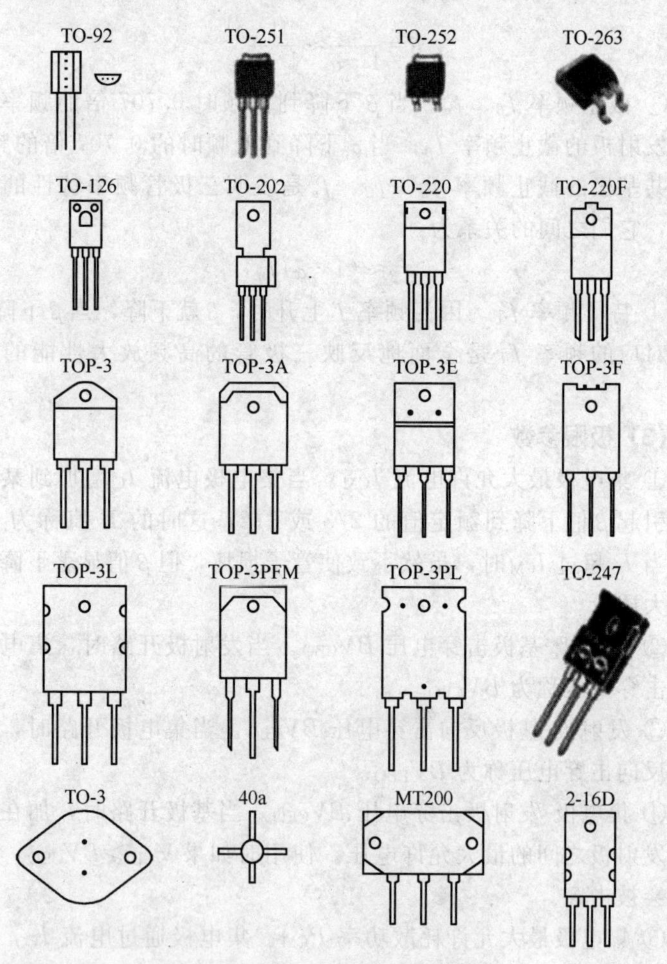

图 5-12　常见三极管封装对照图

三极管用的外壳。材料方面，三极管的封装形式主要有金属、陶瓷和塑料形式；结构方面，三极管的封装为TO×××，×××表示三极管的外形；装配方式有通孔插装（通孔式）、表面安装（贴片式）和直接安装；引脚形状有长引线直插、短引线或无引线贴装等。常用三极管的封装形式有TO-92、TO-126、TO-3、TO-220等。

(1) 封装

常见三极管的封装对照图如图5-12所示。

常见三极管封装实物图如图5-13所示。

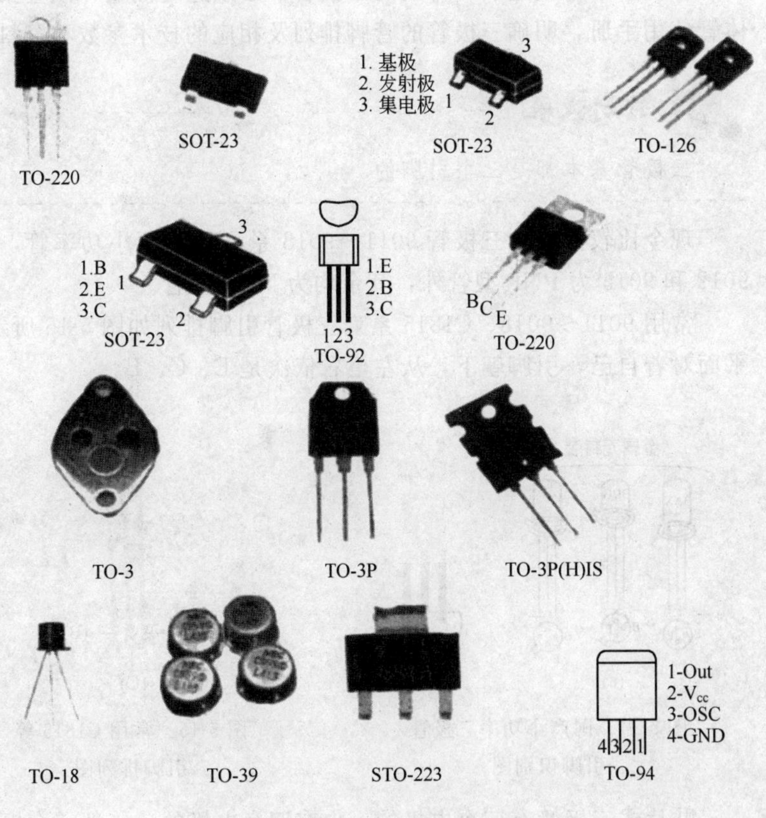

图5-13 常见三极管封装实物图

(2) 引脚

三极管引脚的排列方式具有一定的规律。对于国产小功率金属封装三极管，底视图位置放置，使三个引脚构成等腰三角形的顶点上，从左向右依次为 E、B、C；有管键的三极管，从管键处按顺时针方向依次为 E、B、C，其引脚识别图如图 5-14(a) 所示。对于国产中小功率塑封三极管，使其平面朝外，半圆形朝内，三个引脚朝上放置，则从左到右依次为 E、B、C，其引脚识别图如图5-14(b) 所示。

目前，市场上有各种类型的晶体三极管，引脚的排列不尽相同。在使用中不确定引脚排列的三极管，必须进行测量，或查找晶体管使用手册，明确三极管的管脚排列及相应的技术参数和资料。

特别提醒

三极管基本都是三个引脚的

现今比较流行的三极管 9011～9018 系列为高频小功率管，除 9012 和 9015 为 PNP 型管外，其余均为 NPN 型管。

常用 9011～9018、C1815 系列三极管引脚排列如图 5-15 所示。平面对着自己，引脚朝下，从左至右依次是 E、C、B。

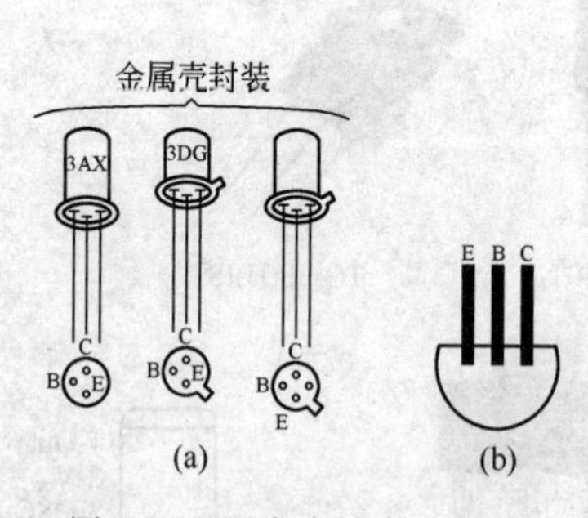

图 5-14　国产小功率三极管引脚识别图

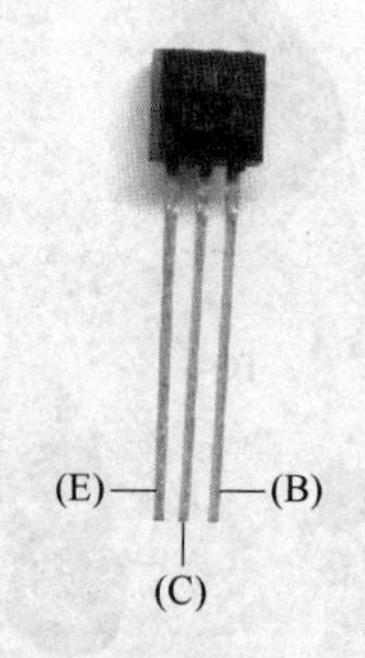

图 5-15　常用 C1815 等引脚排列图

贴片式三极管有三个电极的，也有四个电极的。一般三个电极的贴片式三极管从顶端往下看有两边，上边只有一脚的为集电极，下边的两脚分别是基极和发射极。在四个电极的贴片式三极管中，比较大的一个引脚是三极管的集电极，另有两个引脚相通是发射极，余下的一个是基极。常见贴片式三极管引脚外形图如图 5-16 所示。

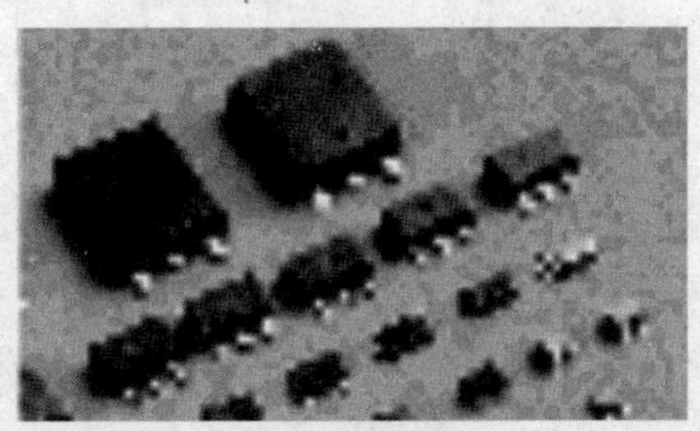

图 5-16 常见贴片式三极管引脚外形图

5.1.9 用万用表分辨三极管的方法

以 NPN 型管为例，假设基极以外的两个引脚中的其中一个为集电极，把黑表笔接到假设的集电极上，红表笔接到假设的发射极上，并且用手握住 b 和 c 极（b 和 c 极不能直接接触），通过人体，相当于在 b、c 之间接入偏置电阻，读出表所示 c、e 间的电阻值并记录。假设另外一只引脚为集电极，黑、红表笔分别接到假定的集电极、发射极上，同时食指也移至假定的集电极上，读出电阻值并记录。比较两次测试的电阻值，阻值较小的那次假设是正确的，即黑表笔所接的是集电极 c，红表笔接的是发射极 e。因为 c、e 间电阻值小，说明通过万用表的电流大，偏置正确，如图 5-17 所示。

对于 PNP 管，只需将红、黑表笔对调测试即可，阻值小的那次红表笔所接的是集电极，黑表笔接的是发射极。

硅管和锗管的判别与二极管的判别方法相似，一是测 P-N 结的正向电压，二是测 P-N 结的正向电阻。

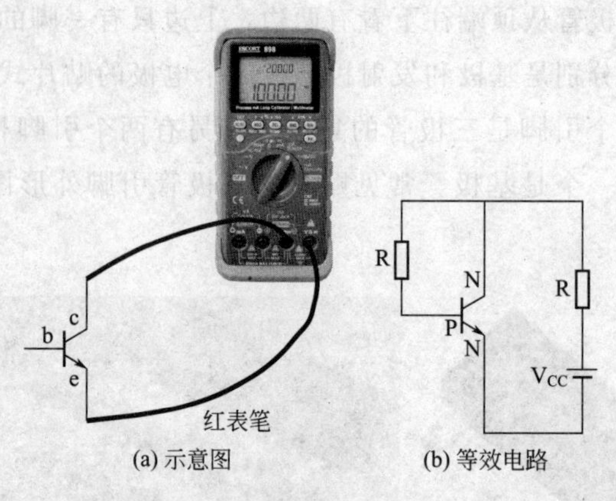

图 5-17　判别三极管集电极、发射极的原理图

5.2 三极管的主要特性

特别提醒

三极管的主要特性决定了用途，我们通常都使用它的电流放大特性

5.2.1 三极管电流放大和控制特性

三极管是一个电流控制器件，它用基极电流来控制集电极电流和发射极电流，没有基极电流就没有集电极电流和发射极电流。

(1) 三极管电流的放大特性

三极管电流放大能力是指只要有一个很小的基极电流，三极管就会有一个很大的集电极和发射极电流，这是由三极管特性所决定的，不同的三极管有不同的电流放大倍数，所以不同三极管对基极电流放大能力是不同的。

基极电流是信号输入电流，集电极电流和发射极电流是信号输出电流，信号输出电流远大于信号输入电流，说明三极管能够对输入电流进行放大。在各种放大器电路中，就是用三极管的这一特性来放大信号。

(2) 三极管基极电流控制集电极电流特性

当三极管工作在放大状态时，三极管集电极电流和发射极电流由直流电源提供。三极管本身并不能放大电流，只是用基极电流去控制由直流电源为集电极和发射极提供的电流，这样等效理解成三极管放大了基极输入电流。

如图 5-18 所示电路可以说明三极管基极电流控制集电极电流的过程。电路中的 R_2 为三极管 VT_1 集电极提供电流通路，流过 VT_1 集电极的电流回路是：直流工作电压 $+V$→集电极电阻 R_2→VT_1 集电极→VT_1 发射极→地线，构成回路。

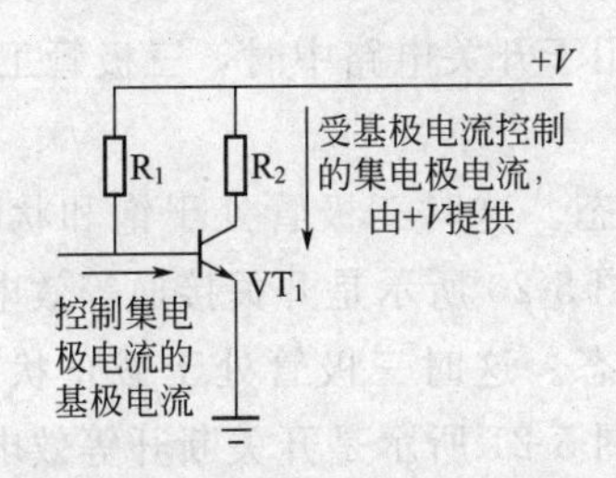

图 5-18　三极管基极电流控制集电极电流示意图

三极管能将直流电源的电流按照基极输入电流的要求转换成集电极电流和发射极电流，从这个角度上讲三极管是一个电流转换器件。所谓电流放大，就是将直流电源的电流，按基极输入电流的变化规律转换成集电极电流和发射极电流。

5.2.2 三极管集电极与发射极之间内阻可控和开关特性

(1) 三极管集电极与发射极之间内阻可控特性

图 5-19 所示是三极管集电极和发射极之间内阻可控特性的等

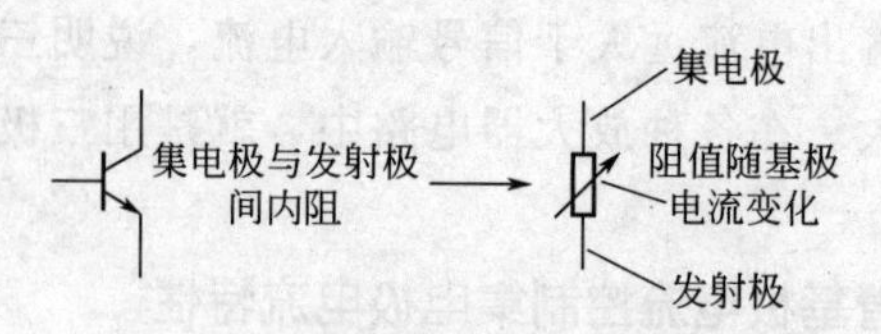

图 5-19 三极管集电极和发射极之间
内阻可控特性的等效电路

效电路。

三极管集电极和发射极之间的内阻随基极电流大小变化而变化，基极电流越大，三极管的这一内阻越小，反之则大。利用三极管集电极和发射极之间的内阻随基极电流大小而变化的特性，可以设计成各种控制电路。

(2) 三极管开关特性

三极管同二极管一样，也可以作为电子开关器件，构成电子开关电路。当三极管用于开关电路中时，三极管工作在截止、饱和两个状态。

① 开关接通状态。这时三极管处于饱和状态，集电极与发射极之间内阻很小，图 5-20 所示是开关接通等效电路示意图。

② 开关断开状态。这时三极管处于截止状态，集电极与发射极之间内阻很大，图 5-21 所示是开关断开等效电路示意图。

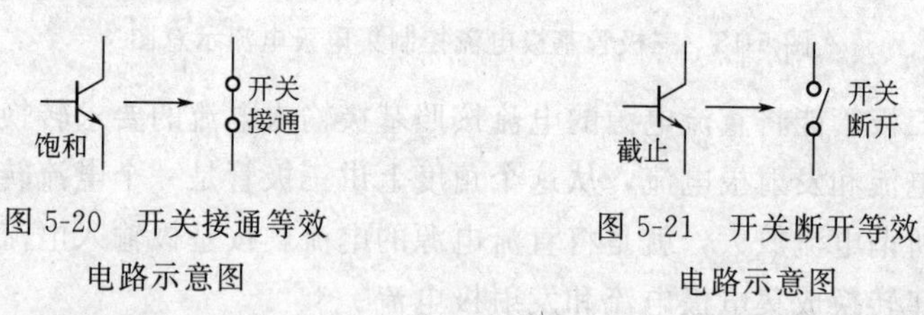

图 5-20 开关接通等效电路示意图

图 5-21 开关断开等效电路示意图

5.2.3 发射极电压跟随基极电压特性和输入、输出特性

(1) 三极管发射极电压跟随基极电压特性

图 5-22 所示电路可以说明三极管发射极电压跟随基极电压

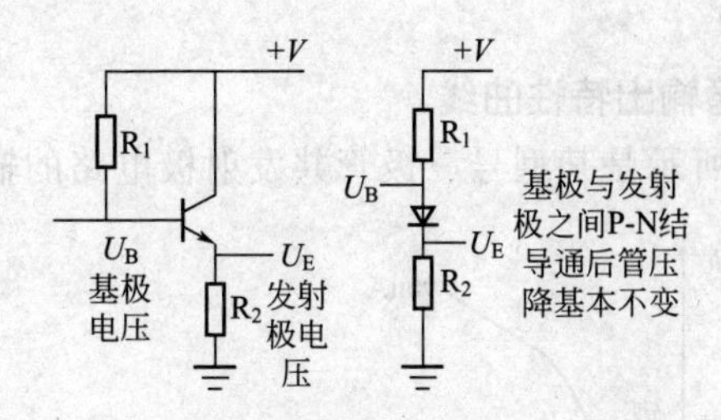

图 5-22　三极管发射极电压跟随基极电压特性示意图

特性。

三极管进入放大工作状态后，基极与发射极之间的 P-N 结已处于导通状态，这一 P-N 结导通后压降大小基本不变。这样，基极电压升高时发射极电压也升高，基极电压下降时发射极电压也下降，显然发射极电压跟随基极电压变化而变化。

(2) 三极管输入特性曲线

图 5-23 所示是某型号三极管共发射极电路输入特性曲线。图中，*X* 轴为发射结的正向偏置电压大小，对于 NPN 型三极管而言，这一正向偏置电压用 U_{BE} 表示，即基极电压高于发射极电压；对于 PNP 型三极管而言为 U_{EB}，即发射极电压高于基极电压。*Y* 轴为基极电流大小。

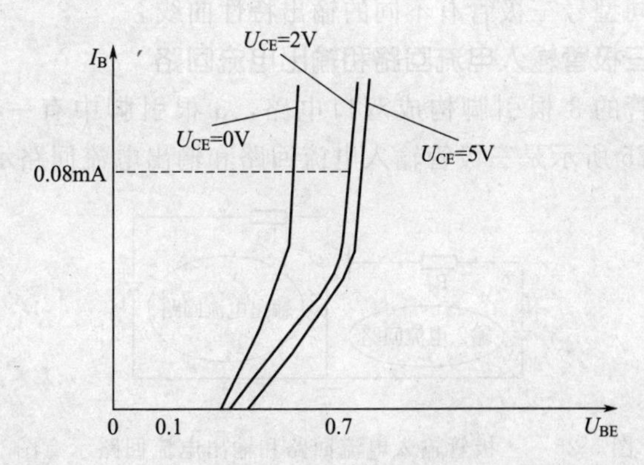

图 5-23　某型号三极管共发射极电路输入特性曲线

从曲线中可以看出，这一输入特性曲线同二极管的伏-安特性曲线十分相似。

(3) 三极管输出特性曲线

如图 5-24 所示是某型号三极管共发射极电路的输出特性曲线。

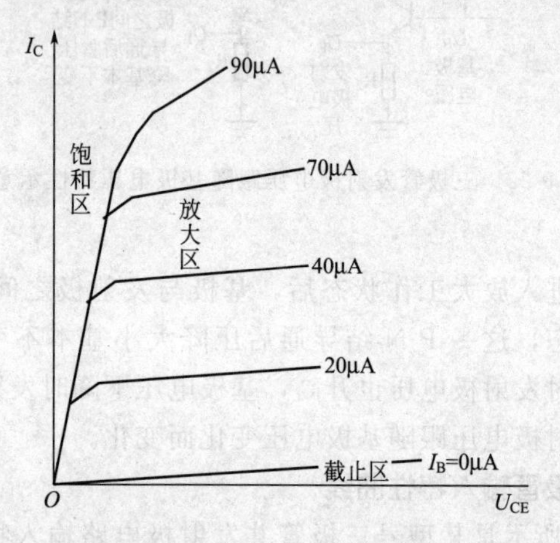

图 5-24 某型号三极管共发射极电路的输出特性曲线

三极管的输出特性表示的是在基极电流大小一定时，输出电压 U_{CE}与输出电流 I_C之间的关系。图中，X 轴为 U_{CE}的大小，Y 轴为 I_C的大小。从这一图中还可以看出三极管的截止区、放大区、饱和区。不同型号三极管有不同的输出特性曲线。

(4) 三极管输入电流回路和输出电流回路

三极管的 3 根引脚构成双口电路，3 根引脚中有一根引脚共用。图 5-25 所示是三极管输入电流回路和输出电流回路示意图。

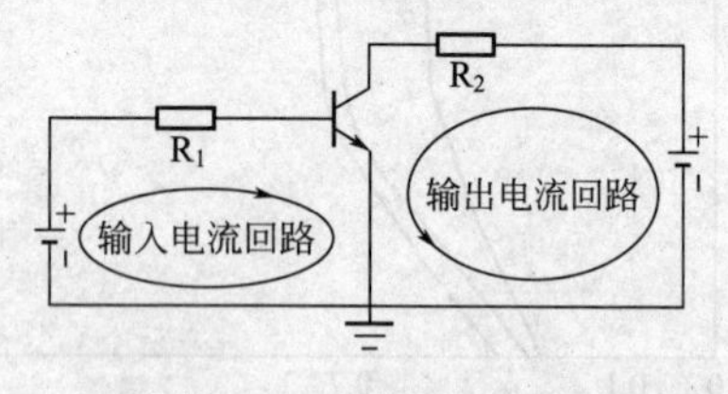

图 5-25 三极管输入电流回路和输出电流回路示意图

在分析三极管电路工作原理时，部分初学者会进入一个误区，就是什么分析都进行电流回路的分析，例如分析三极管放大器信号传输过程时，也要分析三极管的输入电流回路和输出电流回路，但实际上这个分析过程并不是必须的。

5.3 三极管电路分析方法

三极管有静态和动态两种工作状态。未加信号时三极管的直流工作状态称为静态，此时各电极电流称为静态电流。给三极管加入交流信号之后的工作电流称为动态工作电流，这时三极管是交流工作状态，即动态。

特别提醒

不学习电路分析，就没法知道三极管到底将信号放大了多少，所以再困难也要学习啊！

一个完整的三极管电路分析有 4 步：直流电路分析、交流电路分析、元器件作用分析和修理识图。

5.3.1 三极管直流电路分析方法

图 5-26 所示是放大器直流电路分析示意图。对于一个单级放大器而言，其直流电路分析主要是图中所示的 3 个部分。

在分析三极管直流电路时，由于电路中的电容具有隔直流特性，所以可以将它们看成开路，这样这一电路就可以画成如图 5-27所示的直流等效电路，用这一电路进行直流电路分析相当简便。

5.3.2 三极管交流电路分析方法

交流电路分析主要是交流信号的传输路线分析，即信号从哪里输入到放大器中，信号在这级放大器中具体经过了哪些元器

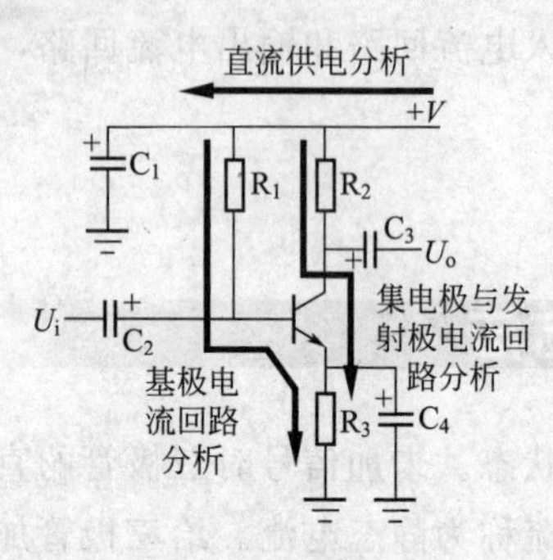

图 5-26 放大器直流电路分析示意图

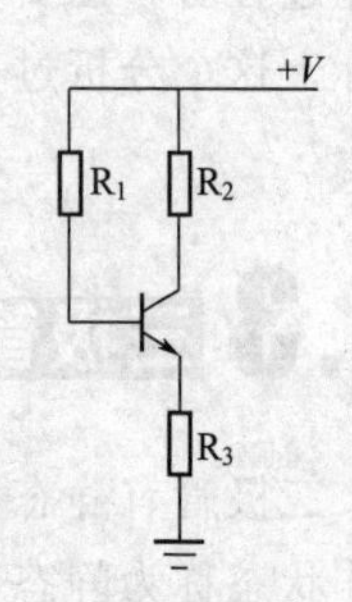

图 5-27 直流等效电路

件，信号最终从哪里输出等。图 5-28 所示是交流信号传输分析示意图。

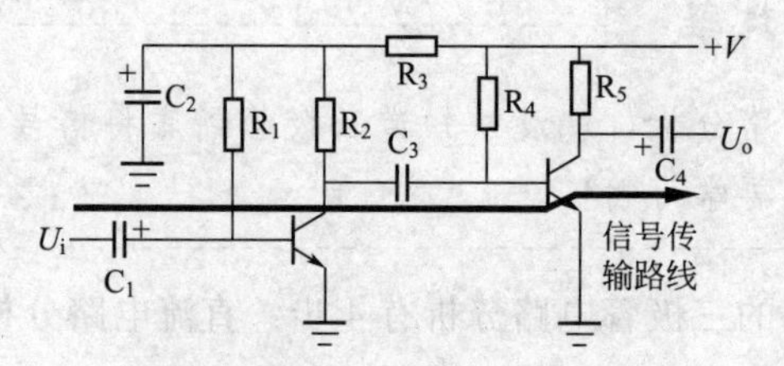

图 5-28 交流信号传输分析示意图

分析信号在传输过程中经过了哪些处理环节，如信号在哪个环节放大，在哪个环节受到衰减，哪个环节不放大也不衰减，信号是否受到了补偿等。这一电路中的信号经过了 C_1、VT_1、C_3、VT_2 和 C_4。其中 C_1、C_3 和 C_4 是耦合电容，对信号没有放大和衰减作用，只是起着将信号传输到下级电路中的耦合作用；VT_1 和 VT_2 对信号起了放大作用。

5.3.3 元器件作用分析方法

① 元器件的特性是电路分析的关键。分析电路中元器件的作用时，应依据该元器件的主要特性来进行。例如，耦合电容器让交流信号无损耗地通过，同时隔断直流通路，这一分析的理论根据是电容器的隔直通交特性。

② 元器件在电路中的具体作用分析。电路中的每个元器件都有它的特定作用，通常一个元器件起一种特定的作用，当然也有一个元器件在电路中起两个作用的。在电路分析中要求搞懂每一个元器件在电路中的具体作用。

③ 元器件作用简化分析方法。对元器件作用的分析可以进行简化，掌握了元器件在电路中的作用后，不必每次对各个元器件都进行详细分析。例如，掌握耦合电容的作用之后，不必对每一个耦合电容都进行分析，只要分析电路中哪只是耦合电容即可。图5-29所示是耦合电容示意图。

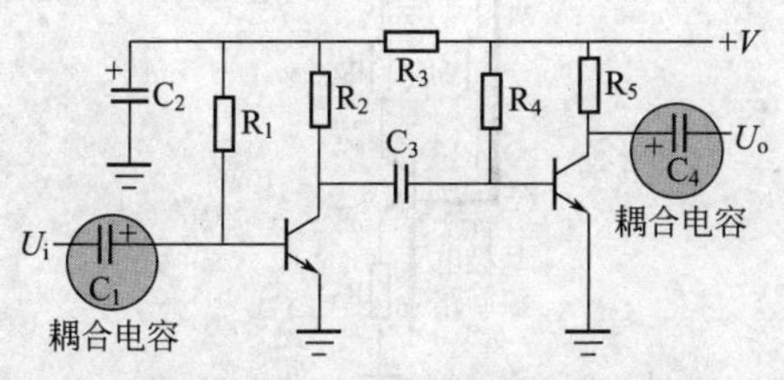

图 5-29　耦合电容示意图

5.3.4 三极管基极偏置电路分析方法

三极管基极偏置电路分析最为困难，掌握一些电路分析方法可以方便基极偏置电路的分析。

① 电路分析的第一步是在电路中找出三极管的电路图形符号，如图 5-30 所示。然后在三极管电路图形符号中找出基极。

② 从基极出发，将基极与电源端（$+V$ 端或 $-V$ 端）相连的所有元件找出来，如电路中的 R_1；再将基极与地线端相连的所元件找出来，如电路中的 R_2（见图 5-31）这些元件构成基极偏置电路的主体电路。

③ 确定偏置电路中的元件后，进行基极电流回路的分析，如图 5-32 所示。基极电流回路是：直流工作电压 $+V$→偏置电阻 R_1→VT_1 基极→VT_1 发射极→VT_1 发射极电阻 R_3→地。

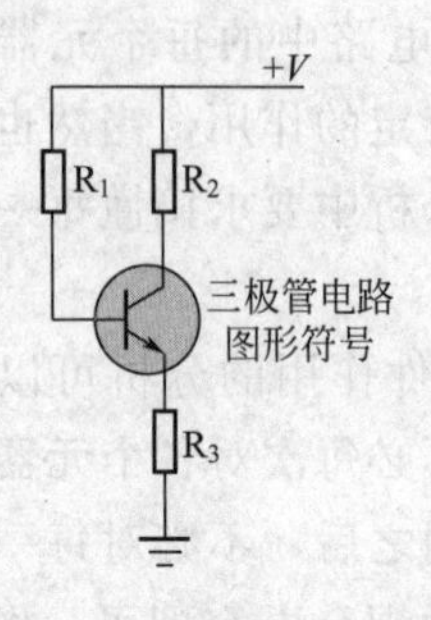

图 5-30　分析第一步示意图

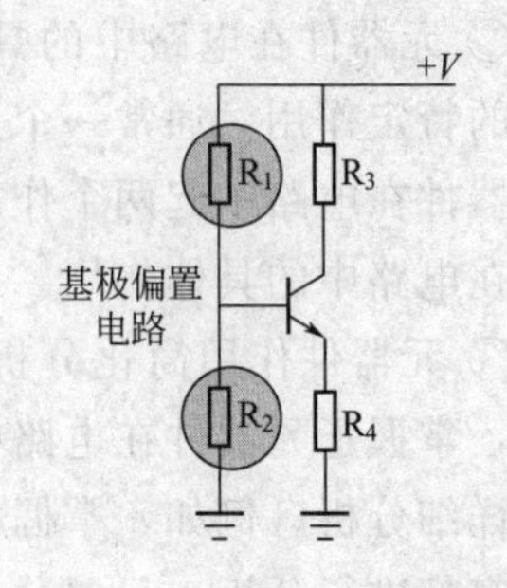

图 5-31　分析第二步示意图

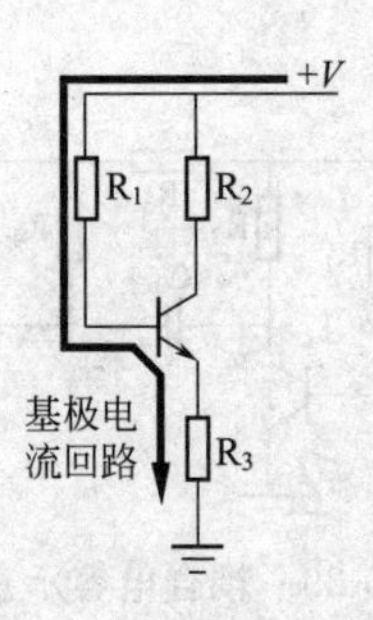

图 5-32　分析第三步示意图

5.4 三大类三极管偏置电路

特别提醒

偏置电路是可以让三极管工作在放大区的重要电路

5.4.1 三极管固定式偏置电路

(1) 典型电路分析

图 5-33 所示是典型的固定式偏置电路。电路中的 VT_1 是 NPN 型三极管，采用正电源＋V 供电。在＋V 和电阻 R_1 的阻值确定后，

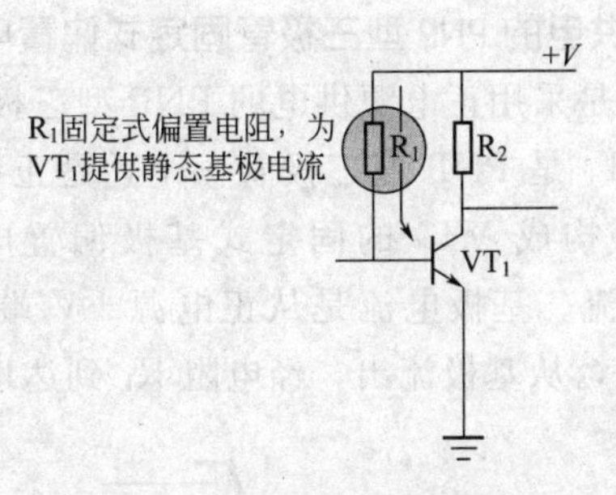

图 5-33　典型固定式偏置电路

流入三极管的基极电流就是固定的，所以 R_1 称为固定式偏置电阻。

从图中可以看出，$+V$ 产生的直流电流通过 R_1 流入三极管 VT_1 内部，其基极电流回路是：正电源 $+V$→固定式偏置电阻 R_1→三极管 VT_1 基极→VT_1 发射极→地。

(2) 负电源供电的 NPN 型三极管固定式偏置电路

图 5-34 所示是采用负电源供电的 NPN 型三极管固定式偏置电路。电路中的 VT_1 是 NPN 型三极管，$-V$ 是负电源，R_1 是基极偏置电阻，R_1 构成 VT_1 的固定式基极偏置电阻，R_1 可以为 VT_1 提供基极电流。基极电流从地线（也就是电源的正端）流出，经电阻 R_1 流入三极管 VT_1 基极。

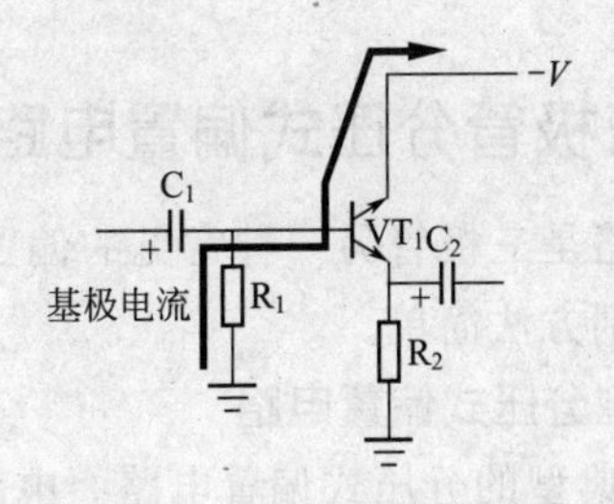

图 5-34　负电源供电 NPN 型三极管固定式偏置电路

对于采用负电源供电的 NPN 型三极管固定式偏置电路，偏置电阻 R_1 的电路特征是：R_1 的一端与三极管基极相连，另一端与地线相连。

(3) 正电源供电的 PNP 型三极管固定式偏置电路

图 5-35 所示是采用正电源供电的 PNP 型三极管固定式偏置电路。电路中的 VT_1 是 PNP 型三极管，$+V$ 是正电源端，R_1 是基极偏置电阻，R_1 构成 VT_1 的固定式基极偏置电路，R_1 可以为 VT_1 提供基极电流。基极电流是从正电源 $+V$ 端流经发射极，流入三极管 VT_1 内，从基极流出，经电阻 R_1 到达地的。

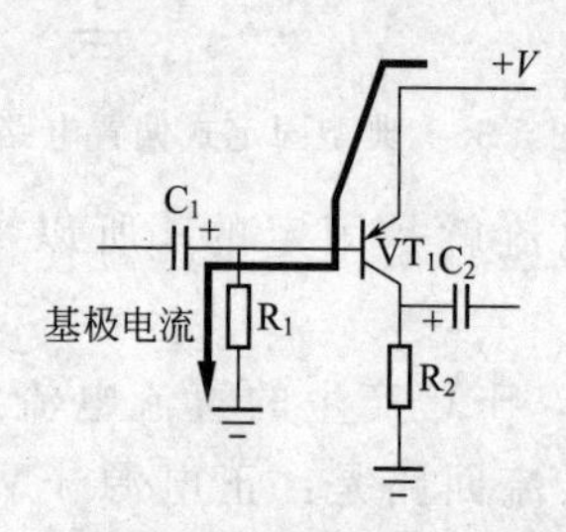

图 5-35 正电源供电的 PNP 型三极管固定式偏置电路

(4) 负电源供电的 PNP 型三极管固定式偏置电路

图 5-36 所示是采用负电源供电的 PNP 型三极管固定式偏置电路。电路中的 VT_1 是 PNP 型三极管，$-V$ 是负电源端，R_1 是基极偏置电阻，R_1 构成 VT_1 的固定式基极偏置电阻，R_1 可以为 VT_1 提供基极电流。基极电流是从地线流入，经发射极流入三极管 VT_1，再从基极流出，经电阻 R_1 到达电源 $-V$ 端。

5.4.2 三极管分压式偏置电路

分压式偏置电路是三极管另一种常见的偏置电路。这种偏置电路的形式固定，识别方法简单。

(1) 三极管典型分压式偏置电路

图 5-37 所示是典型的分压式偏置电路。电路中的 VT_1 是 NPN 型三极管，采用正极性直流电压 $+V$ 供电。由于 R_1 和 R_2 这一分压电路为 VT_1 基极提供直流电压，所以将这一电路称为分压式偏置电路。

电阻 R_1 和 R_2 构成直流工作电压 $+V$ 的分压电路，分压电压

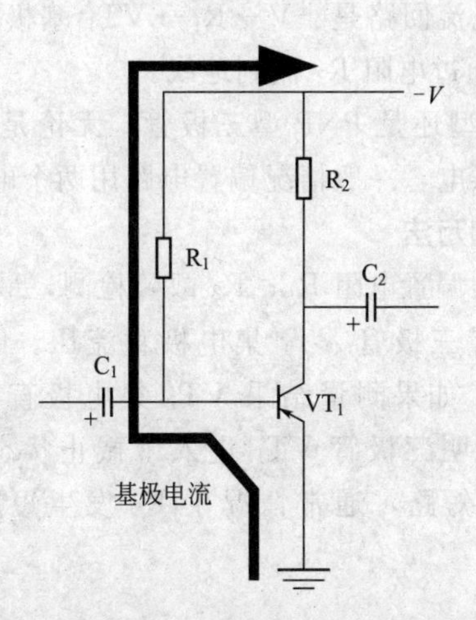

图 5-36 负电源供电的 PNP 型三极管固定式偏置电路

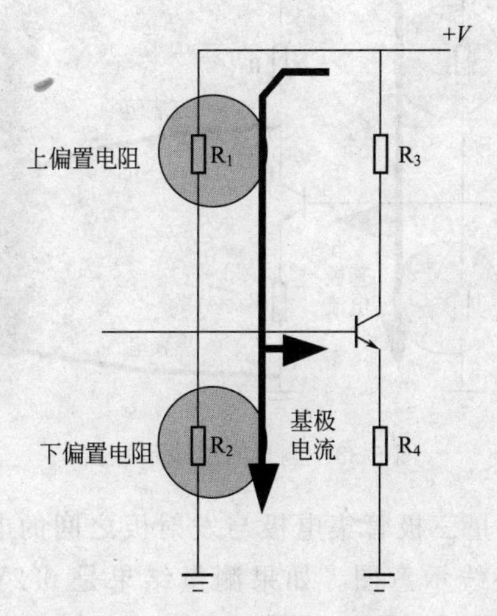

图 5-37 典型的分压式偏置电路

加到 VT_1 基极，建立 VT_1 基极直流偏置电压。电路中 VT_1 发射极通过电阻 R_4 接地，基极电压高于地的电压，所以基极电压高于发射极电压，发射结处于正向偏置状态。

流过 R_1 的电流分成两路：一路流入基极作为三极管 VT_1 的基

极电流，其基极电流回路是$+V\rightarrow R_1\rightarrow VT_1$基极$\rightarrow VT_1$发射极$\rightarrow R_4\rightarrow$地；另一路通过电阻$R_2$流到地线。

无论是NPN型还是PNP型三极管，无论是采用正极性电源还是负极性电源供电，一般情况偏置电路用两个电阻构成。

(2) 故障检测方法

对于电路中的偏置电阻R_1、R_2故障检测，最好的方法如下。

第一步，测量三极管VT_1集电极直流压。图5-38所示是测量时接线示意图。如果测量结果VT_1集电极直流电压等于直流工作电压$+V$，说明三极管VT_1进入了截止状态，可能是R_1开路，也可能是R_2短路，通常情况下R_2发生短路情况的可能性很小。

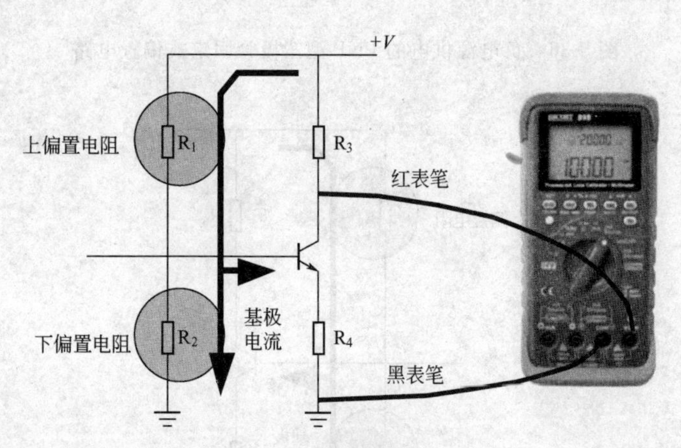

图5-38　测量时接线示意图

第二步，测量三极管集电极与发射极之间的电压降。图5-39所示是测量时接线示意图。如果测量结果是0.2V，说明三极管VT_1进入了饱和状态，很可能是R_2开路，或是R_1短路，但是R_1短路的可能性较小。

(3) 正极性电源供电PNP型三极管分压式偏置电路

图5-40所示是采用正极性电源供电的PNP型三极管分压式偏置电路。电路中的VT_1是PNP型三极管，$+V$是正极性直流工作

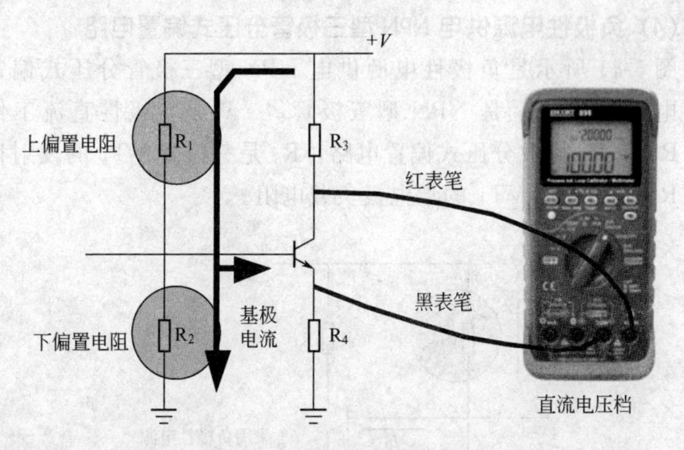

图 5-39 测量时接线示意图

电压，R_1 和 R_2 构成分压式偏置电路，R_3 是三极管 VT_1 的发射极电阻，R_4 是三极管 VT_1 的集电极负载电阻。

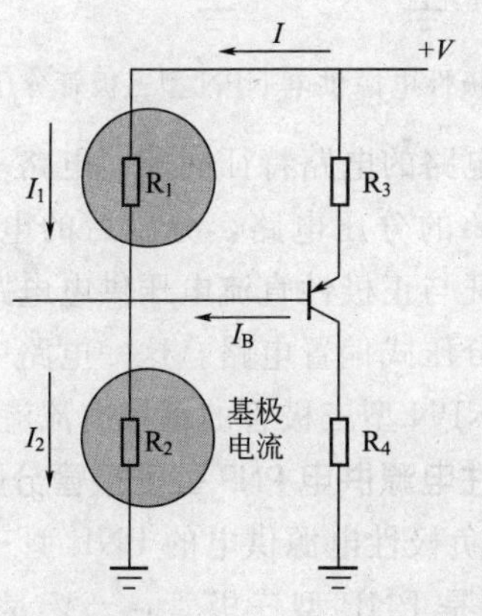

图 5-40 正极性电源供电的 PNP 型三极管分压式偏置电路

在采用正极性电源供电的 PNP 型三极管电路中，往往习惯于将三极管的发射极画在上面，如图 5-40 中所示那样。

采用正极性电源供电的 PNP 型三极管分压式偏置电路，其特征与采用正极性电源供电的 NPN 型三极管分压式偏置电路的特征一样。

(4) 负极性电源供电 NPN 型三极管分压式偏置电路

图 5-41 所示是负极性电源供电 NPN 型三极管分压式偏置电路。电路中的 VT_1 是 NPN 型三极管，$-V$ 是负极性直流工作电压，R_1 和 R_2 构成分压式偏置电路，R_3 是三极管 VT_1 的发射极电阻，R_4 是三极管 VT_1 的集电极负载电阻。

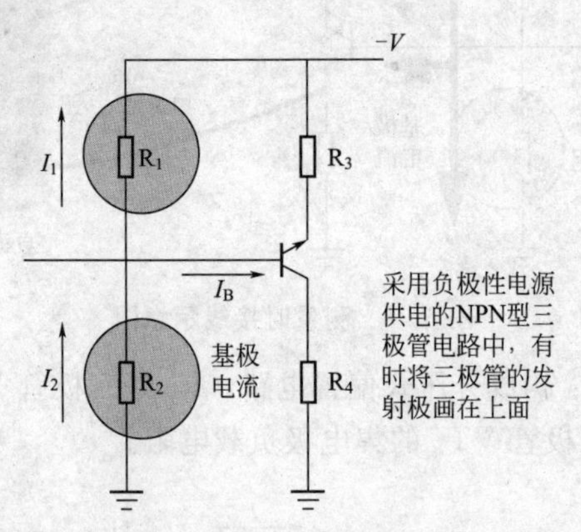

图 5-41　负极性电源供电 NPN 型三极管分压式偏置电路

该分压式偏置电路的电路特征同前面电路一样，R_1 和 R_2 构成对直流工作电压$-V$ 的分压电路，分压后的电压加到三极管 VT_1 基极，这一电路特征与正极性直流电压供电电路一样，所以电路分析中很容易确定是分压式偏置电路。这一电路中，各电流之间的关系是 $I_2=I_1+I_B$，NPN 型三极管的基极电流流向管内。

(5) 采用负极性电源供电 PNP 型三极管分压式偏置电路

图 5-42 所示是负极性电源供电的 PNP 型三极管分压式偏置电路。电路中的 VT_1 是 PNP 型三极管，$-V$ 是负极性直流工作电压，R_1 和 R_2 构成分压式偏置电路，R_3 是三极管 VT_1 的集电极负载电阻，R_4 是三极管 VT_1 的发射极电阻。电路中，各电流之间的关系是 $I_2=I_1+I_B$，PNP 型三极管的基极电流是从管内流出的。

各种分压式偏置电路的电路特征基本一样，所以分压式电路在各种极性电源、各种极性三极管电路中的电路特征是相同的，这对识别电路中的分压式偏置电路十分有利，比固定式偏置电路更为

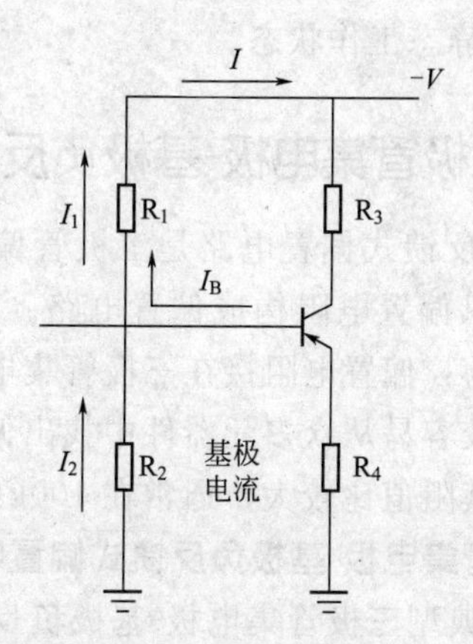

图 5-42　负极性电源供电的 PNP 型三极管分压式偏置电路

容易。

(6) 分压式偏置电路变形电路

图 5-43 所示是一种分压式偏置电路的变形电路。电路中的 RP_1 是可变电阻器，R_1、RP_1 和 R_2 构成三极管 VT_1 的分压式偏置电路。R_1 和 RP_1 串联后作为上偏置电阻，由于 RP_1 的阻值可以进行微调，所以这一电路中上偏置电阻的阻值可以方便地调整。

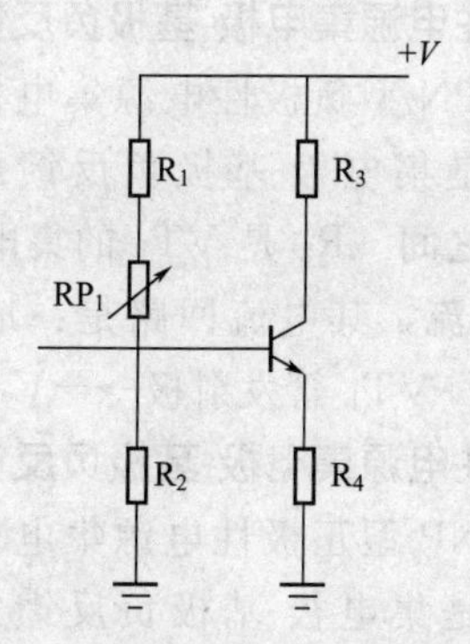

图 5-43　一种分压式偏置电路的变形电路

串联可变电阻器 RP_1 的目的是进行上偏置电阻的阻值调整，其目的是进行三极管 VT_1 的基极直流偏置电流的调整，从而可以

调整三极管 VT_1 的静态工作状态。

5.4.3 三极管集电极-基极负反馈式偏置电路

集电极-基极负反馈式偏置电路是三极管偏置电路中用得最多的一种，它只用一只偏置电阻构成偏置电路。集电极-基极负反馈式偏置电路的特征为：偏置电阻接在三极管集电极与基极之间，根据这一电路特征比较容易从众多元器件中找出偏置电阻。这一偏置电路中的偏置电阻其阻值比较大，通常在100kΩ左右。

(1) 典型三极管集电极-基极负反馈式偏置电路

图5-44所示是典型三极管集电极-基极负反馈式偏置电路。电路中的 VT_1 是NPN型三极管，采用正极性直流电源 $+V$ 供电，R_1 是集电极一基极负反馈式偏置电阻。

电阻 R_1 接在 VT_1 管集电极与基极之间，这是偏置电阻，R_1 为 VT_1 管提供了基极电流回路，其基极电流回路是：直流工作电压 $+V$ 端→R_2→VT_1 管集电极→R_1→VT_1 管基极→VT_1 管发射极→地。这一回路中有电源 $+V$，所以能有基极电流。

由于 R_1 接在集电极与基极之间，并且 R_1 具有负反馈的作用，因此该电路称为集电极-基极负反馈式偏置电路。

(2) NPN型负极性电源集电极-基极负反馈式偏置电路

图5-45所示是NPN型负极性电源集电极-基极负反馈式偏置电路。电路中的 R_1 是集电极-基极负反馈式偏置电阻，它接在 VT_1 管集电极与基极之间。R_2 是 VT_1 的集电极负载电阻。

电流 I_B 是基极电流，其电流回路是：地→R_2→VT_1 管集电极→R_1→VT_1 管基极→VT_1 管发射极→$-V$ 端。

(3) PNP型正极性电源集电极-基极负反馈式偏置电路

图5-46所示是PNP型正极性电源集电极-基极负反馈式偏置电路。电路中的 R_1 是集电极-基极负反馈式偏置电阻，它接在 VT_1 管集电极与基极之间。R_2 是 VT_1 管集电极负载电阻。

基极电流 I_B 的电流回路是：$+V$ 端→VT_1 管发射极→VT_1 管基极→R_1→VT_1 管集电极→R_2→地。

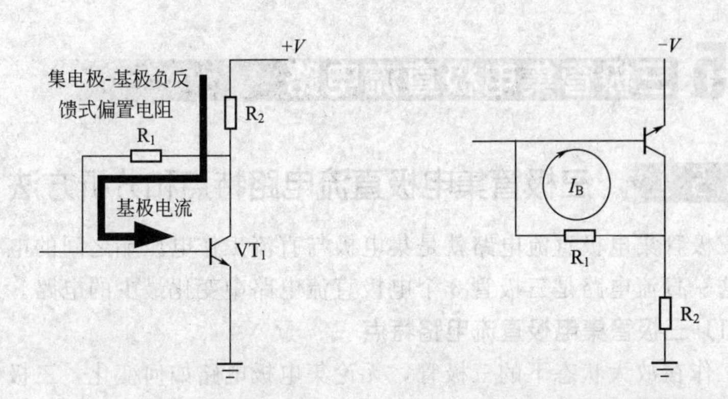

图 5-44 典型三极管集电极-基极负反馈式偏置电路

图 5-45 NPN 型负极性电源集电极-基极负反馈式偏置电路

(4) PNP 型负极性电源集电极-基极负反馈式偏置电路

图 5-47 所示是 PNP 型负极性电源集电极-基极负反馈式偏置电路。电路中的 R_1 是集电极-基极负反馈式偏置电阻，它接在 VT_1 管集电极与基极之间。R_2 是 VT_1 管集电极负载电阻。

电流是 I_B基极电流，其电流回路是：地→VT_1 管发射极→VT_1 管基极→R_1→VT_1 管集电极→集电极负载电阻 R_2→$-V$ 端。

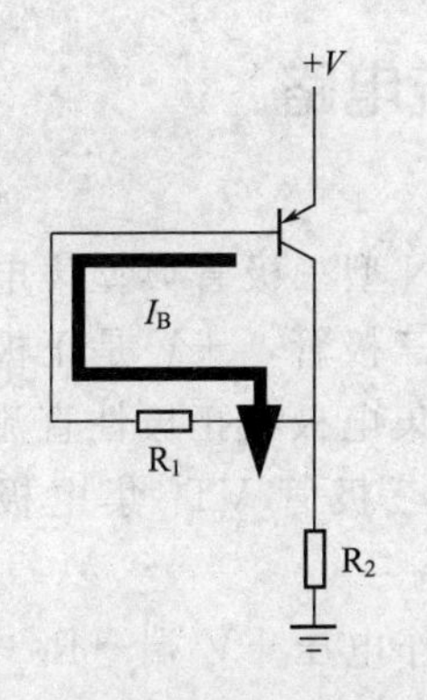

图 5-46 PNP 型正极性电源集电极-基极负反馈式偏置电路

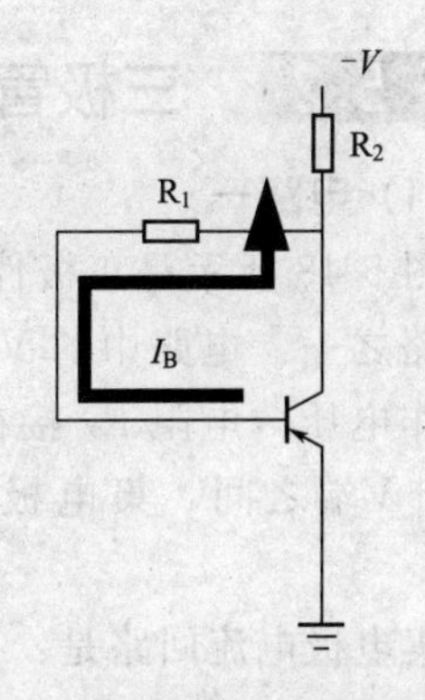

图 5-47 PNP 型负极性电源集电极-基极负反馈式偏置电路

5.5 三极管集电极直流电路

5.5.1 三极管集电极直流电路特点和分析方法

三极管集电极直流电路就是集电极与直流工作电压端之间的电路，这一直流电路是三极管 3 个电极直流电路中变化最少的电路。

(1) 三极管集电极直流电路特点

工作在放大状态下的三极管，无论集电极电路如何变化，三极管的集电极必须与直流工作电压端或地线之间形成直流回路，构成集电极的直流通路。只要是能够构成集电极直流电流回路的元器件都可以是集电极直流电路中的元器件。

(2) 电路分析方法

分析这一直流电路时，首先在电路中找到三极管电路图形符号，然后找到三极管的集电极，从集电极出发向直流电压端或是地线端查找元器件，这些元器件中的电阻器或是电感器、变压器很可能是构成集电极直流电路的元器件，特别是电阻器。电容器可以不去考虑，因为电容器具有隔直流电流的特性，它不能构成直流电路。

5.5.2 三极管集电极直流电路

(1) 电路一

图 5-48 所示是正极性电源供电 NPN 型三极管典型集电极直流电路之一。电路中的 VT_1 是 NPN 型三极管，$+V$ 是正极性直流工作电压，电阻 R_2 接在三极管 VT_1 集电极与正极性直流工作电压$+V$端之间，集电极电阻 R_2 构成三极管 VT_1 集电极电流回路。

集电极电流回路是：正极性直流工作电压$+V$ 端→R_2→VT_1集电极→VT_1 发射极→L_1→地。

三极管集电极直流电流回路是从电源端经过三极管集电极、

发射极到地线，再由电源内电路（电路中未画出）构成的闭合回路。

(2) 电路二

图 5-49 所示是正极性电源供电 NPN 型三极管典型集电极直流电路之二。当三极管接成共集电极放大器时，三极管的集电极将直接接在直流工作电压＋V 端，而没有集电极负载电阻，此时必须在三极管 VT_1 的发射极接上发射极电阻 R_2。

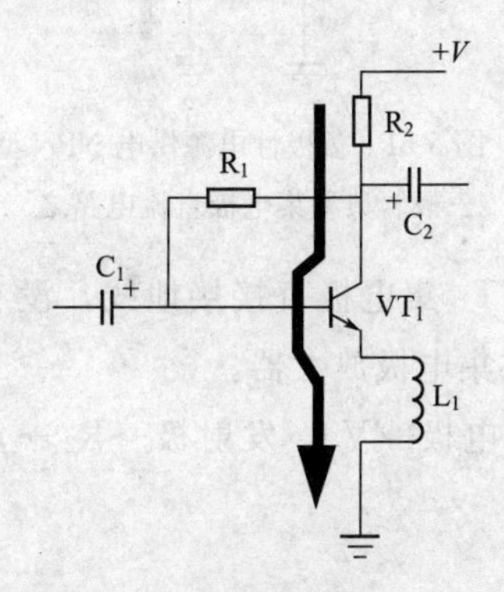

图 5-48 正极性电源供电 NPN 型三极管典型集电极直流电路之一

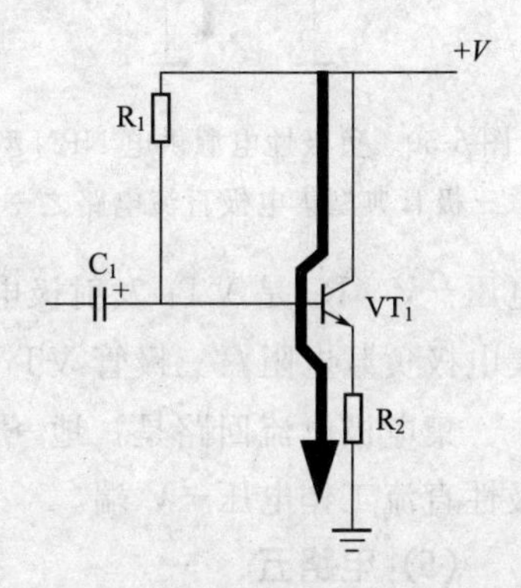

图 5-49 正极性电源供电 NPN 型三极管典型集电极直流电路之二

集电极电流回路是：正极性直流工作电压＋V 端→VT_1 集电极→VT_1 发射极→R_2→地。

(3) 电路三

图 5-50 所示是负极性电源供电 NPN 型三极管典型集电极直流电路之一。电路中的 VT_1 是 NPN 型三极管，－V 是负极性直流工作电压，电阻 R_4 接在三极管 VT_1 集电极与地线之间，这样构成三极管 VT_1 集电极电流回路。

集电极电流回路是：地→R_4→VT_1 集电极→VT_1 发射极→R_3→负极性直流工作电压－V 端。

(4) 电路四

图 5-51 所示是负极性电源供电 NPN 型三极管典型集电极直流电路之二。电路中的 VT_1 是 NPN 型三极管，采用负极性直流工作

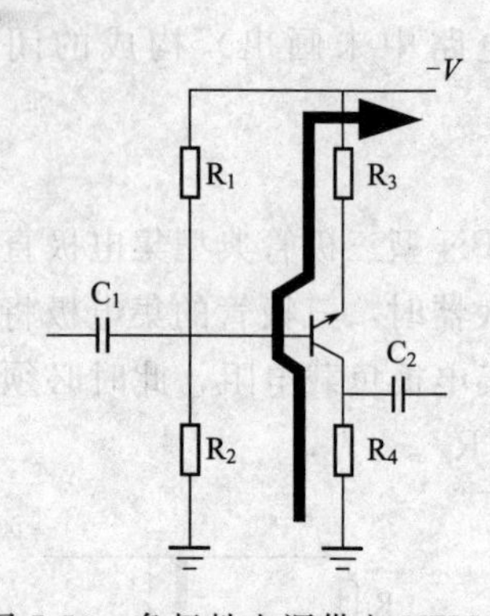

图 5-50　负极性电源供电 NPN 型三极管典型集电极直流电路之一

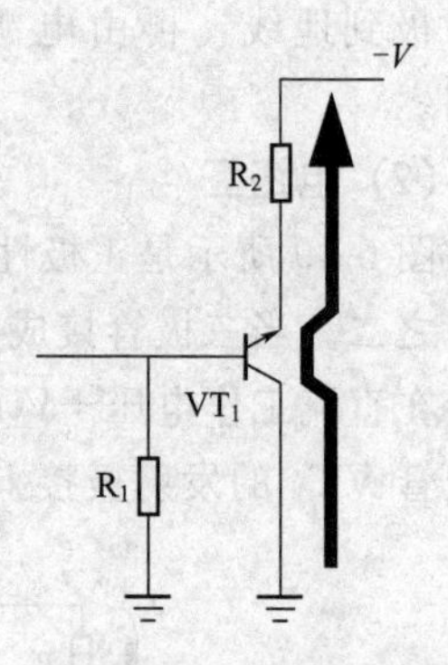

图 5-51　负极性电源供电 NPN 型三极管典型集电极直流电路之二

电压$-V$，R_2 是 VT_1 发射极电阻。VT_1 集电极直接接地线，没有集电极负载电阻，三极管 VT_1 构成共集电极放大器。

集电极电流回路是：地→VT_1 集电极→VT_1 发射极→R_2→负极性直流工作电压$-V$ 端。

（5）电路五

图 5-52 所示是正极性电源供电 PNP 型三极管集电极直流电路。电路中的 VT_1 是 PNP 型三极管，$+V$ 是正极性直流工作电压，电阻 R_4 接在三极管 VT_1 集电极与地线之间，集电极电阻 R_4 构成三极管 VT_1 集电极电流回路。

集电极电流回路是：正极性直流工作电压$+V$ 端→R_3→VT_1 发射极→VT_1 集电极→R_4→地。

（6）电路六

图 5-53 所示是负极性电源供电 PNP 型三极管集电极直流电路。电路中的 VT_1 是 PNP 型三极管，$-V$ 是负极性直流工作电压，电阻 R_3 接在三极管 VT_1 集电极与负极性直流工作电压$-V$ 端之间，这样构成三极管 VT_1 集电极电流回路。

集电极电流回路是：地→R_4→VT_1 发射极→VT_1 集电极→R_3→负极性直流工作电压$-V$ 端。

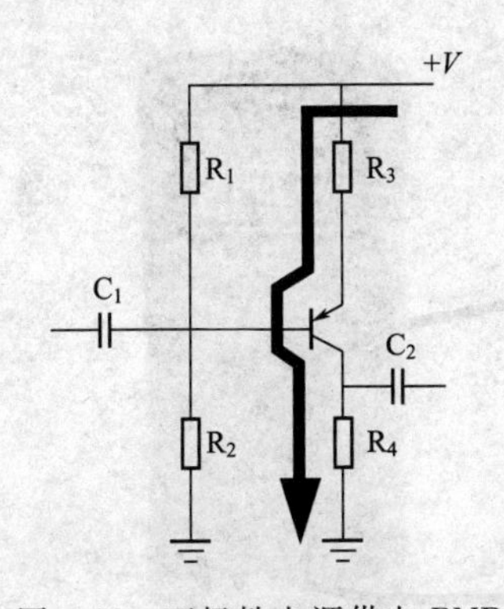

图 5-52 正极性电源供电 PNP 型三极管集电极直流电路

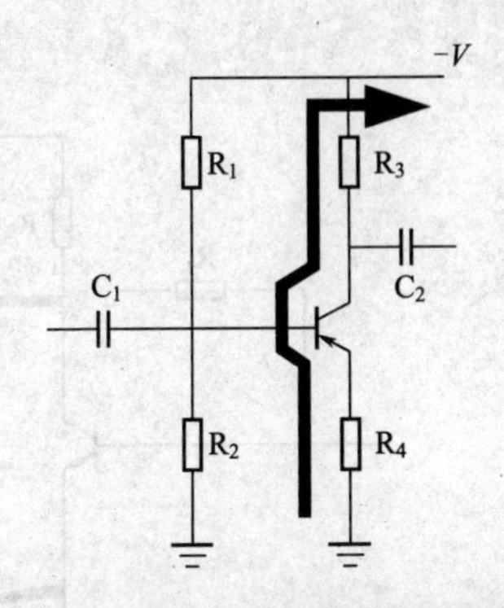

图 5-53 负极性电源供电 PNP 型三极管集电极直流电路

5.5.3 三极管集电极直流电路故障检测方法

这里以图 5-54 所示的典型集电极直流电路为例，讲解其故障检测方法和电路故障分析。

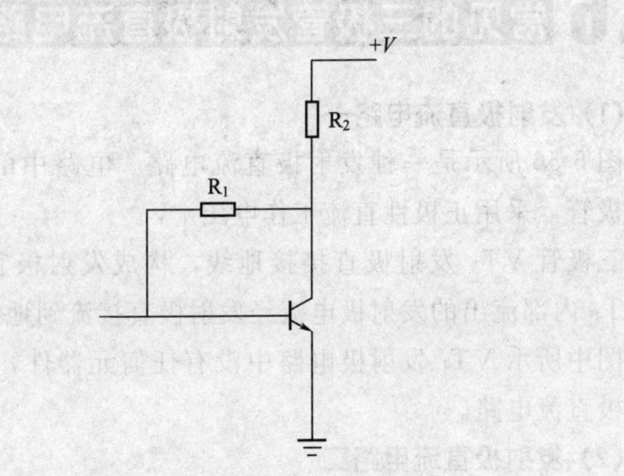

图 5-54 典型集电极直流电路

检测这一集电极直流电路（电阻 R_2 构成）最有效和方便的方法是测量三极管直流电压，如图 5-55 所示是测量时接线示意图。如果测量结果 VT_1 集电极直流电压等于 0V，说明 R_2 开路；如果测量结果 VT_1 集电极直流电压等于直流工作电压＋

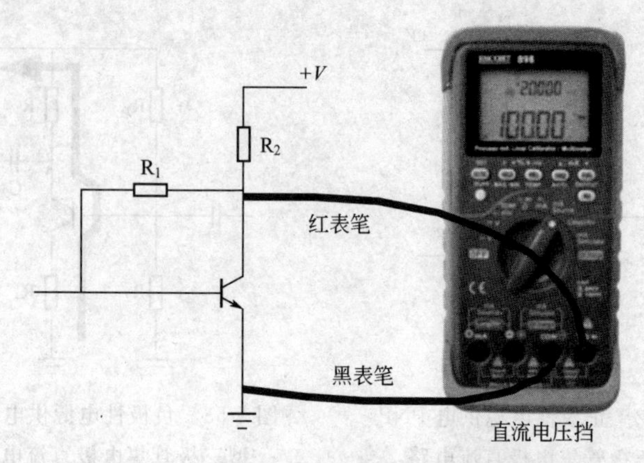

图 5-55 测量三极管直流电压接线示意图

V，说明 R_2 短路。

5.6 常见的三极管发射极直流电路

(1) 发射极直流电路一

图 5-56 所示是一种发射极直流电路。电路中的 VT_1 是 NPN 型三极管，采用正极性直流工作电压 $+V$。

三极管 VT_1 发射极直接接地线，构成发射极直流电流回路，从 VT_1 内部流出的发射极电流经发射极直接流到地线。

图中所示 VT_1 发射极电路中没有任何元器件，这是最简单的发射极直流电路。

(2) 发射极直流电路二

图 5-57 所示是另一种发射极直流电路。电路中的 VT_1 是 NPN 型三极管，采用负极性直流工作电压 $-V$。

三极管 VT_1 发射极直接接在负极性直流工作电压 $-V$ 端，构成发射极直流电流回路，从 VT_1 内部流出的发射极电流经发射极直接流到 $-V$ 端。

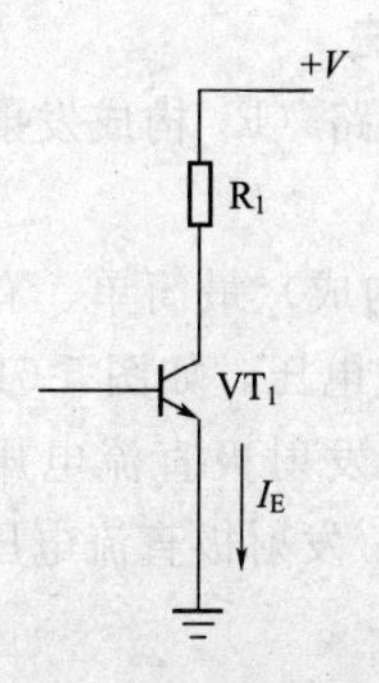

图 5-56 发射极直流电路之一

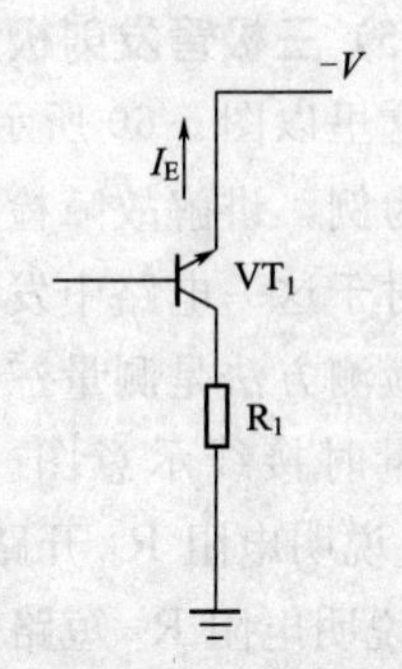

图 5-57 发射极直流电路之二

(3) 发射极直流电路三

图 5-58 所示也是一种发射极直流电路。电路中的 VT_1 是 PNP 型三极管，采用正极性直流工作电压$+V$。

三极管 VT_1 发射极通过电阻 R_1 接直流工作电压$+V$ 端，电阻 R_1 构成了发射极直流电流回路。从直流工作电压$+V$ 端流出的直流电流，经过 R_1，从 VT_1 发射极流入 VT_1 内。

(4) 发射极直流电路四

图 5-59 所示是另一种发射极直流电路。电路中的 VT_1 是 PNP 型三极管，采用负极性直流工作电压$-V$。

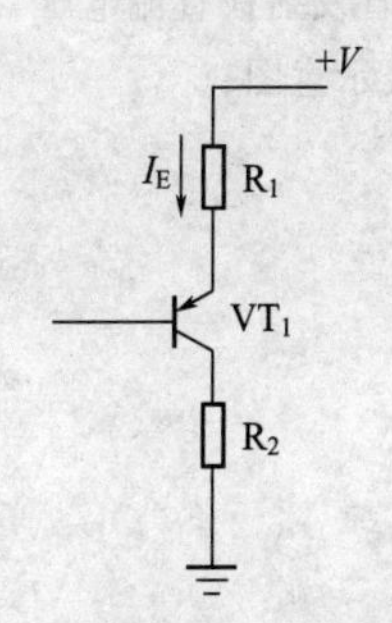

图 5-58 发射极直流电路之三

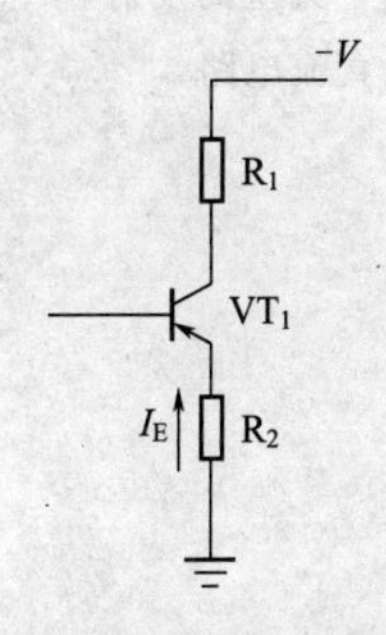

图 5-59 发射极直流电路之四

三极管 VT_1 发射极通过电阻 R_2 接地，电阻 R_2 构成了 VT_1 发射极直流电流回路。VT_1 发射极电流回路是：从地线端流入 R_2 的直流电流通过 R_2，由 VT_1 发射极流入 VT_1 内部。

(5) 三极管发射极直流电路故障检测方法

这里以图 5-60 所示典型的发射极直流电路（R_2 构成发射极电路）为例，讲解故障检测方法。

对于这一电路中发射极直流电压（R_2 构成）最简单、有效的故障检测方法是测量三极管 VT_1 发射极直流电压，如图 5-61 所示是测量时接线示意图。如果测量结果 VT_1 发射极直流电压等于 $+V$，说明电阻 R_2 开路；如果测量结果 VT_1 发射极直流电压等于 0V，说明电阻 R_2 短路。

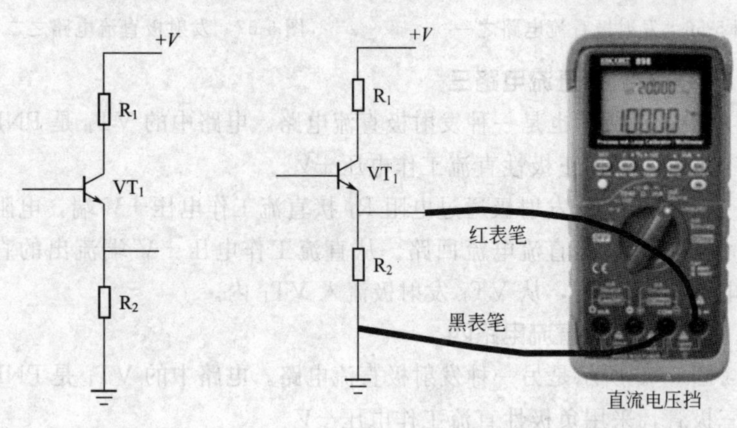

图 5-60　典型的发射极直流电路

图 5-61　测量三极管发射极直流电压时的接线示意图

第6章 晶闸管

晶闸管，英文为 Thyristor，全称为晶体闸流管，又可称作可控硅整流器，以前被简称为可控硅。晶闸管是 PNPN 四层半导体结构，具有硅整流器件的特性，能在高电压、大电流条件下工作，且其工作过程可以控制、被广泛应用于可控整流、交流调压、无触点电子开关、逆变及变频等电子电路中。本章主要给大家介绍与晶闸管相关的知识。

【本章内容提要】

- 晶闸管的基础知识及工作原理
- 单向晶闸管特性、参数项和分类
- 晶闸管的应用常识
- 晶闸管的基本工作电路

6.1 晶闸管的基础知识及工作原理

6.1.1 晶闸管的基础知识

(1) 晶闸管的结构

晶闸管是一种以硅单晶为基本材料的 PNPN 四层三端器件，

创制于1957年，由于它特性类似于真空闸流管，所以国际上通称为硅晶体闸流管，简称晶闸管T。又由于晶闸管最初应用于可控整流方面，所以又称为硅可控整流元件，简称为可控硅SCR。

在性能上，晶闸管不仅具有单向导电性，而且还具有比硅整流元件（俗称“死硅”）更为可贵的可控性。它只有导通和关断两种状态。

不管晶闸管的外形如何，它们的管芯都是由P型硅和N型硅组成的四层P1N1P2N2结构，如图6-1所示。它有三个P-N结（J1、J2、J3），从J1结构的P1层引出阳极A，从N2层引出阴极K，从P2层引出控制极G，所以它是一种四层三端的半导体器件。

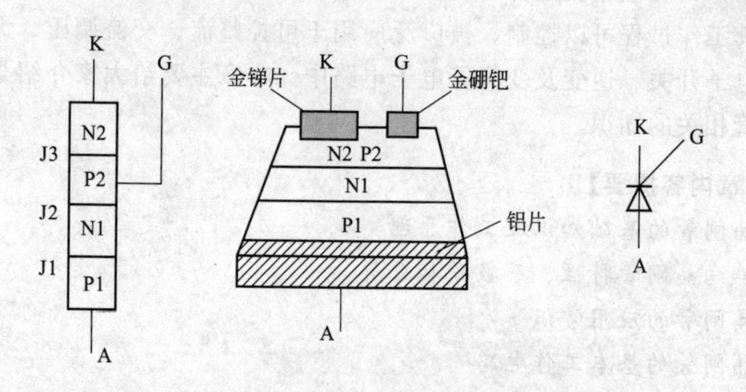

图6-1　结构示意图和符号图

（2）晶闸管的外形特征

晶闸管的外形特征有的与三极管比较相似，有的则有很大的不同，晶闸管的外形特征如图6-2所示。

（3）晶闸管的电路符号

晶闸管的电路符号都是在二极管的电路符号上增加其自己的特征符号的，具体的电路符号及说明见表6-1。

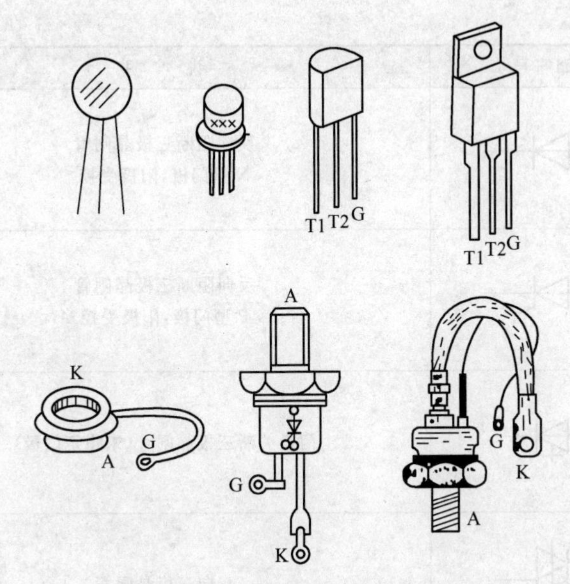

图 6-2 晶闸管的外形特征

表 6-1 晶闸管的电路符号及说明

电路符号	说　　明
	反向阻断二极晶闸管
	反向导通二极晶闸管
	双向二极晶闸管
	三极晶闸管

续表

电路符号	说　明
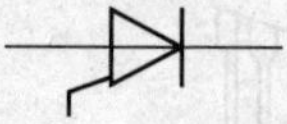	反向阻断三极晶闸管 N 型门极，阳极受控
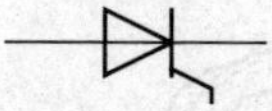	反向阻断三极晶闸管 P 型门极，阳极受控
	门极关断三极晶闸管(未指定门极)
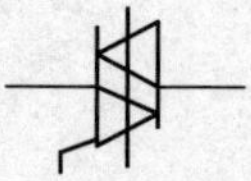	双向三极晶闸管
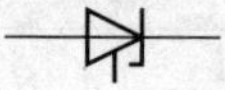	递导三极晶闸管(为指定门极)
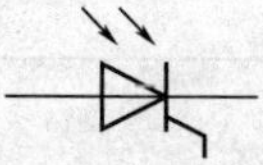	光控晶闸管

6.1.2 单向晶闸管的工作原理

晶闸管是 P1N1P2N2 四层三端结构元件，共有三个 P-N 结，分析原理时，可以把它看作由一个 PNP 管和一个 NPN 管所组成，其等效图解如图 6-3 所示

这种晶闸管一旦导通后，即使控制极 G 的电流消失了，晶闸管仍然能够维持导通状态，由于触发信号只起触发作用，没有关断

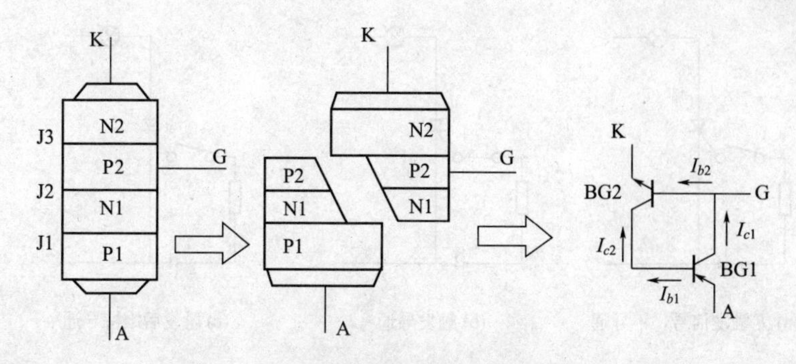

图 6-3 晶闸管等效图解图

功能，所以这种晶闸管是不可关断的。

由于晶闸管只有导通和关断两种工作状态，所以它具有开关特性，这种特性需要一定的条件才能转化，此条件见表 6-2。

表 6-2 晶闸管导通和关断条件

状态	条 件	说 明
从关断到导通	1. 阳极电位高于是阴极电位 2. 控制极有足够的正向电压和电流	两者缺一不可
维持导通	1. 阳极电位高于阴极电位 2. 阳极电流大于维持电流	两者缺一不可
从导通到关断	1. 阳极电位低于阴极电位 2. 阳极电流小于维持电流	任一条件即可

如果给阳极 A 加上反相电压，BG1 和 BG2 都不具备放大工作条件，即使有触发信号，晶闸管也无法工作而处于关断状态。同样，在没有输入触发信号或触发信号极性相反时，即使晶闸管加上正向电压，它也无法导通。上述的几种情况可参见图 6-4。

特别提醒

简单来说，可以认为晶闸管就是个开关。

总而言之，单向晶闸管具有可控开关的特性，但是这种控制作

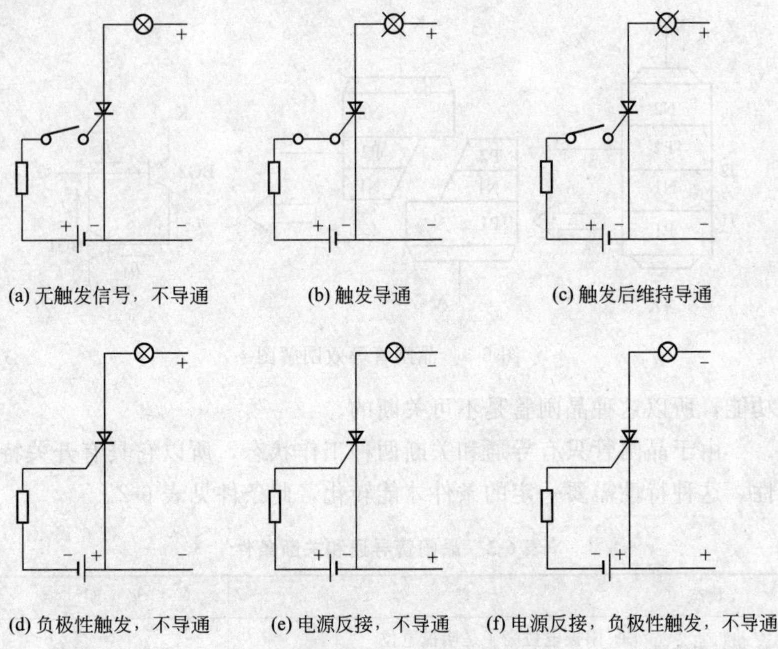

图 6-4　单向晶闸管的几种工作状态

用是触发控制，它与一般半导体三极管构成的开关电路的控制作用是不同的。

6.2 单向晶闸管特性、参数和分类

6.2.1 晶闸管的伏安特性

晶闸管的基本伏安特性如图 6-5 所示。

6.2.2 晶闸管的主要参数

为了正确地选择和使用晶闸管，必须了解它的主要参数。

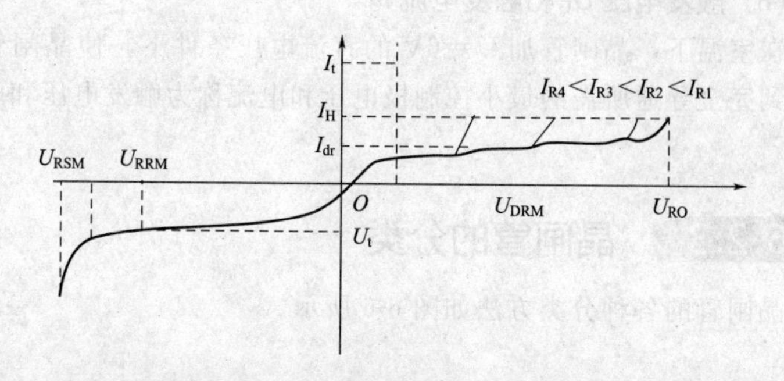

图 6-5 晶闸管基本伏安特性

（1）正向重复峰值电压 U_{FRM}

在控制极开路的情况下，允许重复作用在晶闸管上的最大正向电压称为正向重复峰值电压。按规定此电压为正向转折电压的 80%。

（2）反向重复峰值电压 U_{RRM}

在控制极开路的情况下，允许重复作用在晶闸管上的最大反向电压称为反向重复峰值电压。按规定此电压为反向转折电压的 80%。

（3）正向平均电流 I_F

在环境温度不大于 40℃和标准散热及全导通的条件下，晶闸管可以连续通过的工频正弦半波电流（在一个周期内）平均值，称为正向平均电流。

（4）维持电流 I_H

在规定的环境温度和控制极断路时，维持元件继续导通的最小电流称为维持电流。当晶闸管的正向电流小于这个电流时，晶闸管自动关断。

（5）正向转折电压 U_{BO}

在额定结温（100A 以上为 115℃；50A 以下为 100℃）和控制极断开条件下，晶闸管加半波正弦电压，当晶闸管由断开转为导通时所对应的电压峰值称为正向转折电压。

(6) 触发电压 U_G 和触发电流 I_G

在室温下，晶闸管加 $U=6V$ 的直流电压条件下，使晶闸管从关断到完全导通所需的最小控制极电压和电流称为触发电压和触发电流。

6.2.3 晶闸管的分类

晶闸管的各种分类方法如图 6-6 所示。

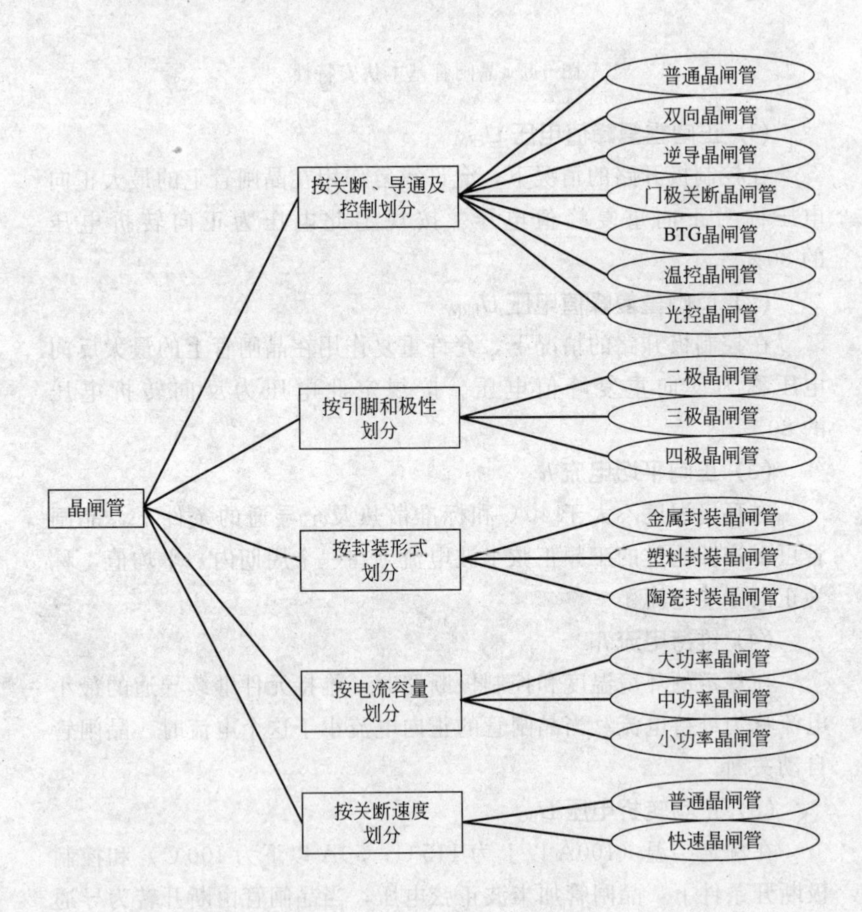

图 6-6 晶闸管的分类

6.3 晶闸管的应用常识

本节介绍的是应用中的注意事项

6.3.1 晶闸管的保护措施和防失控措施

(1) 过电压保护

晶闸管对过电压很敏感，当正向电压超过其正向重复峰值电压 U_{FRM}一定值时晶闸管就会误导通，引发电路故障；当外加反向电压超过其反向重复峰值电压 U_{RRM}一定值时，晶闸管就会立即损坏。因此，必须研究过电压的产生原因及抑制过电压的方法。

过电压产生的原因主要是供给的电功率或系统的储能发生了激烈的变化，使得系统来不及转换，或者系统中原来积聚的电磁能量来不及消散而造成的。主要发现为雷击等外来冲击引起的过电压和开关的开闭引起的冲击电压两种类型。由雷击或高压断路器动作等产生的过电压是几微秒至几毫秒的电压尖峰，对晶闸管是很危险的。

(2) 过电流保护

由于半导体器件体积小、热容量小，特别像晶闸管这类高电压大电流的功率器件，结温必须受到严格的控制，否则将彻底损坏。当晶闸管中流过大于额定值的电流时，热量来不及散发，使得结温迅速升高，最终将导致结层被烧坏。

产生过电流的原因是多种多样的，例如，变流装置本身晶闸管损坏，触发电路发生故障，控制系统发生故障等，以及交流电源电压过高、过低或缺相，负载过载或短路，相邻设备故障影响等。

晶闸管过电流保护方法最常用的是快速熔断器。由于普通熔断器的熔断特性动作太慢，在熔断器尚未熔断之前晶闸管已被烧坏；

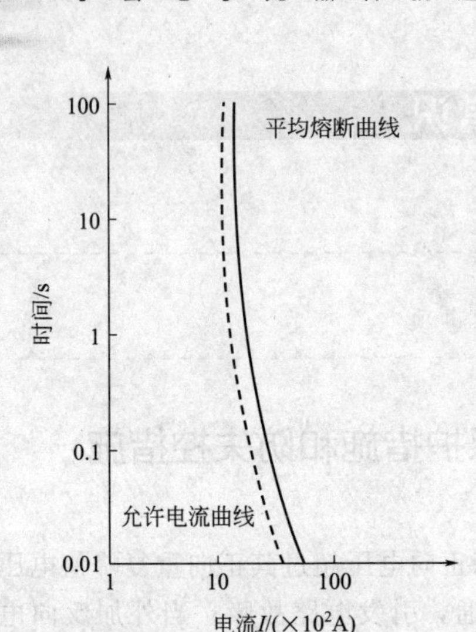

图 6-7　快速熔断器特性曲线

所以不能用来保护晶闸管。快速熔断器由银制熔丝埋于石英砂内，熔断时间极短，可以用来保护晶闸管。快速熔断器的性能主要有以下几项表征。

熔断特性：图 6-7 所示为日产 FA-F150C 型快速熔断器的特性曲线。一个周波过载能力有 6 倍，即快速熔断器在 6 倍额定电流时在一个周波内即可熔化。

使用中快速熔断器的几种不同的接法，如图 6-8 所示。其中图 6-8(a) 为快速熔断器与晶闸管相串联的接法；图 6-8 (b) 表示快速熔断器接在交流侧；图 6-8(c)表示快速熔断器接在直流侧，这种接法只能保护负载故障情况，当晶闸管本身短路时无法起到保护作用。

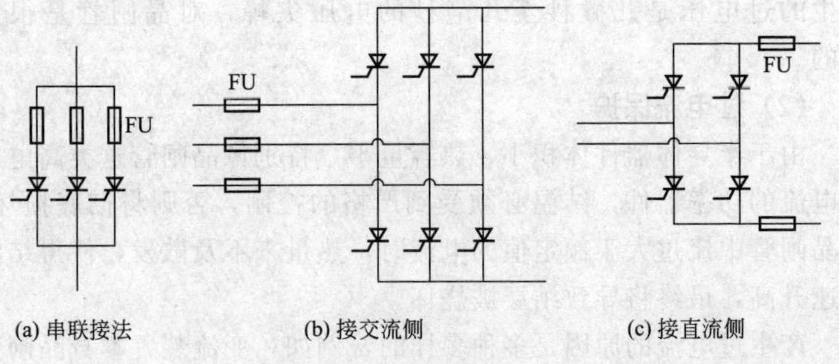

图 6-8　快速熔断器的几种不同的接法

除了快速熔断器外，还有其他的过流保护方法，如过电流继电器、过负荷继电器、直流快速断路器等。过电流继电器常和门极断开装置安装在一起，动作快，经 1～2ms 就可以使断路器跳闸，其信号由交流侧的电流互感器取得。当发生换相故障时有可能使断路器动作，而快速熔断器并不烧坏。过负荷继电器是热动型继电器，安装在交流侧进线端，用于进线晶闸管过负荷的热保护。直流快速熔断器，它应先于快速熔断器和晶闸管动作，以避免经常更换快速熔断器，从而降低运行费用。

(3) 晶闸管带感性负载时的防失控措施

电感性负载可以使用电感 L 和电阻 R 串联表示，如图 6-9 所示。

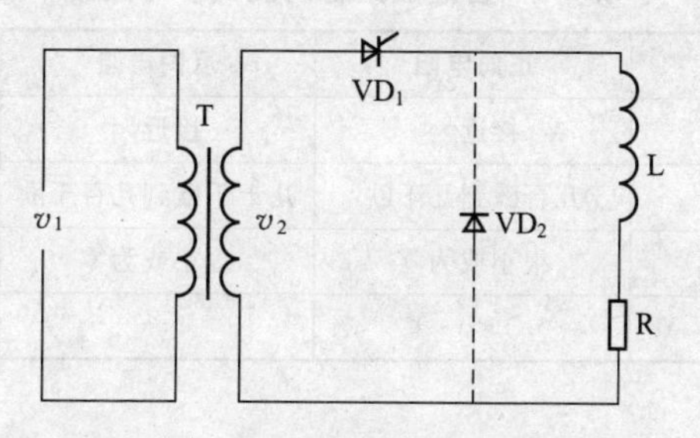

图 6-9 电感性负载示意图

图中，当晶闸管导通是，电感 L 中存储了磁场能量，当 v_2 过零变负时，电感中产生感应电动势，迫使晶闸管不能及时关断造成失控。

通常的解决方法是在负载两端并联二极管，图中是使用 VD_2 来解决，当交流电压 v_2 过零或变负时，感应电动势产生的电流可以通过这个二极管（称为续流二极管）形成回路电流。这时，VD_2 两端的电压近似为 0，晶闸管受反向电压而迅速关断。需要注意的是，二极管 VD_2 的极性一定不要接反，否则容易引起短路事故。

6.3.2 晶闸管极间电阻的测量方法

对于晶闸管的极间电阻，可以使用万用表进行测量。

如果测得阳极 A 与控制极 G 和阴极 K 之间的正反向电阻均很大，而控制极与阳极间具有单向特性时，说明晶闸管是好的；如果测试阳极与控制极和阴极间的正反向电阻较小甚至为零，而控制极与阴极间的正反向电阻很接近甚至为零时，说明晶闸管性能变差或内部击穿短路；如果测得各电极间的电阻均为无穷大，就说明晶闸管内部开路损坏。

测量控制极与阴极之间的正反向电阻时请注意：一般正反向电阻都相差很大，但由于制造工艺上的原因，使得控制极与阴极间正反向电阻有可能差别较小，但只要反向电阻明显比正向电阻大就证明晶闸管是好的。普通晶闸管的测试参考数据见表6-3。

表6-3 普通晶闸管的测试参考数据

测量电极	正向电阻	反向电阻	性能
AK	接近∞	接近∞	正常
GK	几百欧到几千欧	几十千欧到几百千欧	正常
AK、GK、GA	很小或为零	很小或为零	内部击穿电路
AK、GK、GA	∞	∞	内部开路损坏

6.3.3 晶闸管电极的辨别方法

普通晶闸管的三个电极可以用万用表欧姆挡R×100挡位来检测。前面已经介绍过，晶闸管G、K之间是一个P-N结，如图6-3所示。

这个P-N结相当于是一个二极管，G为正极、K为负极，所以，按照测试二极管的方法，找出三个极中的两个极，测量它的正、反向电阻，电阻小时，万用表黑表笔接的是控制极G，红表笔接的是阴极K，剩下的一个就是阳极A了。

6.3.4 晶闸管触发导通能力的测试方法

(1) 判断方法一

万用表置R×1挡，黑表笔接阳极A，红表笔接阴极K。给阳极加上正向电压，此时观察表头指示，阻值应很大。然后如图6-10所示，用一根短路线把阳极和控制极连起来，这样也给控制极加上正向触发电压，此时观察万用表指示，如果发现阻值明显变小，就说明晶闸管有可能被触发导通，再拆去短路线，如果指针仍指在原来较小的位置，就说明晶闸管确已触发导通，并且说明晶闸管性能良好，可以使用。反之，如果短路线拆去前后，指针均不动，说明晶闸管有可能损坏。在测试中，我们还会发现一种情况，即当给控制极加触发电压时，晶闸管便导通，而如果随后撤去触发电压，晶闸管就不导通了，这可能是导通电流太小或导通管压降太大所致，这属正常现象，并不影响对晶闸管性能的判断。

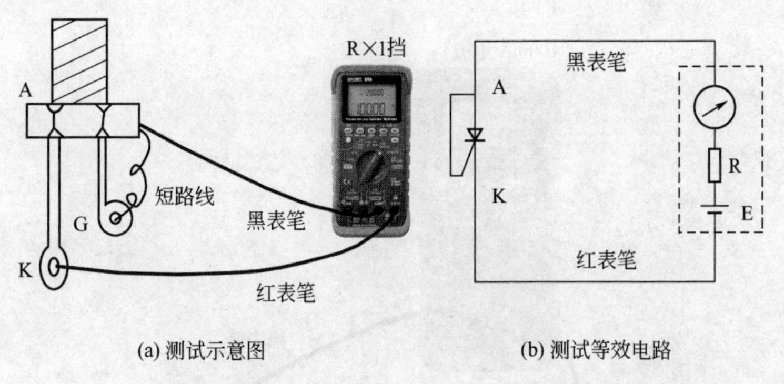

图 6-10 单向晶闸管触发导通能力测试示意图（方法一）

(2) 判断方法二

有些晶闸管（如大功率）需要的触发电流和维持导通电流较大，若采用上述方法调试而晶闸管不能触发导通时，可采用如图 6-11 所示电路进行测量，即在万用表的红表笔上串一只 1.5V 干电池，使干电池与表内电池正向串联（顺串）在一起。加一节干电池后，对于一只性能良好的晶闸管来说，一般都能触发导通，否则说明晶闸管是坏的。如果身边有两只万用表的话，可将两只万用表串联后进行测量。串的这只万用表就相当于加了一节干电池。

(3) 判断方法三

第三种判断方法的电路如图 6-12 所示，万用表使用直流

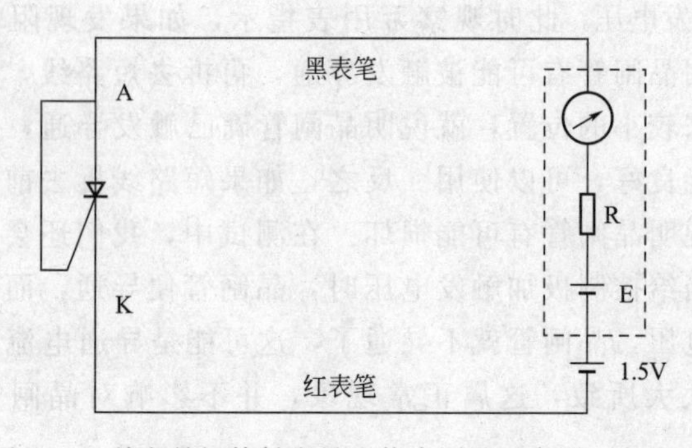

图 6-11　单向晶闸管触发导通能力测试示意图（方法二）

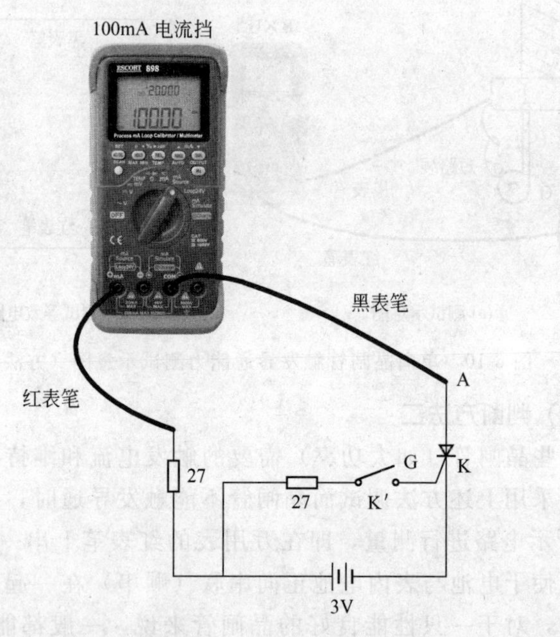

图 6-12　单向晶闸管触发导通能力测试示意图（方法三）

100mA 挡，用两节 1.5V 干电池串联提供电源，电阻起到限流作用，防止导通时电流过大而打表。连接好电路后，开关 K′处于断开位置，此时表针应没有偏转，指示为零，表明晶闸管没有导通。如果有指示，表明晶闸管已击穿或性能变差。然后合上 K′，如果表针有明显的偏转，说明晶闸管是好的，如果无偏转，晶闸管可能是坏的，可加一节干电池再试。晶闸管导通后再断开开关 K′，如果指针指示在原来位置不动，表明晶闸管仍维持导通，性能良好；如果指针回到零位，说明晶闸管恢复阻断，有可能是坏的，但也有可能是维持导通电流太小所致。

6.3.5 晶闸管选用原则与注意事项

(1) 晶闸管选用原则

晶闸管有多种类型，应根据应用电路的具体要求合理选用。

- 若用于交直流电压控制、可控整流、交流调压、逆变电源、开关电源保护电路等，可选用普通晶闸管。
- 若用于交流开关、交流调压、交流电动机线性调速、灯具线性调光及固态继电器、固态接触器等电路中，应选用双向晶闸管。
- 若用于交流电动机变频调速、斩波器、逆变电源及各种电子开关电路等，可选用门极关断晶闸管。
- 若用于锯齿波发生器、长时间延时器、过电压保护器及大功率晶体管触发电路等，可选用 BTG 晶闸管。
- 若用于电磁灶、电子镇流器、超声波电路、超导磁能储存系统及开关电源等电路，可选用逆导晶闸管。
- 若用于光耦合器、光探测器、光报警器、光计数器、光电逻辑电路及自动生产线的运行监控电路，可选用光控晶闸管。

(2) 晶闸管的替换原则

晶闸管损坏后，若无同型号的晶闸管更换，可以选用与其性能参数相近的其他型号晶闸管来替换。

应用电路在设计时，一般均留有较大的裕量。在更换晶闸管时，只要注意其额定峰值电压（重复峰值电压）、额定电流（通态平均电流）、门极触发电压和门极触发电流即可，尤其是额定峰值电压与额定电流这两个指标。

替换晶闸管应与损坏晶闸管的开关速度一致。例如：在脉冲电路、高速逆变电路中使用的快速晶闸管损坏后，只能选用同类型的快速晶闸管，而不能用普通晶闸管来代换。

选取代用晶闸管时，不管什么参数，都不必留有过大的裕量，应尽可能与被代换晶闸管的参数相近，因为过大的裕量不仅是一种浪费，而且有时还会起副作用，出现不触发或触发不灵敏等现象。

(3) 晶闸管的注意事项

选用晶闸管的过程中，有下列注意事项。

① 选用晶闸管的额定电压时，应参考实际工作条件下的峰值电压的大小，并留出一定的裕量。

② 选用晶闸管的额定电流时，除了考虑通过元件的平均电流外，还应注意正常工作时导通角的大小、散热通风条件等因素。在工作中还应注意管壳温度不超过相应电流下的允许值。

③ 使用晶闸管之前，应该用万用表检查晶闸管是否良好。发现有短路或断路现象时，应立即更换。

④ 严禁用兆欧表（即摇表）检查元件的绝缘情况。

⑤ 电流为 5A 以上的晶闸管要装散热器，并且保证所规定的冷却条件。为保证散热器与晶闸管管心接触良好，它们之间应涂上一薄层有机硅油或硅脂，以便于良好的散热。

⑥ 按规定对主电路中的晶闸管采用过压及过流保护装置。

⑦ 要防止晶闸管控制极的正向过载和反向击穿。

6.4 晶闸管的基本工作电路

晶闸管的基本工作电路包括整流电路和触发电路，下面分别进行介绍。

特别提醒

下面介绍的是应用电路

6.4.1 单相半波可控整流电路

单相半波可控整流电路和波形如图 6-13 所示。

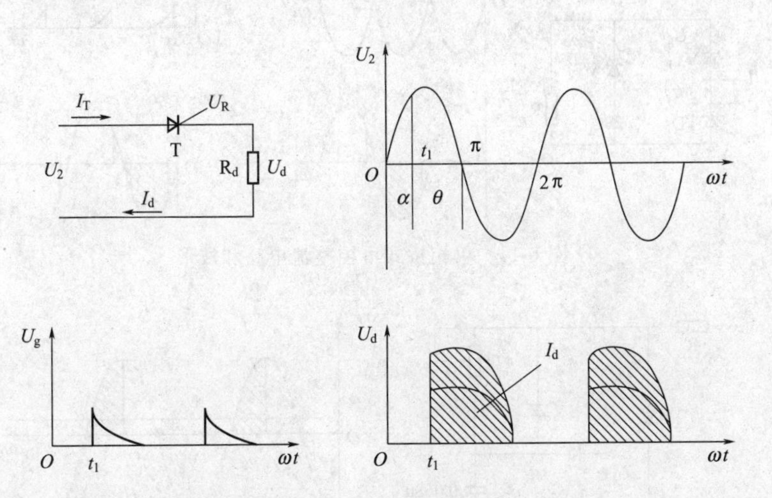

图 6-13　单相半波可控整流电路和波形

从 0 到 t_1 的电度角为 α，称为控制角。从 t_1 到 π 的电度角为 θ，叫导通角。显然 $\alpha+\theta=\pi$。当 $\alpha=0°$，$\theta=180°$时，晶闸管全导通，与不控整流一样，当 $\alpha=180°$，$\theta=0°$时，晶闸管全关断，输出电压为零。

6.4.2 单相桥式可控整流电路

单相桥式可控整流电路与波形如图 6-14 所示。

6.4.3 单向晶闸管的触发电路

(1) 单向晶闸管阻容加二极管式移相触发电路

如图 6-15(a) 所示，其波形如图 6-15(b) 所示。

电路特点：简单，移相范围小于 180℃。受温度影响较大，适用于小功率、要求不高的场合。

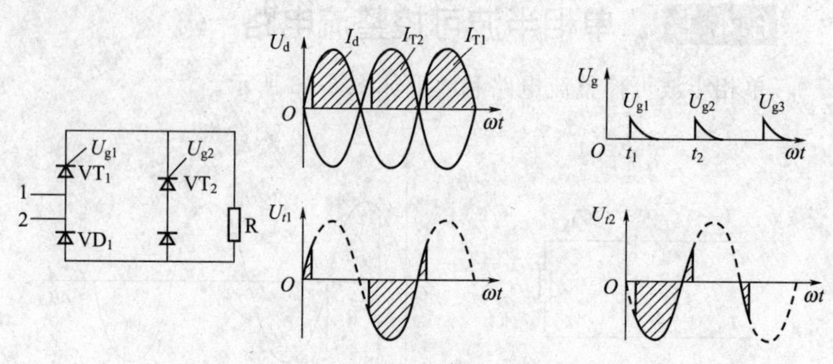

图 6-14 单相桥式可控整流电路和波形

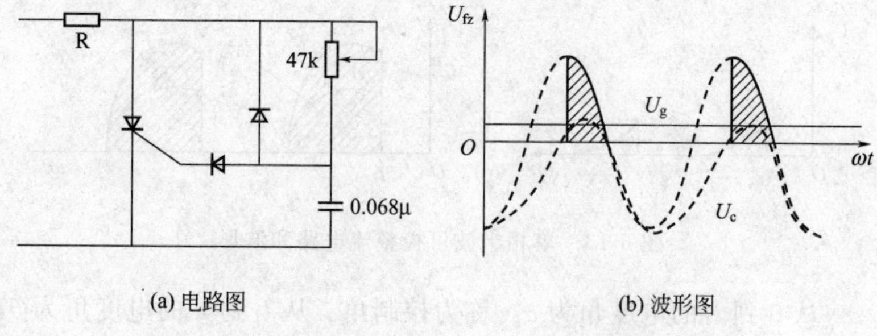

(a) 电路图　　(b) 波形图

图 6-15 单向晶闸管阻容加二极管式移相触发电路

(2) 单向晶闸管阻容加稳压管式移相触发电路

单向晶闸管阻容加稳压管式移相触发电路如图 6-16(a) 所示，其波形如图 6-16(b) 所示。

电路特点：简单，移相范围小于 180℃。线性度较好，控制准确度较好，适用于低电压，而又要求不高的电镀、电解电源等。

图中，电位器 RP 选用十几千欧至几十千欧，0.5～1W；二极管选用 2CP12 或 1N4001 等；稳压管 VS 选用稳压值 U_z 为十几伏至数十伏、最大稳定电流为数十毫安的稳压管；电容 C 选用 0.033～0.1μF，漏电流小的电容，如 CBB22 型等；电解电容 C 选用 10～100pF，也要求漏电流小。

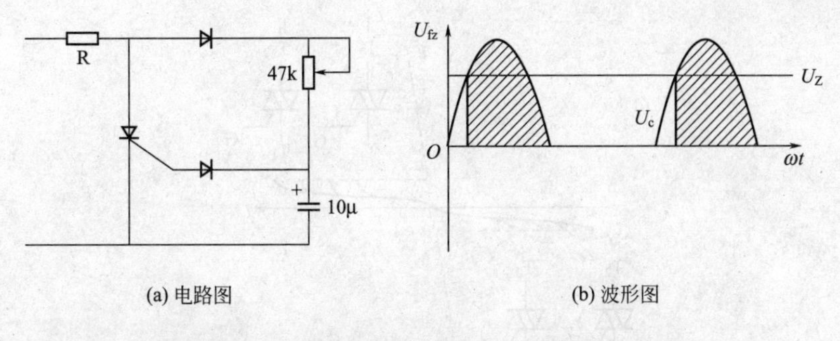

(a) 电路图 (b) 波形图

图 6-16 单向晶闸管阻容加稳压管式移相触发电路

6.4.4 双向晶闸管的基本结构

在交流调压、电动机控制等方面，常常需要将两个普通晶闸管反向并联使用，这就需要两套彼此绝缘的触发电路，使电路变得复杂起来。为了克服这个难题，研制出了只要一套触发电路的双向晶闸管（TRIAC，即三端双向交流开关）。

双向晶闸管不论从结构还是从特性方面来说，都可以把它看成是一对反向并联的普通晶闸管，如图 6-17 所示。

双向晶闸管的等效电路如图 6-18 所示。

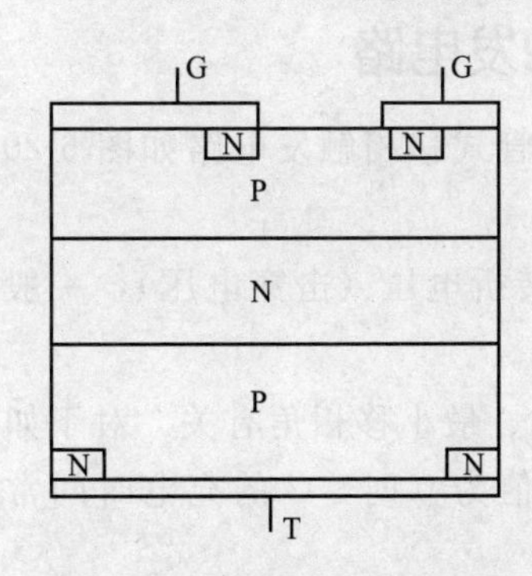

图 6-17 双向晶闸管基本结构

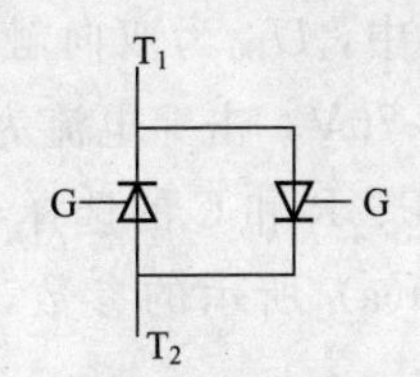

图 6-18 双向晶闸管的等效电路

双向晶闸管的伏安特性曲线如图 6-19 所示。

双向晶闸管通常工作在交流电路中，因此用有效值来表示它的

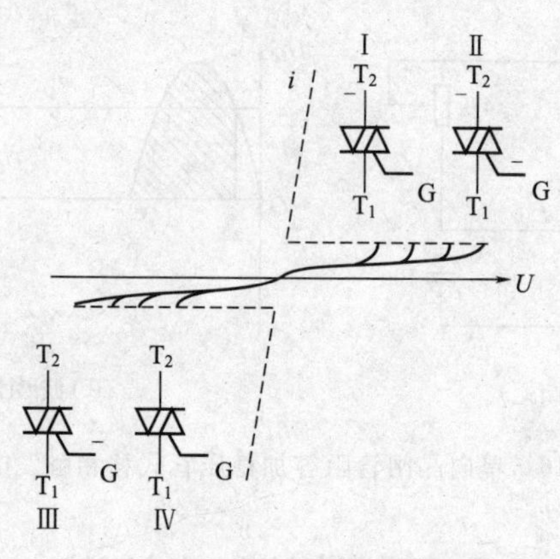

图 6-19　双向晶闸管的伏安特性曲线

额定电流（普通晶闸管是用平均值来表示它的额定电流）。如额定电流为 100A 的双向晶闸管，峰值电流就是 $100\sqrt{2}$A。而峰值电流为 $100\sqrt{2}$A 的普通晶闸管，额定电流（也就是平均电流）为 $\frac{100\sqrt{2}}{\pi}=$ 45A。可见，一个额定电流为 100A 的双向晶闸管可代替两个反向并联的额定电流为 45A 的普通晶闸管。

6.4.5　双向晶闸管的触发电路

双向晶闸管阻容加双向触发二极管式移相触发电路如图 6-20(a) 所示，其波形如图 6-20(b) 所示。

图中，U_{B0} 为双向触发二极管的转折电压（击穿电压），一般为 20～70V，击穿电流为 100～200μA。

RP、R 和 C 的选择与所需的最大、最小移相角有关。对于如图 6-20(a) 所示的参数，当 RP 的阻值为 0 时，C 的充电时间常数为

$$r_1=RC=1.8\times10^3\times0.1\times10^{-6}=0.18\text{ms}$$

此时对应的控制角 $a_1=3°$（接近于双向晶闸管全导通）；

当 RP 的电阻值为 98kΩ 时，C 的充电时间常数为

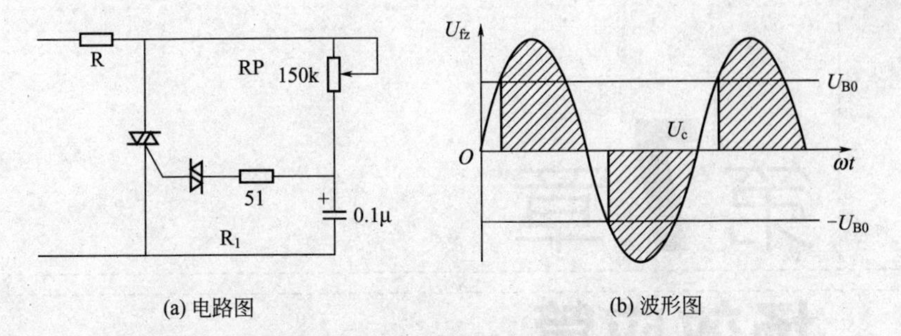

(a) 电路图

(b) 波形图

图 6-20 双向晶闸管阻容加双向触发二极管式移相触发电路

$$r_2=(RP+R)C=(98+1.8)\times10^3\times0.1\times10^{-6}=10\text{ms}$$

此时对应的控制角 $a_2=180°$（双向晶闸管关闭）。可见，RP、R 和 C 的选择由调压范围而定。

图中的 R_1 为限流电阻，也可不用。电阻、电位器的功率一般取 0.5～1W。

第7章 场效应管

场效应晶体管的英文为 Field Effect Transistor，缩写为 FET，简称场效应管。它是一种利用电场效应来控制电流的半导体器件。场效应管是我们生活中众多电器中不可缺少的元件，所以我们很有必要来认识和学习一下它。

【本章内容提要】

◆ 场效应管的基础知识

◆ 场效应管的分类及主要参数

◆ 场效应管放大电路

◆ 场效应管的检测与应用

7.1 场效应管的基础知识

场效应管是一种利用输入电压产生的电场效应来控制输出电流的器件，所以又称之为电压控制型器件。因为它工作时只有一种载流子（多数载流子）参与导电，故也叫单极型半导体三极管。因为它具有很高的输入电阻，能满足高内阻信号源对放大电路的要求，所以是较理想的前置输入级元器件。它在电路中的主要作用可以分为下列几点。

① 场效应管可应用于放大。由于场效应管放大器的输入阻抗很高，因此耦合电容可以容量较小，不必使用电解电容器。

② 场效应管很高的输入阻抗非常适合作阻抗变换，常用于多级放大器的输入级作阻抗变换。

③ 场效应管可以用作可变电阻。

④ 场效应管可以方便地用作恒流源。

⑤ 场效应管可以用作电子开关。

7.1.1 场效应管的分类、图形与符号

根据结构不同，场效应管可以分为结型场效应管（JFET）和绝缘栅型场效应管（IGFET）（绝缘栅型场效应管也称为 MOS 型场效应管）。根据场效应管制造工艺和材料的不同，又可分为 N 型沟道场效应管和 P 型沟道场效应管。

场效应管具有 3 个电极，就是图 7-1 中它所伸出的三个引脚，它们分别是：栅极 G、漏极 D 和源极 S。场效应管的栅极 G、源极 S 和漏极 D 的功能分别对应于双极型晶体管的基极 B、发射极 E 和集电极 C。由于场效应管的源极 S 和漏极 D 是对称的，所以在实际使用中这两极在大多数情况下是可以互换的。

图 7-1 场效应管的三个电极

从外观形状上来分，场效应管可分为贴片型（见图 7-2）和直插型（见图 7-3）两种。

由于场效应管在不同的电路中所需要的位置形状、性能尺寸等

图 7-2 贴片外形的场效应管

图 7-3 直插外形的场效应管

的不同，所以在外观形状上有直插外形和贴片外形两大类。比如在现在的大规模集成电路中，要求各元件的尺寸尽量小，所以在这种情况下贴片型场效应管就比直插型场效应管占用空间小，更加符合产品生产的要求。

由于贴片形状的场效应管在生产工艺等方面受到制约的原因，达不到某些对场效应管性能参数的要求，所以在这样的情况下直插型场效应管又比贴片型场效应管在性能上更有优势。

因此在不同的电路和不同的要求下，使用的场效应管外观形状也就不同，一些常见贴片型和直插型场效应管如图 7-4 所示。

特别提醒

原来是这样的原因导致两种不同的外形啊，所以大家在选用场效应管时要好好考虑它的外观形状的种类。

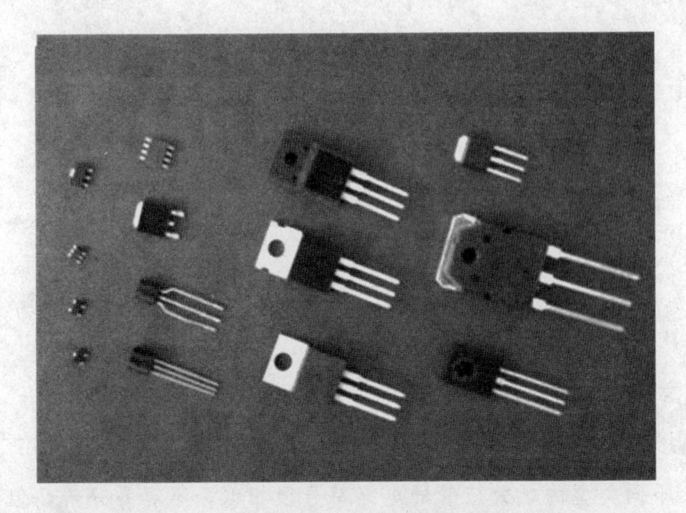

图 7-4 一些常见贴片型和直插型场效应管

通过直接观察，我们知道了两大类场效应管的外观形状，但场效应管在电路中又用什么样的符号来表示呢？

（1）结型场效应管的电路符号

结型场效应管的电路符号分为 N 沟道场效应管符号和 P 沟道场效应管符号，两种符号分别如图 7-5 和图 7-6 所示。

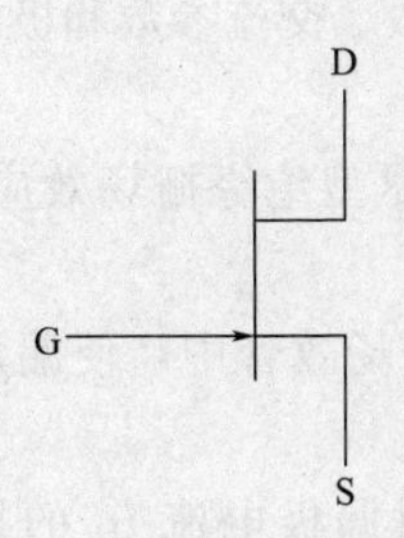

图 7-5 结型 N 沟道场效应管电路符号

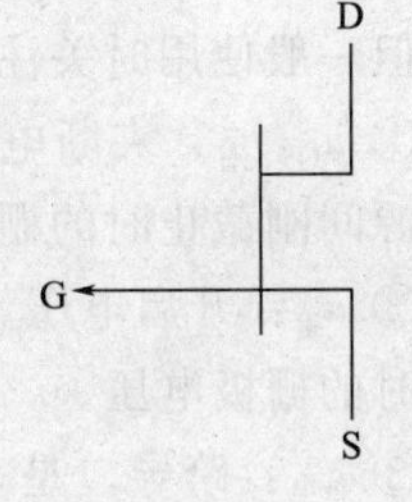

图 7-6 结型 P 沟道场效应管电路符号

（2）MOS 型场效应管的电路符号

同理，MOS 型场效应管的电路符号也分为 N 沟道和 P 沟道两种，两种符号分别如图 7-7 和图 7-8 所示。

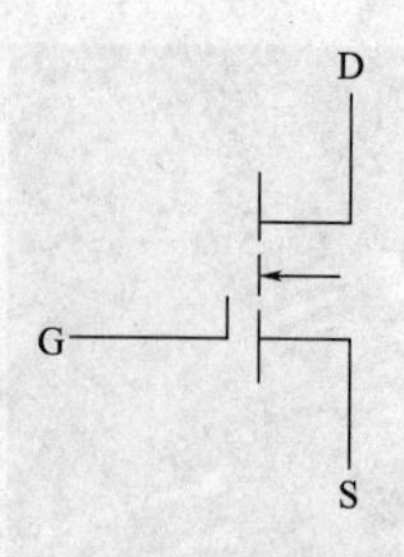

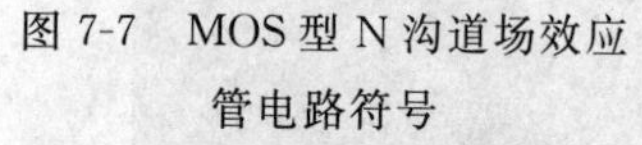
图 7-7　MOS 型 N 沟道场效应管电路符号

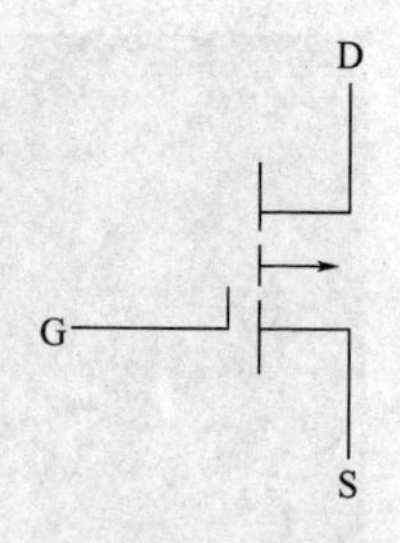

图 7-8　MOS 型 P 沟道场效应管电路符号

特别提醒

不同类型的场效应管的电路符号很相似，不容易分辨，但是它们在电路中所起的作用却又有很大的差别，一不小心弄错就会给整个电路造成意想不到的问题，所以大家在具体的电路图中要仔细辨认。

7.1.2 场效应管的主要参数

场效应管与的参数很多，包括直流参数、交流参数和极限参数等，但一般使用时关注以下主要参数。

① $u_{GS,off}$：夹断电压。是指结型或耗尽型绝缘栅场效应管中，使漏源间刚截止时的栅极电压。

② u_T：开启电压。是指增强型绝缘栅场效管中，使漏源间刚导通时的栅极电压。

③ g_m：跨导。是表示栅源电压 u_{GS} 对漏极电流 i_D 的控制能力，即漏极电流 i_D 变化量与栅源电压 u_{GS} 变化量的比值。g_m 是衡量场效应管放大能力的重要参数。

④ B_{UDS}：漏源击穿电压。是指栅源电压 u_{GS} 一定时，场效应管正常工作所能承受的最大漏源电压。这是一项极限参数，加在场效应管上的工作电压必须小于 B_{UDS}。

⑤ P_{DSM}：最大耗散功率。也是一项极限参数，是指场效应管性能不变坏时所允许的最大漏源耗散功率。使用时，场效应管实际功耗应小于 P_{DSM} 并留有一定余量。

⑥ I_{DSM}：最大漏源电流。这是一项极限参数，是指场效应管正常工作时，漏源间所允许通过的最大电流。场效应管的工作电流不应超过 I_{DSM}。

7.1.3 场效应管的基本特征

场效应管与普通晶体管相比具有输入阻抗高、噪声系数小、热稳定性好、动态范围大等优点。在高保真音响设备和集成电路中得到了广泛的应用，其较突出的特点如下。

① 高输入阻抗容易驱动，输入阻抗随频率的变化比较小。输入结电容小（反馈电容），输出端负载的变化对输入端影响小，驱动负载能力强，电源利用率高。

② 场效应管的噪声非常低，噪声系数可以做到 1dB 以下，现在大部分的场效应管的噪声系数为 0.5dB 左右，这是一般晶体管和电子管难以达到的。

③ 场效应管具有更好的热稳定性和较大的动态范围。

④ 场效应管的输出为输入的 2 次幂函数，失真度低于晶体管，比胆管略大一些。场效应管的失真多为偶次谐波失真，听感好，高中低频能量分配适当，声音有密度感，低频潜得较深，音场较稳，透明感适中，层次感、解析力和定位感均有较好表现，具有良好的声场空间描绘能力，对音乐细节有很好的表现。

⑤ 普通晶体管在工作时，由于输入端（发射结）加的是正向偏压，输入电阻很低，场效应管的输入端（栅极与源极之间）工作时可以施加负偏压即反向偏压，也可以加正向偏压，因此增加了电路设计的变通性和多样性。通常在加反向偏压时，它的输入电阻更高，高达 100MΩ 以上，场效应管的这一特性弥补了普通晶体管及电子管在某些方面应用的不足。场效应管的防辐射能力比普通晶体管提高 10 倍左右。

⑥ 转换速率快，高频特性好。

⑦ 场效应管的电压与电流特性曲线与五极电子管输出特性曲线十分相似。

7.1.4 场效应管的型号命名

对于场效应三极管各种不同的型号，主要有两种命名方法。

第一种命名方法与普通三极管相同，第一部分用数字 3 表示主称；第二部分用字母表示材料，D 表示 P 型硅 N 沟道，C 表示 N 型硅 P 沟道；第三部分用字母表示管子种类，字母 J 代表结型场效应管，O 代表绝缘栅型场效应管；第四部分用数字表示序号。例如，3DJ6D 表示结型 N 沟道场效应三极管，3D06C 表示绝缘栅型 N 沟道场效应三极管。

第二种命名方法是 CS××#，CS 代表场效应管，××以数字代表型号的序号，#用字母代表同一型号中的不同规格。例如 CS14A、CS45G 等。

几种常用的场效应三极管的主要参数见表 7-1。

表 7-1 几种常见场效应三极管及其主要参数

参数 型号	P_{DM} /mW	I_{DSS} /mA	V_{RDS} /V	V_{RGS} /V	V_P /V	g_m /(mA/V)	f_M /MHz
3DJ2D	100	＜0.35	＞20	＞20	−4	≥2	300
3DJ7E	100	＜1.2	＞20	＞20	−4	≥3	90
3DJ15H	100	6～11	＞20	＞20	−5.5	≥8	
3DO2E	100	0.35～1.2	＞12	＞25			100
CS11C	100	0.3～1		−25	−4	≥2	

7.2 场效应管的检测与应用

7.2.1 场效应管好坏判别

要判断一个场效应管有没有坏，只是用眼睛看是不够的（除非它的外形已经明显受损，只用眼睛就能看出来是坏了），所以我们得用到检测它的工具。大家也许会想，我们会用到什么复杂的检测工具检测呢？其实我们所要用的只是一个普通的万用表而已。而且检测它的方法步骤也非常简单，原理就是用万用表测量场效应管的源极与漏极、栅极与源极、栅极与漏极、栅极 G_1 与栅极 G_2 之间的电阻值同场效应管手册标明的电阻值是否相符去判别管的好坏。

检测的具体方法：首先将万用表置于 R×10 挡或 R×100 挡，测量源极 S 与漏极 D 之间的电阻，通常在几十欧到几千欧范围（在手册中可知，各种不同型号的管，其电阻值是各不相同的），如果测得阻值大于正常值，可能是由于内部接触不良。

如果测得阻值是无穷大，可能是内部断极。然后把万用表置于 R×10k 挡，再测栅极 G_1 与 G_2 之间、栅极与源极、栅极与漏极之间的电阻值，当测得其各项电阻值均为无穷大，则说明管是正常的；若测得上述各阻值太小或为通路，则说明管是坏的。

特别提醒

要注意哦，如果两个栅极在管内断极，可用元件代换法进行检测。

7.2.2 场效应管电极的判别

根据场效应管的 P-N 结正、反向电阻值不一样的现象，可以判别出结型场效应管的三个电极，我们同样需要一个万用表来测量。具体方法如下：

将万用表拨在 R×1k 挡上，任选两个电极，分别测出其正、反向电阻值。当某两个电极的正、反向电阻值相等，且为几千欧姆时，则该两个电极分别是漏极 D 和源极 S。因为对结型场效应管而言，漏极和源极可互换，剩下的电极肯定是栅极 G。

也可以将万用表的黑表笔（红表笔也行）任意接触一个电极，另一只表笔依次去接触其余的两个电极，测其电阻值。当出现两次测得的电阻值近似相等时，则黑表笔所接触的电极为栅极。若两次测出的电阻值均很大，说明是 P-N 结的反向，即都是反向电阻，可以判定是 N 沟道场效应管，且黑表笔接的是栅极；若两次测出的电阻值均很小，说明是正向 P-N 结，即是正向电阻，判定为 P 沟道场效应管，黑表笔接的是栅极。

若不出现上述情况，可以调换黑、红表笔按上述方法进行测试，直到判别出栅极为止。

7.2.3 场效应管放大能力的测量

感应信号法：用万用表电阻的 R×100 挡，红表笔接源极 S，黑表笔接漏极 D，给场效应管加上 1.5V 的电源电压，此时表针指示出漏源极间的电阻值。然后用手捏住结型场效应管的栅极 G，将人体的感应电压信号加到栅极上。这样，由于管的放大作用，漏源电压 u_{DS} 和漏极电流 i_b 都要发生变化，也就是漏源极间电阻发生了变化，由此可以观察到表针有较大幅度的摆动。如果手捏栅极表针摆动较小，说明管的放大能力较差；表针摆动较大，表明管的放大能力大；若表针不动，说明管是坏的。

【例 7-1】 场效应管放大能力测量举例

我们根据上述方法，用万用表的 R×100 挡，测结型场效应管 3DJ2F。先将管的 G 极开路，测得漏源电阻 R_{DS} 为 600Ω，用手捏住 G 极后，表针向左摆动，指示的电阻 R_{DS} 为 12kΩ，表针摆动的幅度较大，说明该管是好的，并有较大的放大能力。

运用这种方法时要说明几点：

第一，在测试场效应管用手捏住栅极时，万用表针可能向右摆动（电阻值减小），也可能向左摆动（电阻值增加）。这是由于人体感应的交流电压较高，而不同的场效应管用电阻挡测量时的工作点可能不同（或者工作在饱和区或者在不饱和区）所致，试验表明，多数场效应管的 R_{DS} 增大，即表针向左摆动；少数场效应管的 R_{DS} 减小，使表针向右摆动。但无论表针摆动方向如何，只要表针摆动幅度较大，就说明管有较大的放大能力。

第二，此方法对 MOS 场效应管也适用。但要注意，MOS 场效应管的输入电阻高，栅极 G 允许的感应电压不应过高，所以不要直接用手去捏栅极，必须用于握螺钉旋具的绝缘柄，用金属杆去碰触栅极，以防止人体感应电荷直接加到栅极，引起栅极击穿。

第三，每次测量完毕，应当 G-S 极间短路一下。这是因为 G-S 结电容上会充有少量电荷，建立起 u_{GS} 电压，造成再进行测量时表针可能不动，只有将 G-S 极间电荷短路放掉才行。

7.2.4 场效应管的使用注意事项

我们在使用场效应管的时候，需要注意哪些方面呢？

① 为了安全使用场效应管，在线路的设计中不能超过管的耗散功率，最大漏源电压、最大栅源电压和最大电流等参数的极限值。

② 各类型场效应管在使用时，都要严格按要求的偏置接入电路中，要遵守场效应管偏置的极性。如结型场效应管栅源漏之间是 P-N 结，N 沟道管栅极不能加正偏压，P 沟道管栅极不能加负偏压。

③ MOS 场效应管由于输入阻抗极高，所以在运输、贮藏中必须将引出脚短路，要用金属屏蔽包装，以防止外来感应电势将栅极击穿。尤其要注意，不能将 MOS 场效应管放入塑料盒子内，保存时最好放在金属盒内，同时也要注意防潮。

④ 为了防止场效应管栅极感应击穿，要求一切测试仪器、工作台、电烙铁、线路本身都必须有良好的接地。引脚在焊接时，先焊源极。在连入电路之前，管的全部引线端保持互相短接状态，焊接完后才把短接材料去掉。从元器件架上取下管时，应以适当的方式确保人体接地，如采用接地环等。当然，如果能采用先进的气热型电烙铁，焊接场效应管是比较方便的，并且相对比较安全。在未关断电源时，绝对不可以把场效应管插入电路或从电路中拔出。以上安全措施在使用场效应管时必须注意。

⑤ 在安装场效应管时，注意安装的位置要尽量避免靠近发热

元件。为了防止管件振动，有必要将管壳体紧固起来。引脚引线需要弯曲时，应当在大于根部尺寸 5mm 处进行，以防止弯断引脚和引起漏气等。

⑥ 对于功率型场效应管，要有良好的散热条件。因为功率型场效应管应用在高负荷条件下，必须设计足够的散热器，确保壳体温度不超过额定值，使器件长期稳定可靠地工作。总之，确保场效应管安全使用要注意的事项多种多样，采取的安全措施也是各种各样，广大的专业技术人员，特别是广大的电子爱好者，都要根据自己的实际情况出发，采取切实可行的办法，安全有效地用好场效应管。

第8章 光电器件

光电器件有很多的种类，主要有利用半导体光敏特性工作的光电导器件，利用半导体光生伏特效应工作的光电池和半导体发光器件等。光电元件广泛应用于我们生活的各个领域，所以我们很有必要掌握它的相关知识。

【本章内容提要】

- 光电二极管的基础知识
- 光电三极管
- 光敏电阻和光电池
- 光控晶闸管
- 光电耦合器
- 光电器件的应用技能

8.1 光电二极管的基础知识

光电二极管是最常见、使用最普遍的一种光电元器件之一，在所有的电子元器件中，光电器件是其中一个庞大的家族，在生活中绝大多数的电子设备中我们都可以看到它们的应用，比如相机、电脑、电子玩具、手表等。

8.1.1 光电二极管工作原理

光电二极管的英语名称为 Photoelectric Diode，或者简称为 PD，它和和普通二极管一样，也是由一个 P-N 结组成的半导体器件，也具有单方向导电特性。但在电路中它不是作整流元件，而是把光信号转换成电信号的光电传感器件，接收的光源主要是可见光和红外线。

光电二极管在外形上和普通二极管没有多大的差别，绝大多数光电二极管有向外伸出的两个引脚，个别特殊的光电二极管有第三条引脚，如 2DU 系列就有三条引脚，除了前极、后极外，还设了一个环极。常见的光电二极管的外形如图 8-1 和图 8-2 所示。

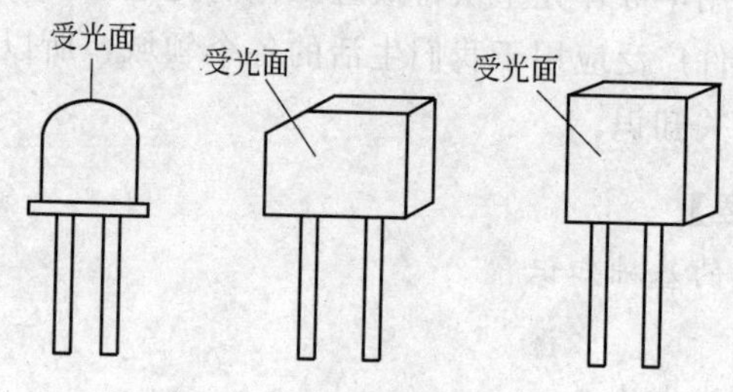

图 8-1　光电二极管结构形式

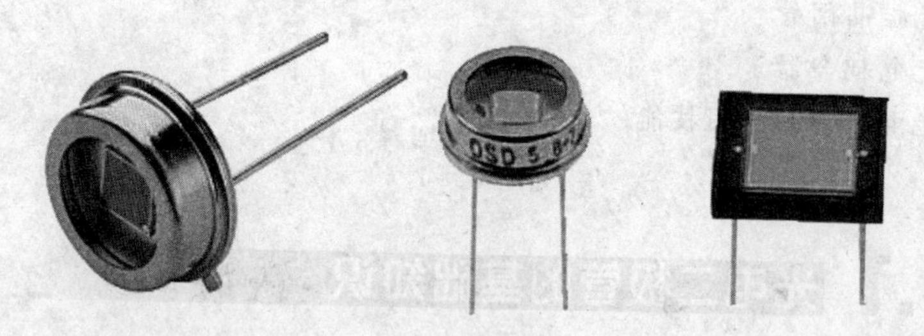

图 8-2　常见光电二极管外形

光电二极管的外形结构虽然和普通二极管外形结构很相似，但是它们之间也有明显的区别：光电二极管的管心安装在管内透明的区域内，这样就能保证有足够的光线照射到它的感光管心上；而普通的二极管的外形是用不透明的材料将其封装，这样就能避免外形对它内部结构的干扰。

光电二极管的电路符号如图 8-3 所示。要保证它的正常工作，就必须有光照射在它的管心上。光电二极管的电路符号也和普通二极管的电路符号很相似，只是在普通的二极管符号上面画几条箭头，表示有光线的射入，它的正负极与普通二极管的表示区分方法一样。

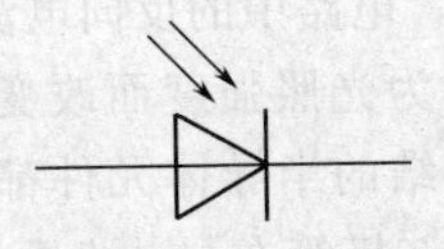

图 8-3　光电二极管的电路符号

光电二极管在设计和制作时尽量使 P-N 结的面积相对较大，以便接收入射光。光电二极管是在反向电压作用下工作的，没有光照时，反向电流极其微弱，叫暗电流；有光照时，反向电流迅速增大到几十微安，称为光电流。光的强度越大，反向电流也越大。光的变化引起光电二极管电流变化，这就可以把光信号转换成电信号，成为光电传感器件。

为了探究光电二极管的工作原理，我们将一个常用的光电二极管、电流表和适当电压值的直流电源按如图 8-4 所示进行连接，并且用足够的光线照射在光电二极管的感光部分，使光电二极管在处

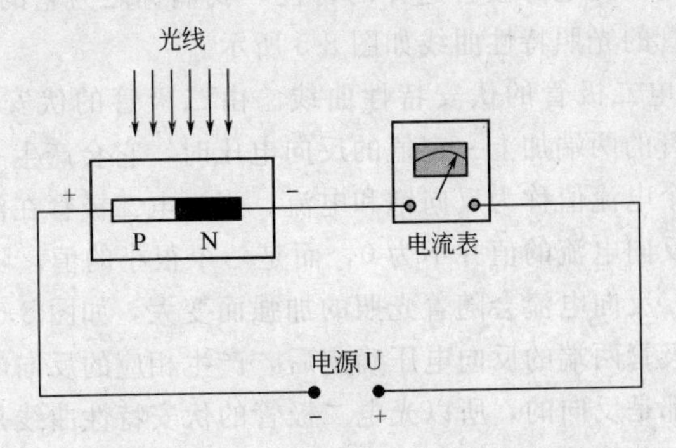

图 8-4　光电二极管工作原理验证电路

于反向偏置电压的条件下。当有光照射在光电二极管的感光 P-N 结上时，电流表的指针就会发生偏转，表明有电流产生。当我们不断提高光照的强度时，发现电路中电流表的指针偏转幅度也不断变大；当我们减小光照的强度时，对应电流表的指针偏转幅度也减小。通过这个实验现象我们可知：光电二极管是通过接收光线的强度来改变导通电路中的电流的。

上面所说的电路中的电流大小只是相对而言，当有光照射在光电二极管的感光部位时，电路中的反向电流变大，实际上是因为半导体的 P-N 结的特性因为光照强度而改变。在以前的学习内容中可以知道，任何有 P-N 结的半导体元件都有这样的特性。这就是为什么普通的二极管和三极管在封装上要用不透明的材料的原因，这样做是为了避免外面光照影响它们内部的结构。相反，光电二极管必须用相应的透明材料封装起来，这样才能保证它里面的感光结构接收到光照，这是光电二极管能够正常工作的条件之一。

8.1.2 光电二极管特性曲线和常用参数

(1) 光电二极管的特性曲线

① 光电二极管的光照特性曲线。在图 8-4 中，如果在电路中电压一定的情况下，入射光强度发生变化，光电二极管的电流也随之变化，并且光电流和照度呈线性关系；当没有光照射时，此时电流为暗电流。光电二极管这样的特性，我们称之为它的光照特性。光电二极管的光照特性曲线如图 8-5 所示。

② 光电二极管的伏安特性曲线。由二极管的伏安特性可知，当在二极管的两端加上一定值的反向电压时，它会产生一定的反向电流，这个电流值称为反向饱和电流。当光电二极管在没有光照的情况下，反向电流的值并不为 0，而是一个很小的值；随着光照强度的增大，反向电流会随着光照的加强而变大，如图 8-6 所示。

当二极管两端的反向电压确定后，产生相应的反向电流，因为这两个值都是反向的，所以光电二极管的伏安特性曲线是在第三象限中。通过分析伏安特性曲线可知，光照强度的增大，相对应的反

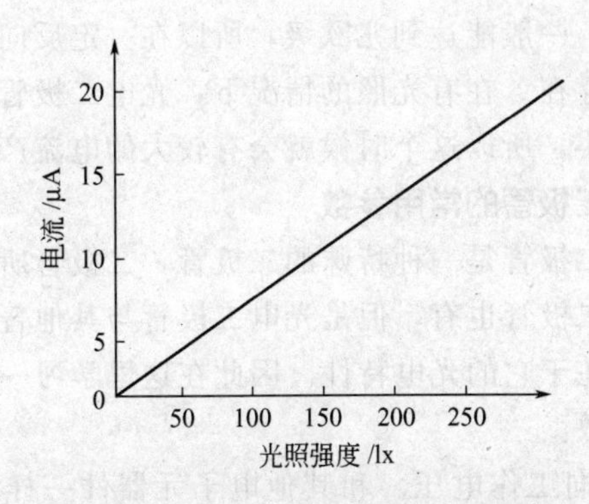

图 8-5 光电二极管的光照特性曲线

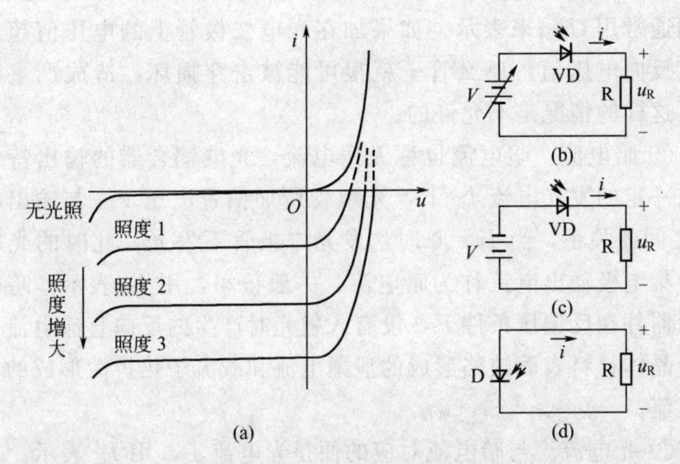

图 8-6 光电二极管的伏安特性

向电流也增大。反向电流是因为光线照射产生的，我们把这样的电流称为光电二极管的光电流。当光照不断增大，光电流就接近于一个极限电流值，此时的这个极限电流值称为亮电流；光线较弱时，产生对应的电流就很小，当小到和反向饱和电流接近时，这个电流值称为暗电流。

有的同学会问：为什么光电二极管在没有光照的时候还会有较小的反向电流，而在较强光照的时候有较大的反向电流呢？由二极管的特性可知，在光电二极管没有受到光照的时候，它呈现的是反向很大的电阻，一般能达到兆欧级，所以在一定反向电压下还是会有微小的电流存在。在有光照的情况下，光电二极管的这个反向的阻值就变得较小，所以这个时候就会有较大的电流产生。

(2) 光电二极管的常用参数

因为光电二极管是一种特殊的二极管，二极管所有的一些特征和参数等光电二极管也有，但是光电二极管与其他普通二极管最大的不同之处就在于它的光电特性。因此在这里学习一下它的一些常用光电特性参数。

① 最高反向工作电压。和其他电子元器件一样，光电二极管的最高反向工作电压是指在它工作时所允许加的最高反向电压值，我们通常用 U_{RM} 来表示。如果加在光电二极管上的电压值超过了最高反向电压值，那么管子就很可能被击穿损坏，造成严重的后果，这样的情况是不允许的。

② 暗电流。暗电流也称无照电流，光电耦合器的输出特性是指在一定的发光电流 I_F 下，光敏管所加偏置电压 V_{CE} 与输出电流 I_C 之间的关系，当 $I_F=0$ 时，发光二极管不发光，此时的光敏晶体管集电极输出电流称为暗电流，一般很小，用 I_D 表示。暗电流是指器件在反偏压条件下，没有入射光时产生的反向直流电流。它包括晶体材料表面缺陷形成的泄漏电流和载流子热扩散形成的本征暗电流。

③ 光电流。与暗电流对应的便是光电流了，用 I_L 表示。对于不同的光电二极管，光电流的值也是不一样的。

④ 灵敏度。光电二极管的灵敏度用 s 来表示，它会在以后的内容中介绍。

⑤ 结电容。光电二极管的结电容和普通二极管的结电容表示意义是一样的，都是指的二极管的 P-N 结处的电容值，用 C_j 表示。在平时用到的直流电路中，这个参数对二极管没有多大的影响；但是在高频的交流电压中，这个电容会对信号产生一定的影响。

⑥ 响应度。响应度是光生电流与产生该事件光功率的比。工

作于光导模式时的典型表达为 A/W。响应度也常用量子效率表示，即光生载流子与引起事件光子的比。

⑦ 峰值波长。峰值波长指的是光电二极管的光谱响应对应的波长。我们在前面的内容中提到，光电二极管主要接收的是可见光和红外线，所以并不是所有的光都能使光电二极管产生光电流。这样能够使光电二极管产生光电流的光，它的波长才被称为光电二极管的峰值波长，它的单位为 nm。

⑧ 噪声等效功率。噪声等效功率（NEP）等效于 1Hz 带宽内均方根噪声电流所需的最小输入辐射功率，是光电二极管最小可探测的输入功率。

⑨ 频率响应特性。光电二极管的频率特性响应主要由 3 个因素决定：光生载流子在耗尽层附近的扩散时间；光生载流子在耗尽层内的漂移时间；负载电阻与并联电容所决定的电路时间常数。

光电二极管与光电倍增管相比，具有电流线性良好、成本低、体积小、重量轻、寿命长、量子效率高（典型值为 80%）及无需高电压等优点，且频率特效好，适宜于快速变化的光信号探测。不足是面积小、无内部增益（雪崩光电管的增益可达 100～1000，光电倍增管的增益则可达 100000000）、灵敏度较低（只有特别设计后才能进行光子计数）、响应时间慢且工艺要求很高。

(3) 光电二极管好坏的判别

首先根据光电二极管外壳上的标记判断其极性，外壳标有色点的引脚或靠近管键的引脚为正极，另一引脚为负极。如无标记可用一块黑布遮住其接收光线信号的窗口，将万用表置 R×1k 挡测出正极和负极，同时测得其正向电阻应在（10～20）kΩ 间，其反向电阻应为无穷大，表针不动。然后去掉遮光黑布，光电二极管接收窗口对着光源，此时万用表表针应向右偏转，偏转角度大小说明其灵敏度高低，偏转角度越大，灵敏度越高。如果在正向和反向测得的电阻值和上述值有较大的偏差，在光照进行实验时万用表的指针没有变化，则表明这个光电二极管就已经损坏了。

8.2 光电三极管

光电三极管也是一种晶体管，它有三个电极。当光照强弱变化时，电极之间的电阻会随之变化。它也能将光信号转变为电信号。

8.2.1 光电三极管的结构特点与图形符号

光电三极管和普通三极管类似，也有电流放大作用。只是它的集电极电流不只是受基极电路的电流控制，也可以受光的控制。光电三极管的灵敏度比光电二极管高，输出电流也比光电二极管大，多为毫安级。但它的光电特性不如光电二极管好，在较强的光照下，光电流与照度不成线性关系。所以光电三极管多用来做光电开关元件或光电逻辑元件。

(1) 光电三极管的结构和外形

和普通三极管一样，光电三极管也分为PNP和NPN两种半导体结构，如图8-7和图8-8所示。因为类型上的差异，所以它们在管心的结构上也有所不同。

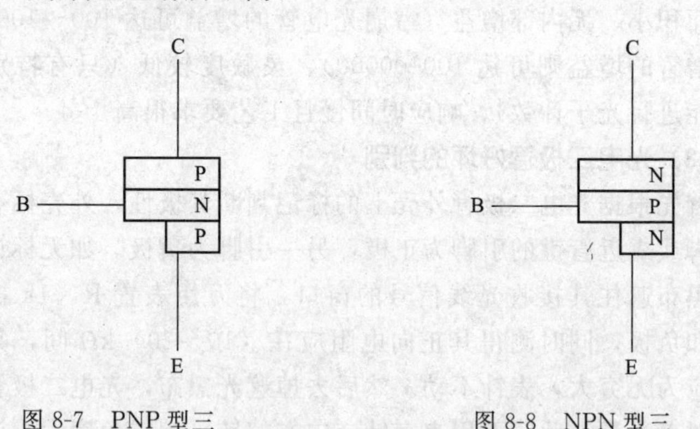

图8-7　PNP型三极管结构管心

图8-8　NPN型三极管结构管心

和普通三极管一样，从光电三极管引出三条引脚，分别是管子的集电极、基极和发射极。为适应光电转换的要求，它的基区面积做得较大，发射区面积做得较小，入射光主要被基区吸收。和光电二极管一样，管子的芯片被装在带有玻璃透镜金属管壳内，当光照射时，光线通过透镜集中照射在芯片上。

从光电三极管伸出的引脚来分，又可以分为两极型光电三极管和三极型光电三极管，如图 8-9 和图 8-10 所示。两极型光电三极管就是指只伸出发射极和集电极两条引脚，三极型光电三极管伸出三极管的全部三个引脚。

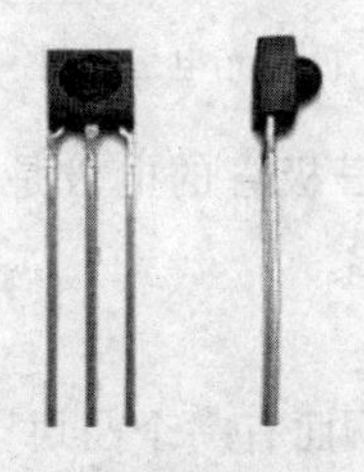
图 8-9　三极型光电三极管

图 8-10　两极型光电三极管

(2) 光电三极管的图形符号

图 8-11 和图 8-12 所示为 PNP 型光电三极管的三极型和两极型图形符号。

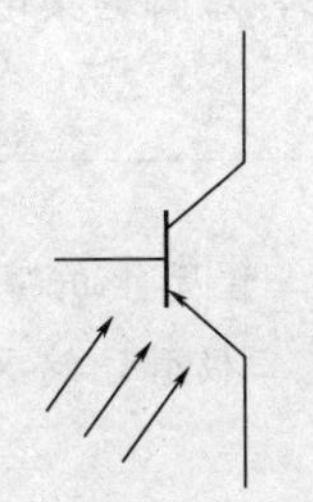
图 8-11　PNP 型三极型光电三极管

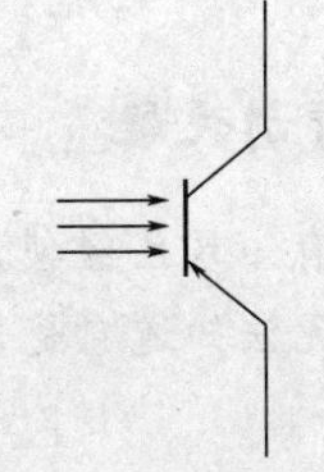
图 8-12　PNP 型两极型光电三极管

图 8-13 和图 8-14 所示为 NPN 型光电三极管的三极型和两极型图形符号。

通过对以上不同型类光电三极管电路符号的观察可知，光电三极管的电路符号就是在普通三极管的电路符号旁边画几条代表光照

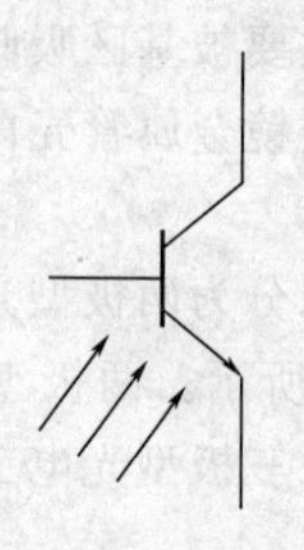

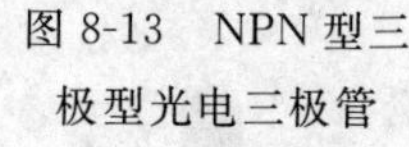

图 8-13 NPN 型三极型光电三极管

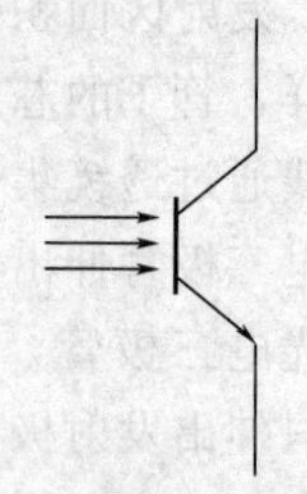

图 8-14 NPN 型两极型光电三极管

的箭头，各电极的表示方法和意义与普通三极管的电极是一样的。两极型光电三极管的电路符号不画出基极 B。

（3）光电三极管的引脚识别

对于金属壳封装的光电三极管，金属下面有一个凸块，与凸块最近的那只脚为发射极 E。如果该管仅有两只脚，那么剩下的那条脚则是光电三极管的集电极 C。假若该管有三只脚，那么与 E 脚最近的则是基极 B，离 E 脚远者则是集电极 C。对环氧平头式、微型光电三极管的引脚识别方法是这样的：由于这两种管子的两只脚不一样，所以识别最容易——长脚为发射极 E，短脚为集电极 C。

特别提醒

倘若有一只已经使用过的光电三极管，管壳上的字样无法辨认，甚至无法知道它是光电三极管还是光电二极管。这又该怎样辨别呢？

取一块万用表，拨至 R×1k 挡。设待测管为一只光电三极管（例如 3Du23）。首先把该管放在暗处，负表笔接集电极 C，正表笔接发射极 E，可以发现表针微微摆动。再把该管放在光线很强的地方，这时会发现接收到的光线越强，表针指示的阻值越小，一直降到几千欧。这时可再将万用表拨到 R×100Ω 挡，若阻值降到几百欧，则此管为光电三极管，否则就是光电二极管。倘若测试结果与上述不符，则有可能是表笔接错，可将表笔互换一下再测。

8.2.2 光电三极管的工作原理

和普通三极管很不同的一点就是，在光电三极管工作时，基极 B 不加电压。剩下的集电极 C 和发射极 E 的偏置条件和普通的三极管相同。集电极 C—发射极 E 加的电压方向与发射极箭头所示的方向一致，基极 B 是通过一个电阻与发射极 E 连接的，如图 8-15 所示。而对于两极型三极管，只在集电极 C—发射极 E 加电压。

按照图 8-15 把元器件连接好后，如果在没有光线照到光电三极管的感光部分时，则集电极 C—发射极 E 只有很小的电流穿过，这个电流称为光电三极管的暗电流。如果是较高质量的光电三极管，由于这个暗电流值非常小，就算是微安表也测不出来这个极小的电流值。暗电流也是光电三极管的静态工作电流值。

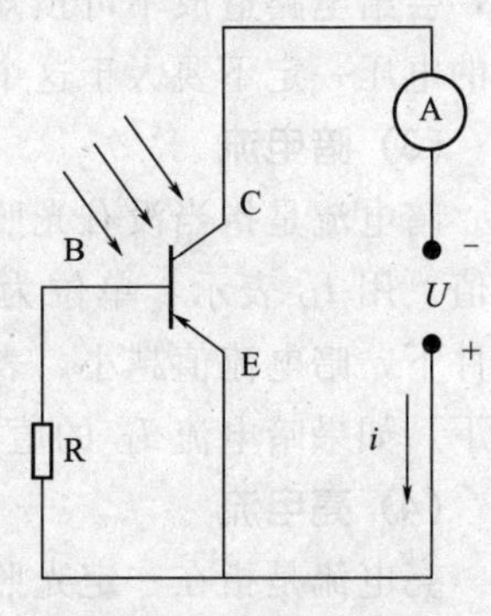

图 8-15 光电三极管工作原理图

当有一定的强度的光照在光电三极管的感光部分时，由于光电三极管的光电效应，这个时候管子会导通，电路中会有一定的电流流过，这个电流值称为光电流。光电流的大小是随着光电三极管所受光照强度的变化而变化的。光照强度越强，则光电流越大；当光照强度越弱，则光电流就越小。由上面的实验可以得出下面的结论：光电三极管通过的光电流值来反映照射在它上面光照的强度，它可以把相应的光信号反映到对应的电流信号，这就是光电三极管的工作原理。

8.2.3 光电三极管的参数

(1) 反向击穿电压 BU_{ceo}

它是指当基极 B 开路时，集电极 C—发射极 E 的反向击穿电压。当光电三极管不受基极B控制或者是没有基极B的时候，反向击穿电压也是用 BU_{ceo} 表示。在常见的光电三极管手册中，一般会给出反向击穿电压 BU_{ceo} 的最小值。

（2）最高反向电压

最高反向电压是指光电三极管集电极C－发射极E允许加上的反向电压的最大值，用 U_{RM} 表示，单位为V，它是描述光电三极管承受电压的一种能力。在实际使用中，当外界加在光电三极管上的反向电压 U_R 大于最高反向电压 U_{RM} 时，管子就很可能被击穿烧坏，会给电路造成不可预知的后果，所以在实际使用中，加在管子上的电压一定不要大于这个最高反向电压值。

（3）暗电流

暗电流是指当没有光照射在光电三极管上时，流过三极管的电流值。用 I_D 表示，单位为 μA。在测试光电三极管时，没有光照条件下，暗电流值越小，表明管子的质量就越好。当没有光照的情况下，如果暗电流 I_D 的值很大，说明三极管可能已经损坏。

（4）亮电流

亮电流是指在一定光照强度照射在光电三极管上时，流过三极管的电流值。用 I_L 表示，单位为mA。由于光电三极管在受到不同光照强度照射时产生的光电流不同，这个参数的测量一般是在开氏温度2856K，集电极电压为10V，光照强度为1000 lx的条件下测量的。

（5）响应时间

光电三极管的响应时间是反映当三极管有光照时有电流通过而没光照时就没有电流通过这一时间概念。它具体表示光电三极管自撤销光照之时算起，到光电流下降到有光照电流的63％时所需要的时间，用 t_r 表示，单位为s或者ns。响应时间也称之为光电三极管的开关时间，它的值越小，表明光电三极管的质量越好。

（6）光调截止频率

光电三极管的工作频率称为调制光频，放大倍数与调制光频的曲线关系，称为光电三极管的频率特性曲线。当这个曲线下降到

0.707 处所对应的调制光频为光调截止频率。

8.2.4 光电三极管的应用

(1) 测量光亮度

在教室图书馆，很多时候荧光灯白天也亮着，在宿舍里面，荧光灯经常是昼夜不息，同学们对这种浪费已经麻木不仁了。有的同学早晨去教室，虽然教室很明亮但还要开灯，虽然一盏荧光灯不会浪费多少资源，但积少成多，浪费就是很大了。因此，可以在教室安装一个控制电路，当亮度达到一定程度的时候，使得教室里面和宿舍里面荧光灯将无法启动。可以利用光电三极管附加电磁继电器来完成这个电路。采光点的选取是一个关键，因为并不是每一个教室的明亮程度都是相同的，可以采用多点取样来达到这个要求。例如在 20 个教室中都安放光电三极管，我们可以设置，如果它们全部或者大部分亮度都很高，那么，荧光灯就无法正常启动，从而达到节约能源的目的。

还有一种情况，就是如果有一天天空布满了乌云，亮度不够，那么荧光灯可以开启了。但是不久云开雾散，天气放晴，荧光灯不会自动关闭，同样造成很大浪费。可以在采光点所在的教室外面再安装一个采光点，当室内外强度的差值缩小到一定范围时，可以认为荧光灯的作用可以忽略了，荧光灯就会自动关闭。

另外一种情况，如果教室外面正下雨，教室里面日光灯亮着，此时窗外一个闪电，使得外面很亮，荧光灯就关闭了，这会造成麻烦。因此要避免这种问题。方法就是在电路中安装计数器，使得亮度差维持一定时间才可以使荧光灯强制关闭。

(2) 非接触测量转速

转矩传感器在旋转轴上安装着 60 条齿缝的测速轮，在传感器外壳上安装的一只由发光二极管及光电三极管组成的槽型光电开关架，测速轮的每一个齿将发光二极管的光线遮挡住时，光电三极管就输出一个高电平，当光线通过齿缝射到光敏管的窗口时，光电三极管就输出一个低电平，旋转轴每转一圈就可得到 60 个脉冲，因此，每秒钟检测到的脉冲数恰好等于每分钟的转速值。

(3) 亮通光电控制电路

当有光线照射于光电器件上时，使继电器有足够的电流而动作，这种电路称为亮通光电控制电路，也叫明通控制电路。图 8-16所示为一个简单的亮通光电控制电路。

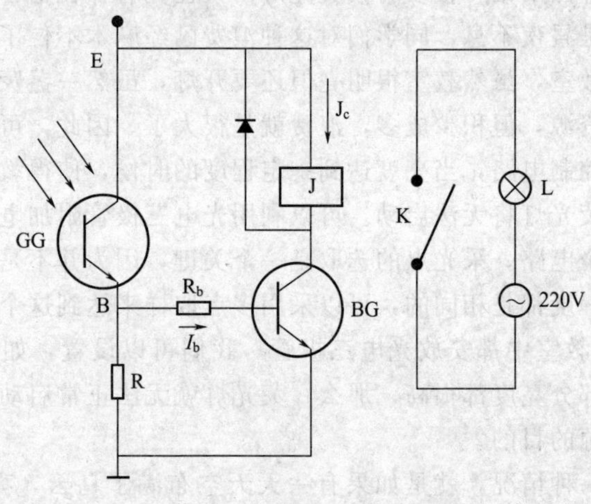

图 8-16 亮通光电控制电路

(4) 暗通光电控制电路

如果光电继电器不受光照时能使继电器动作，而受光照时继电器释放，则称它为暗通控制电路，图 8-17 所示为一个简单的暗通光电控制电路。

(5) 印刷机纸张监控器

印刷机纸张监控器可以自动监测每次印刷的纸张是否为一张，如果不是一张则发出报警讯响，停止印刷，待整理好纸张后，再开始工作。图 8-18 所示为一个简单的印刷机纸张监控器电路。

(6) 光电三极管好坏判别

当我们使用光电三极管的时候，如何来判别它的好坏呢？光电三极管引脚较长的是发射极，另一引脚是集电极。检测时首先选一块黑布遮住起接收窗口，将万用表置 R×1k 挡，两表笔任意接两个引脚，测得结果其表针都不动（电阻无穷大），在移去遮光布，

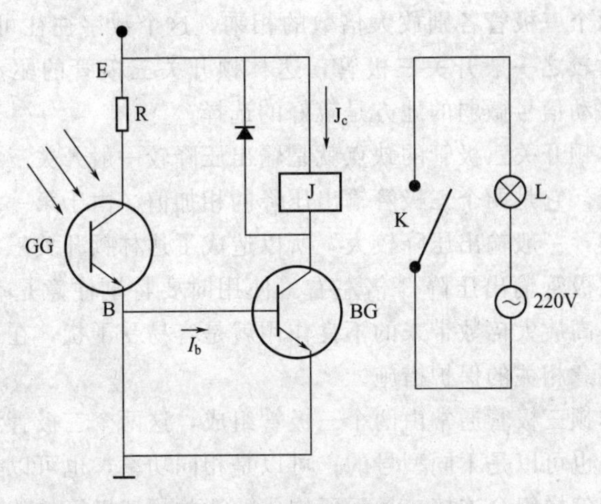

图 8-17　暗通光电控制电路

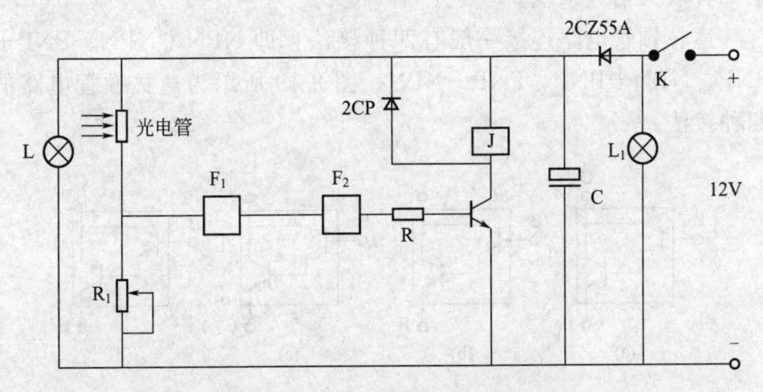

图 8-18　印刷机纸张监控器电路

万用表指针向右偏转至（15～35)k，其向右偏转角度越大说明其灵敏度越高，有这样的现象表明光电三极管能够正常的工作，否则，则表示光电三极管可能已经损坏。

8.2.5 达林顿光电三极管

(1) 达林顿光电三极管基础知识

达林顿光电三极管是由两颗三极管串接组合而成的。电流放大倍数是两个三极管各别放大倍数的相乘，这个数字往往可以过万。很明显，较之一般开关三极管，达林顿开关三极管的驱动电流甚小，在驱动信号微弱的地方是较好的选择。

达林顿开关三极管的缺点就是输出压降较一般开关三极管多了一个量级，它是两个三极管输出压降的相加值。由于第一级三极管功率较小，一般输出压降较大，所以造成了达林顿开关三极管是一般开关三极管输出压降 3 倍左右。使用时要特别注意是否产生高温；另外高放大倍数带来的不良作用就是容易受干扰，在设计电路时也要注意相关的保护措施。

达林顿三极管通常由两个三极管组成，这两个三极管可以是同型号的，也可以是不同型号的；可以是相同功率，也可以是不同功率。无论怎样组合连接，最后所构成的达林顿三极管的放大倍数都是二者放大倍数乘积。

达林顿管电路连接一般有四种接法：即 NPN＋NPN、PNP＋PNP、NPN＋PNP、PNP＋NPN。图 8-19 所示为达林顿管电路的四种接法。

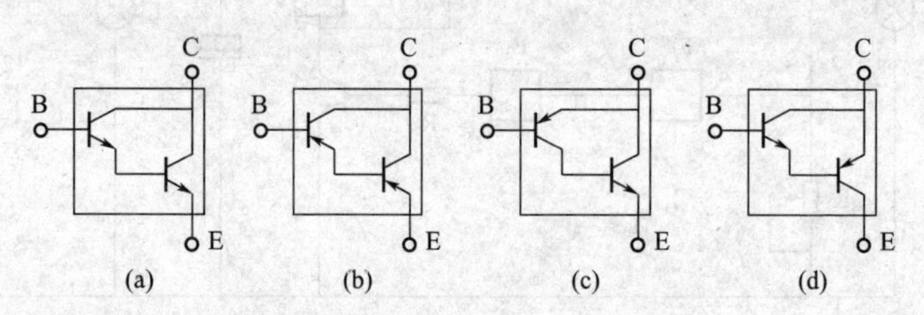

图 8-19　达林顿管电路的四种接法

图 8-19 中（a）、（b）所示同极性接法；（c）、（d）所示异极性接法。在实际应用中，用得最普遍是前两种接法。通常，（a）接法达林顿三极管叫“NPN 达林顿三极管”；而（b）接法的达林顿三极管称为“PNP 达林顿管”。两个三极管复合成一个新的达林顿管后，它的三个电极仍然叫：B→基极、C→集电极、E→发射极。达林顿管有一个特点就是两个三极管中，前面三极管的功率一般比后面三极管的要小，前面三极管基极为达林顿管基极，后面三极管射

极为达林顿管射极。所以达林顿管在电路中使用方法与单个普通三极管一样，只是放大倍数是两个三极管放大倍数的乘积。

(2) 达林顿管的性能特点

① 放大倍数大（可达数百、数千倍）。

② 驱动能力强。

③ 功率大。

④ 开关速度快。

⑤ 可做成功率放大模块。

⑥ 易于集成化。

(3) 达林顿管的主要用途

① 多用于大负载驱动电路。

② 多用于音频功率放大器电路。

③ 多用于中、大容量的开关电路。

④ 多用于自动控制电路。

8.3 光敏电阻和光电池

8.3.1 光敏电阻的常识与应用

光敏电阻又称光导管，常用的制作材料为硫化镉，另外还有硒、硫化铝、硫化铅和硫化铋等材料。这些制作材料具有在特定波长的光照射下，其阻值迅速减小的特性。这是由于光照产生的载流子都参与导电，在外加电场的作用下作漂移运动，电子奔向电源的正极，空穴奔向电源的负极，从而使光敏电阻器的阻值迅速下降。常见的光敏电阻如图 8-20 所示。

(1) 光敏电阻的结构和符号

图 8-21 所示为光敏电阻的结构图，它由上下两个电极、两边透明材料形成的透明板和光敏层构成。当光照在光敏层上时，由于光敏材料对光特别敏感，导致整个电阻的阻值发生变化。

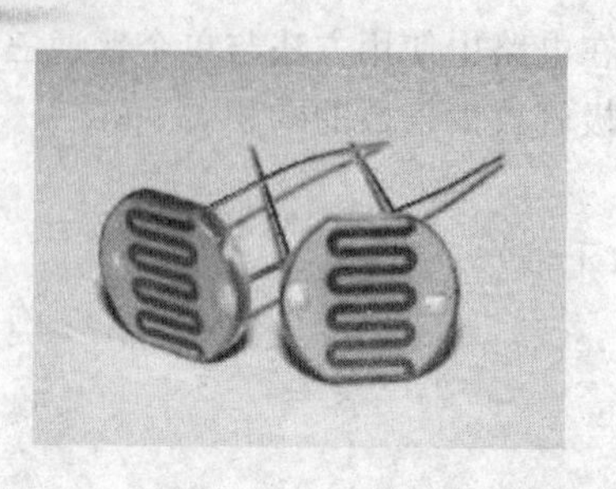
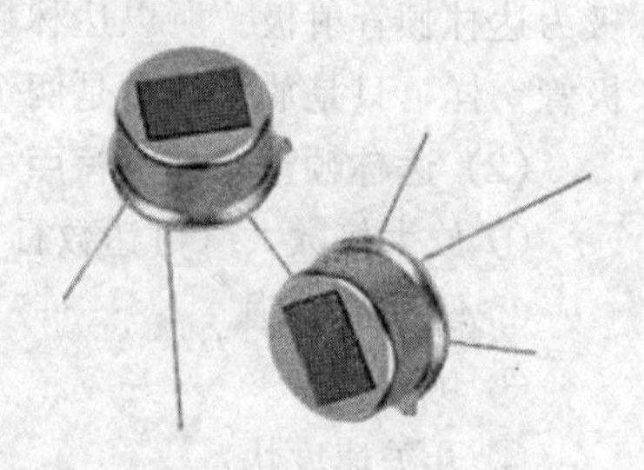

图 8-20　常见的光敏电阻

图 8-22 所示为光敏电阻的电路符号，它和普通的电阻在电路中的符号外形没有多大的区别，在电阻符号上加上一个圆圈，并且用几个箭头表示光照，这样就形成了光敏电阻的电路符号。

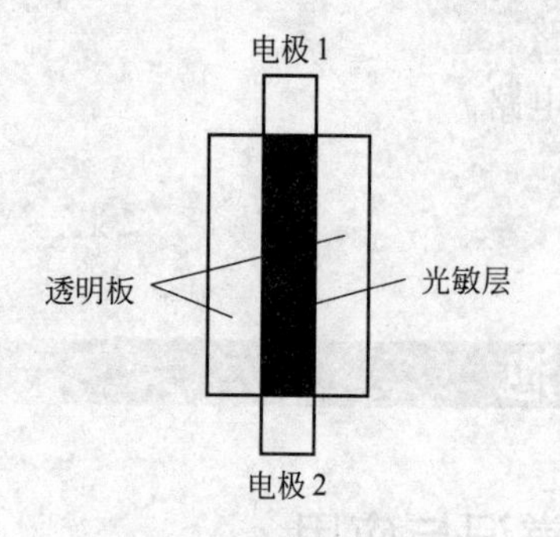

图 8-21　光敏电阻的结构

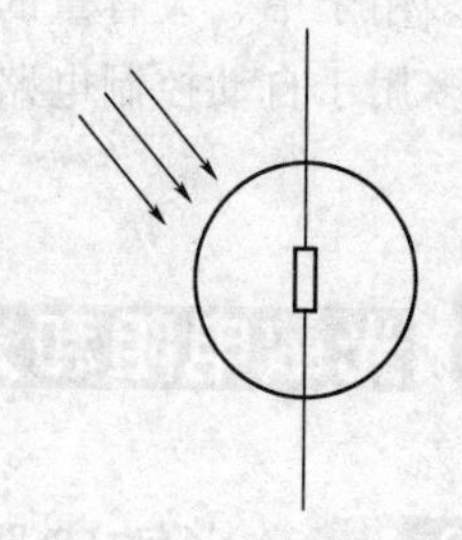

图 8-22　光敏电阻的电路符号

（2）光敏电阻的工作原理

以 MG45 型光敏电阻为例通过实验的方法说明光敏电阻的工作原理。将万用表的挡位调到测电阻挡，然后将表的两个指针分别夹在 MG45 型光敏电阻的两端。先将光敏电阻周围的光遮挡起来，保证光敏电阻的两端没有光照，这个时候测得的电阻值是一个比较大的值。电路示意图如图 8-23 所示。

在光敏电阻处于没有光照时测得它的电阻值，称之为光敏电阻的暗阻，用 R_D 表示。然后，用一定的光源来照射 MG45 型光敏电阻，使它得到一定强度的光照射，这个时候测得的电阻值是一个比较小的值。在这样一定强度的光照下测得的光敏电阻的阻值，称之为亮阻，用 R_L 表示。此时电路示意图如图 8-24 所示。

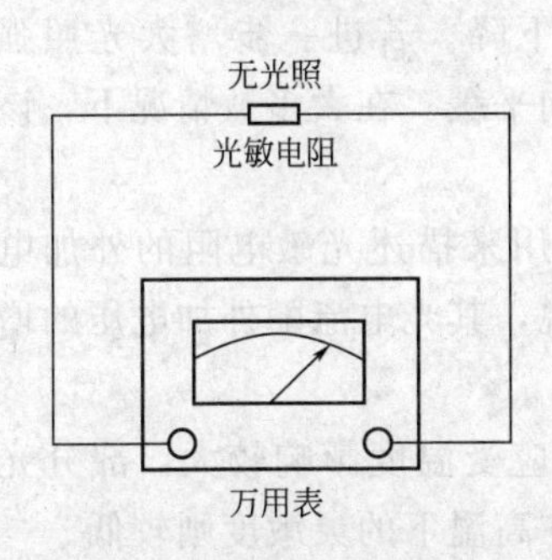

图 8-23 光敏电阻的工作原理演示电路 1

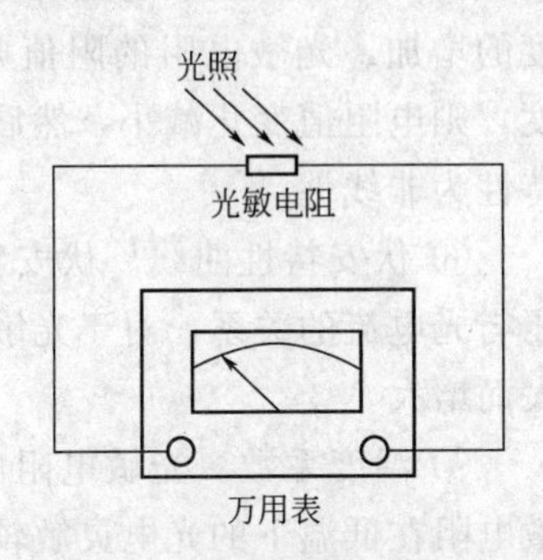

图 8-24 光敏电阻的工作原理演示电路 2

通过实验可知，光敏电阻的阻值会随着光照强度的改变而改变。当光照强度增强时，光敏电阻的阻会减小；当光照强度减弱时，光敏电阻的阻会增大。

(3) 光敏电阻的参数特性

根据光敏电阻的光谱特性，可分为三种光敏电阻器：紫外光敏电阻器、红外光敏电阻器、可见光光敏电阻器。

光敏电阻的主要参数是：

① 光电流、亮电阻。光敏电阻器在一定的外加电压下，当有光照射时，流过的电流称为光电流，外加电压与光电流之比称为亮电阻，常用“100lx”表示。

② 暗电流、暗电阻。光敏电阻在一定的外加电压下，当没有光照射的时候，流过的电流称为暗电流。外加电压与暗电流之比称为暗电阻，常用“0lx”表示。

③ 灵敏度。灵敏度是指光敏电阻不受光照射时的电阻值（暗电阻）与受光照射时的电阻值（亮电阻）的相对变化值。

④ 光谱响应。光谱响应又称光谱灵敏度，是指光敏电阻在不同波长的单色光照射下的灵敏度。若将不同波长下的灵敏度画成曲线，就可以得到光谱响应的曲线。

⑤ 光照特性。光照特性指光敏电阻输出的电信号随光照度而

变化的特性。从光敏电阻的光照特性曲线可以看出，随着的光照强度的增加，光敏电阻的阻值开始迅速下降。若进一步增大光照强度，则电阻值变化减小，然后逐渐趋向平缓。在大多数情况下，该特性为非线性。

⑥ 伏安特性曲线。伏安特性曲线用来描述光敏电阻的外加电压与光电流的关系，对于光敏器件来说，其光电流随外加电压的增大而增大。

⑦ 温度系数。光敏电阻的光电效应受温度影响较大，部分光敏电阻在低温下的光电灵敏较高，而在高温下的灵敏度则较低。

⑧ 额定功率。额定功率是指光敏电阻用于某种线路中所允许消耗的功率，当温度升高时，其消耗的功率就降低。

(4) 光敏电阻的应用

光敏电阻属半导体光敏器件，除具灵敏度高，反应速度快，光谱特性及r值一致性好等特点外，在高温、多湿的恶劣环境下，还能保持高度的稳定性和可靠性，可广泛应用于照相机、太阳能庭院灯、草坪灯、验钞机、石英钟、音乐杯、礼品盒、迷你小夜灯、光控开关、路灯自动开关以及各种光控玩具、光控灯饰、灯具等光自动开关控制领域。下面给出几个典型应用电路。

① 调光电路。图 8-25 是一种典型的光控调光电路，其工作原理是：当周围光线变弱时引起光敏电阻的阻值增加，使加在电容 C 上的分压上升，进而使晶闸管的导通角增大，达到增大照明灯两端电压的目的。反之，若周围的光线变亮，则 R_G 的阻值下降，导致晶闸管的导通角变小，照明灯两端电压也同时下降，使灯光变暗，从而实现对灯光照度的控制。

上述电路中整流桥给出的是必须是直流脉动电压，不能将其用电容滤波变成平滑直流电压，也可使电容 C 的充电在每个半周从零开始，准确完成对晶闸管的同步移相触发。

② 光控开关。以光敏电阻为核心元件的带继电器控制输出的光控开关电路有许多形式，如自锁亮激发、暗激发及精密亮激发、暗激发等，下面给出几种典型电路。

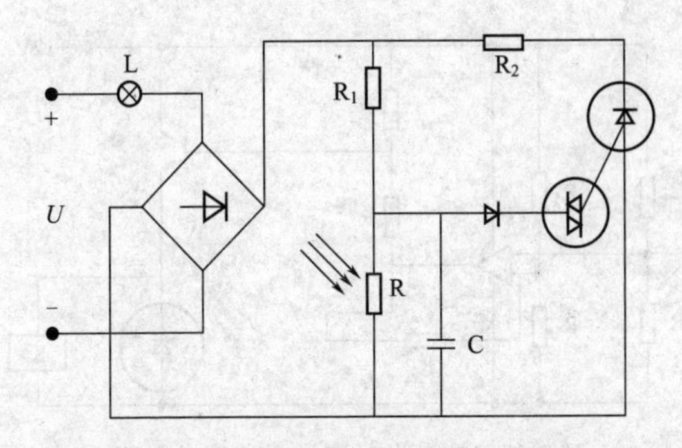

图 8-25 光敏电阻的工作原理

图 8-26 是一种简单的暗激发继电器开关电路。其工作原理是：当照度下降到设置值时由于光敏电阻阻值上升激发 VT_1 导通，VT_2 的激励电流使继电器工作，常开触点闭合，常闭触点断开，实现对外电路的控制。

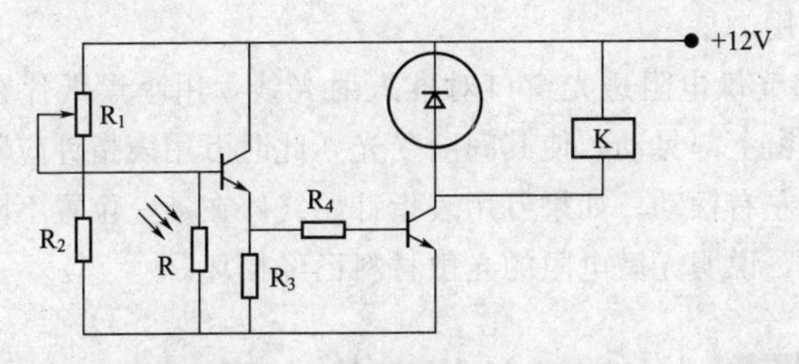

图 8-26 暗激发继电器开关电路

③ 暗激发时滞继电器开关。图 8-27 是一种精密的暗激发时滞继电器开关电路。其工作原理是：当照度下降到设置值时由于光敏电阻阻值上升使运放的反相端电位升高，其输出激发 VT 导通，VT 的激励电流使继电器工作，常开触点闭合，常闭触点断开，实现对外电路的控制。

(5) 光敏电阻好坏判别

① 用一黑纸片将光敏电阻的透光窗口遮住，此时万用表的指针基本保持不动，阻值接近无穷大。此值越大说明光敏电阻性能越好。若此值很小或接近为零，说明光敏电阻已烧穿损坏，不能再继

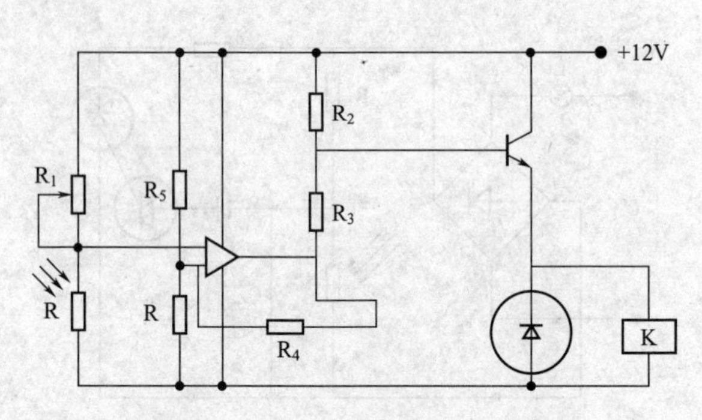

图 8-27　暗激发时滞继电器开关电路

续使用。

② 将一光源对准光敏电阻的透光窗口，此时万用表的指针应有较大幅度的摆动，阻值明显减小，此值越小说明光敏电阻性能越好。若此值很大甚至无穷大，表明光敏电阻内部开路损坏，也不能再继续使用。

③ 将光敏电阻透光窗口对准入射光线，用小黑纸片在光敏电阻的遮光窗上部晃动，使其间断受光，此时万用表指针应随黑纸片的晃动而左右摆动。如果万用表指针始终停在某一位置不随纸片晃动而摆动，说明光敏电阻的光敏材料已经损坏。

8.3.2　光电池的常识与应用

光电池是一种在光的照射下产生电动势的半导体元件，它的英文名称：photovoltaic cell。光电池的种类很多，常用有硒光电池、硅光电池和硫化铊、硫化银光电池等。主要用于仪表，自动化遥测和遥控方面。有的光电池可以直接把太阳能转变为电能，这种光电池又叫太阳能电池。太阳能电池作为能源广泛应用在人造地卫星、灯塔、无人气象站等处。常见的光电池如图 8-28 所示。

光电池是一种特殊的半导体二极管，能将可见光转化为直流电。有的光电池还可以将红外光和紫外光转化为直流电。光电池是太阳能电力系统内部的一个组成部分，太阳能电力系统在替代现在

图 8-28 常见的光电池

的电力能源方面正有着越来越重要的地位。最早的光电池是用掺杂的氧化硅来制作的，掺杂的目的是为了影响电子或空穴的行为。其他的材料，例如 CIS，CdTe 和 GaAs，也已经被开发用来作为光电池的材料。有两种基本类型的半导体材料，分别叫做正电型（或 P 型态）和负电型（或 N 型态）。在一个 PV 电池中，这些材料的薄片被一起放置，而且它们之间的实际交界叫做 P-N 结。通过这种结构方式，P-N 结暴露于可见光，红外光或紫外线下，当射线照射到 P-N 结的时候，在 P-N 结的两侧产生电压，这样连接到 P 型材料和 N 型材料上的电极之间就会有电流通过。一套 PV 电池能被一起连接形成太阳的模组、行列或面板。用来产生可用电能的 PV 电池就是光电伏特计。光电伏特计的主要优点之一是没有污染，只需要装置和阳光就可工作。另外的一个优点是太阳能是无限的。一旦光电伏特计系统被安装，它能提供在数年内提供能量而不需要花费，并且只需要最小的维护。

(1) 光电池的原理和结构

光电池是利用光生伏特效应制成的无偏压光电转换器件，由于其内部可能存在 P-N 结，因此也称为结型探测器，简称 PV 探测器。光电池有两类用途，一是作为能量转换装置，例如作为太阳能电池，将光能转变为电能，成为一种绿色电源；二是用作光电探测器件，将光信号转变为电信号，起测量作用。光电池的结构分为两种类型，一种是金属-半导体接触型，另一种是P-N结型，如图8-29所示。

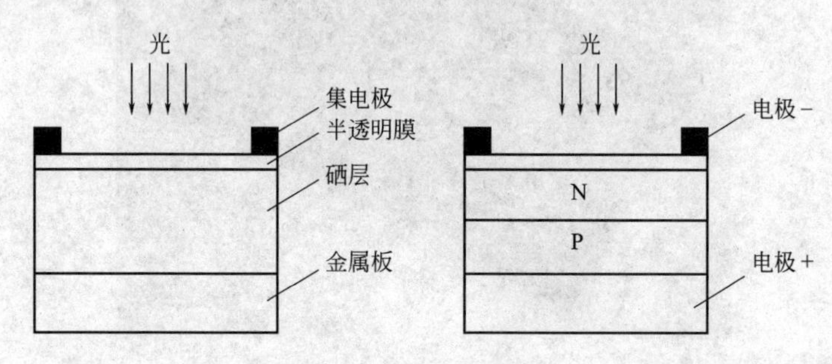

图8-29　光电池的结构

制作光电池的材料一般有硅（Si）、硒（Se）、砷化镓（GaAs）、氧化亚铜（Cu_2O）、硫化镉（CdS）和硫化银（AgS）等，用作透明电极的材料有Cu_2S、$SnCl_4$。其中硒光电池、硅光电池和以砷化镓为材料的光电池应用比较广泛。硒光电池的结构属于金属-半导体接触型。在铁或铝的基底上镀一层镍，然后将P型半导体硒涂在上面，再镀一层半透明氧化膜（金或氧化镉），最后安装电极、引线，就形成了光伏器件。

当光照射到半透明膜下的硒表面时，由于硒的本征吸收而产生了电子-空穴对，在导电膜与半导体硒交界处的势垒作用下，电子流向导电膜一边，空穴则向另一边集中，从而形成光生电动势。另一种光电池，硅光电池是P-N结型结构，在P型（或N型）半导体硅表面扩散一层N（或P型）杂质以形成P-N结，就组成了最基本的光伏器件结构。硅光电池可分为单晶硅光电池和多晶硅光电池。单晶硅材料制成的光电池有两种类型：以P型硅为衬底的2DR型（在衬底上扩散磷形成N型薄层）和以N型硅为衬底的2CR型（在衬底上扩散硼形成P型薄层）。为了提高效率，在受光面上要形成SiO_2氧化层，以防止表面反射，且将表面电极做成梳状，以减少光生载流子的复合而提高转换效率。

太阳能电池将太阳光能直接转化为电能。不论是独立使用还是并网发电，光伏发电系统主要由太阳能电池板（组件）、控制器和逆变器三大部分组成，它们主要由电子元器件构成，不涉及机械部件，所以，光伏发电设备极为精炼、可靠稳定寿命长、安装维护简便。图 8-30 所示为一种太阳能电池。

理论上讲，光伏发电技术可以用于任何需要电源的场合，上至航天器，下至家用电源，大到兆瓦级电站，小到玩具，光伏电源无处不在，如图 8-31 为太阳能电池等效电路。

图 8-30 太阳能电池

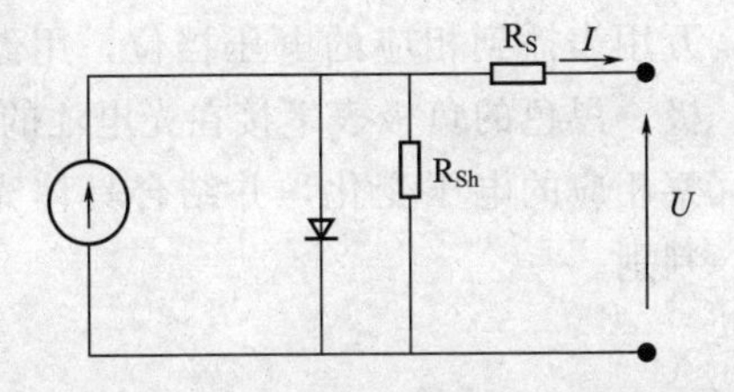

图 8-31 太阳能电池等效电路

以晶体硅材料制备的太阳能电池主要包括：单晶硅、多晶硅、非晶硅和薄膜电池等。单晶硅电池具有电池转换效率高，稳定性好等优点，但是成本较高；非晶硅太阳电池则具有生产效率高，成本低廉等优点，但是转换效率较低，而且效率衰减得比较厉害；铸造多晶硅太阳能电池则具有稳定得转换的效率，而且性能价格比最高；薄膜晶体硅太阳能电池则现在还只能处在研发阶段。目前，铸造多晶硅太阳能电池已经取代直拉单晶硅成为最主要的光伏材料。但是铸造多晶硅太阳能电池的转换效率略低于直拉单晶硅太阳能电池，材料中的各种缺陷，如晶界、位错、微缺陷，和材料中的杂质碳和氧，以及工艺过程中玷污的过渡族金属被认为是电池转换效率较低的关键原因，因此关于铸造多晶硅中缺陷和杂质规律的研究，以及工艺中采用合适的吸杂，钝化工艺是进一步提高铸造多晶硅电池的关键。目前量产的单晶硅电池转换效率在 17%左右，多晶硅电池转换效率在16%左右，而薄膜电池量产的转换效率为10%左右。

目前，光伏发电产品主要用于三大方面：一是为无电场合提供电源，主要为广大无电地区居民生活生产提供电力，还有微波中继电源、通信电源等；另外，还包括一些移动电源和备用电源；二是太阳能日用电子产品，如各类太阳能充电器、太阳能路灯和太阳能草坪灯等；三是并网发电，这在发达国家已经大面积推广实施。我国并网发电还未起步。

(2) 光电池好坏判别

对于光电池的检测，一般情况下只需要对它开路的电压和短路时的电流进行测量就可以判别它的好坏。取一个型号的光电池，将万用表播到相应的电压挡位，用红色的正极表笔接在光电池的正极，黑色的负极表笔接在光电池的负极，让光照射在光电池上，观察相应的电压变化，并结合具体光电池的参数对电池的好坏进行判别。

8.4 光控晶闸管

光控晶闸管又称光触发晶闸管，是利用一定波长的光照信号触发导通的晶闸管。小功率光控晶闸管只有阳极和阴极两个端子，大功率光控晶闸管则还带有光缆，光缆上装有作为触发光源的发光二极管或半导体激光器。由于采用光触发保证了电路与控制电路之间的绝缘，而且可以避免电磁干扰的影响，因此光控晶闸管目前在高压大功率的场合，如高压直流输电和倒牙核聚变装置中，占据重要的地位。

8.4.1 光控晶闸管的结构特点与图形符号

(1) 光控晶闸管的结构特点

通常晶闸管有三个电极：a极、g极和k极。而光控晶闸管由于其控制信号来自光的照射，没有必要再引出控制极，所以只有两个电极。但它的结构与普通晶闸管一样，是由四层 PNPN 器件构成，常见的光控晶闸管如图 8-32 所示。

图 8-32 常见光控晶闸管

光控晶闸管有单向和双向之分。其中单向光控晶闸管的结构与普通晶闸管相同，也是由 P1-N1-P2-N2 四层半导体材料构成的三个 P-N 结。根据不同的生产要求，引出三个电极的光控晶闸管称为三极光控晶闸管，只有两个引出电极的光控晶闸管称为两极光控晶闸管。

双向光控晶闸管的结构和普通的双向晶闸管结构类似，它的作用等效于两个反向的并联单向晶闸管，它的两侧做成斜面，这样就可以接受两个不同方向的光线射入。因为它的内部由两个等效单向晶闸管组成，所以在它的中间有一个阻止载流子移动的隔离区。

(2) 光控晶闸管的图形符号

一般的光控晶闸管有两种封装：塑料和金属。这两种封装都有一个让光射入的窗口，如图 8-33 所示。

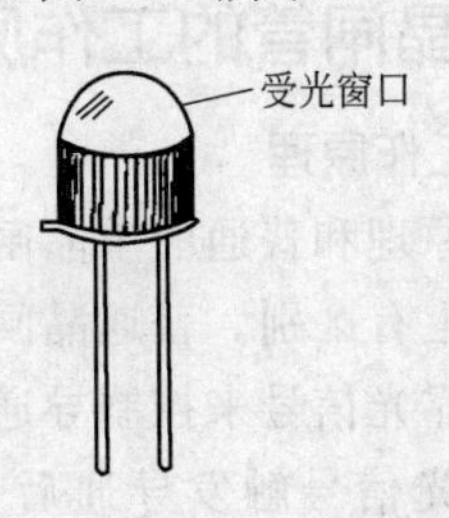

图 8-33 常见光控晶闸管

对于三极型的单向光控晶闸管，有 a 极、g 极和 k 极，如图 8-34和图 8-35 所示。

对于两极型光控晶闸管，只有 a 极和 k 极，如图 8-36和图 8-37 所示。

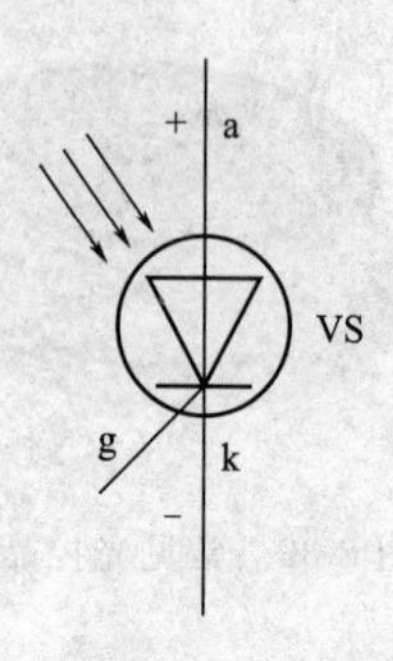

图 8-34 三极单向光控晶闸管

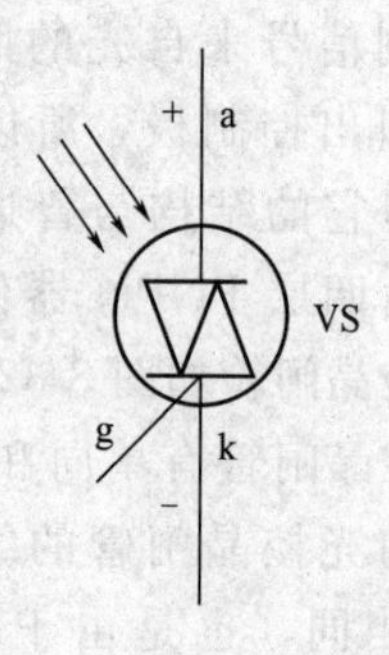

图 8-35 三极双向光控晶闸管

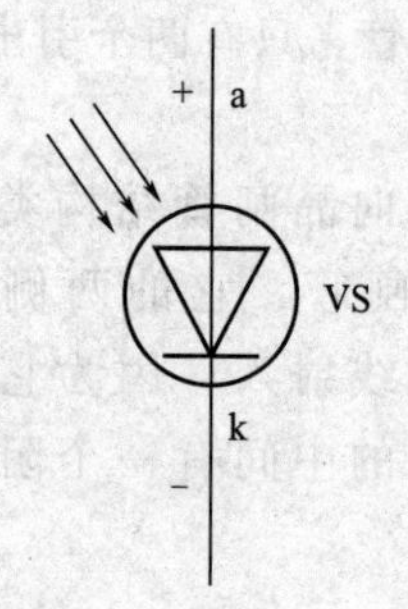

图 8-36 两极单向光控晶闸管

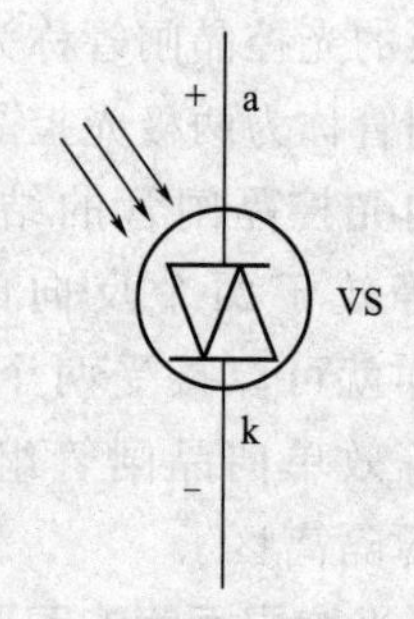

图 8-37 两极双向光控晶闸管

8.4.2 光控晶闸管的工作原理与特性

(1) 光控晶闸管的工作原理

光控晶闸管的工作原理和普通的单晶闸管和双晶闸管一样，只是在控制的形式和方式上有区别。普通晶闸管靠控制极加上信号触发导通；光控晶闸管是靠光信号来控制导通。

光控晶闸管一旦被光信号触发导通后，如果现在把光信号撤销，光控晶闸管仍然会保持导通的这个状态不变，除非这个撤销两极的电压或者外加一个反向的电压，光控晶闸管才会由导通的状态变成截止状态，这个性质和普通的晶闸管特性是一样的。

光控双向晶闸管与普通双向晶闸管的触发特点有所不同。当在普通双向晶闸管在加上正和反向触发电压都可以导通。光控双向晶闸管在有光时导通，在没有光的时候截止。光控双向晶闸管与普通双向晶闸管的关断特性相同，两者都是在撤销主电压或者将主电压反向时，才能使双向晶闸管由导通状态变成截止状态。

(2) 光控晶闸管的特性

为了使光控晶闸管能在微弱的光照下触发导通，因此必须使光控晶闸管在极小的控制电流下能可靠地导通。这样光控晶闸管受到了高温和耐压的限制，在目前的条件下，不可能与普通晶闸管一样做成大功率的。

光控晶闸管除了触发信号不同以外，其他特性基本与普通晶闸管是相同的，因此在使用时可按照普通晶闸管选择，只要注意它是光控这个特点就行了。光控晶闸管对光源的波长有一定的要求，即有选择性。波长在 0.8～0.9μm 的红外线及波长在 1μm 左右的激光，都是光控晶闸管较为理想的光源。

8.4.3 光控晶闸管的应用与注意事项

(1) 光控晶闸管的应用

图 8-38 所示是利用光控晶闸管控制电灯熄灭的工作原理图。在电路正常工作时，电源电压先经过桥式整流成为半波直流电，经过处理的电压再加到单向光控晶闸管上。当有光照射在光控晶闸管时，它导通电流。把交流电加到负载上，这样就点亮了灯；在没有

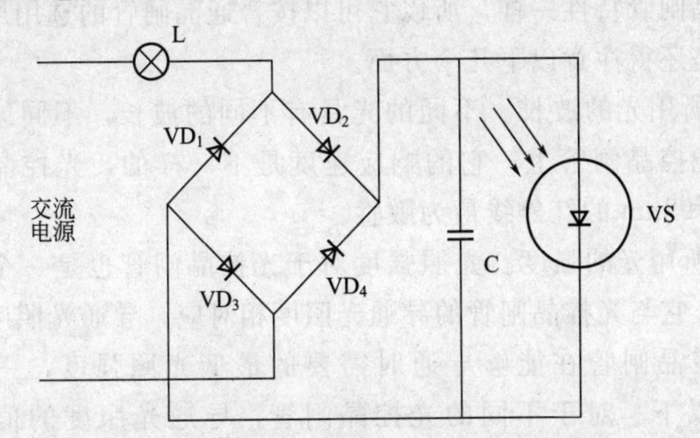

图 8-38 光控晶闸管控制电灯熄灭的工作原理图

光照射在光控晶闸管时，交流电压将在电压过零的时候，自动关断单向光控晶闸管，这样灯光就熄灭了。

图 8-39 所示为应用双向光控晶闸管控制电扇的电路。当有光照射在光控晶闸管上时，电流导通，电扇正常工作；当没有光照射在光控晶闸管上时，光控晶闸管截止，没有电流导通，电扇不动。

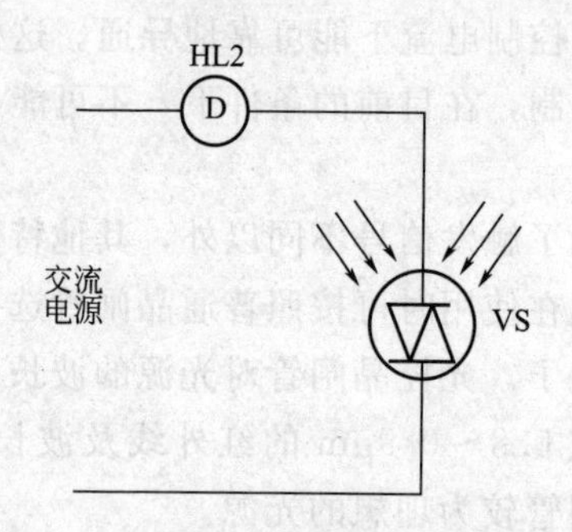

图 8-39　双向光控晶闸管控制电扇

从上面的两图光控晶闸管控制电灯熄灭和电扇工作可知，光控晶闸管控制的电路简单，应用的电子元件少，容易操作等优点。光控晶闸管导通的电流一般都很大，因此它的耐压数值很高，可以用光控晶闸管来做继电器等控制元件。

(2) 光控晶闸管的注意事项

因为光控晶闸管在导通的时候需要光照这一个特殊的性质之外和普通晶闸管特性一样，所以它可以按普通晶闸管的选用原则来选用，但是还得注意以下几个方面。

① 所用光的波长。不同的光具有不同的波长，不同波长的光照射在光控晶闸管上，它的响应速度是不一样的，光控晶闸管对 80nm 到 98nm 的红外线最为敏感。

② 所用光的强度。光照强度对于光控晶闸管也是一个很重要的参数，它与光控晶闸管的导通光照度相对应。导通光照度的含义就是光控晶闸管在能够导通时需要的最低光照强度，一般值为 1000lx 以下。对于不同的光控晶闸管，导通光照度的值也是不同的。

③ 光控晶闸管的种两类型。在前面的内容中提到光控晶闸管分为两极型光控晶闸管和三极型光控晶闸管。三极型光控晶闸管可以作为普通的晶闸管来使用，但是在更多的场合中还是把它当成光控晶闸管来使用。当作为普通晶闸管来使用时，必须保证它是在不受外界光照的条件下使用。在做光控晶闸管来使用时，因为它是用光信号来控制的，所以得用一定值的电阻将控制极与阴极连接起来，防止电磁杂波信号由控制极引入。

8.5 光电耦合器

光电耦合器（optical coupler，英文缩写为OC）亦称光电隔离器、光耦合器，简称光耦。光电耦合器以光为媒介传输电信号。它对输入、输出电信号有良好的隔离作用，所以，它在各种电路中得到广泛的应用。目前它已成为种类最多、用途最广的光电器件之一。常见的光电耦合器如图8-40所示。

图8-40 常见光电耦合器

8.5.1 了解光电耦合器

(1) 光电耦合器的选取原则

在设计光耦光电隔离电路时必须正确选择光电耦合器的型号及参数，选取原则如下：

① 由于光电耦合器为信号单向传输器件，而电路中数据的传

输是双向的，电路板的尺寸要求一定，结合电路设计的实际要求，就要选择单芯片集成多路光耦的器件。

② 光电耦合器的电流传输比（CTR）的允许范围是不小于500%。因为当CTR<500%时，光耦中的LED就需要较大的工作电流（>5.0mA），才能保证信号在长线传输中不发生错误，这会增大光耦的功耗。

③ 光电耦合器的传输速度也是选取光耦必须遵循的原则之一，光耦开关速度过慢，无法对输入电平做出正确反应，会影响电路的正常工作。

④ 推荐采用线性光耦。其特点是CTR值能够在一定范围内做线性调整。设计中由于电路输入输出均是一种高低电平信号，故此，电路工作在非线性状态。而在线性应用中，因为信号不失真的传输，所以，应根据动态工作的要求，设置合适的静态工作点，使电路工作在线性状态。

通常情况下，单芯片集成多路光耦的器件速度都比较慢，而速度快的器件大多都是单路的，大量的隔离器件需要占用很大布板面积，也使得设计的成本大大增加。在设计中，受电路板尺寸、传输速度、设计成本等因素限制，无法选用速度上非常占优势的单路光耦器件，在此选用TOSHIBA公司的TLP521-4。

(2) 光电耦合器的工作原理

光耦合器一般由三部分组成：光的发射、光的接收及信号放大。输入的电信号驱动发光二极管（LED），使之发出一定波长的光，被光探测器接收而产生光电流，再经过进一步放大后输出。这就完成了电—光—电的转换，从而起到输入/输出隔离的作用。由于光电耦合器输入/输出间互相隔离，电信号传输具有单向性等特点，因而具有良好的电绝缘能力和抗干扰能力。

(3) 光电耦合器的结构和封装

由于光电耦合器的种类较多，所以不同类型的光电耦合器的内部结构和封装形式也有很多区别，图8-41～图8-44为几种常光电耦合器的结构和封装。

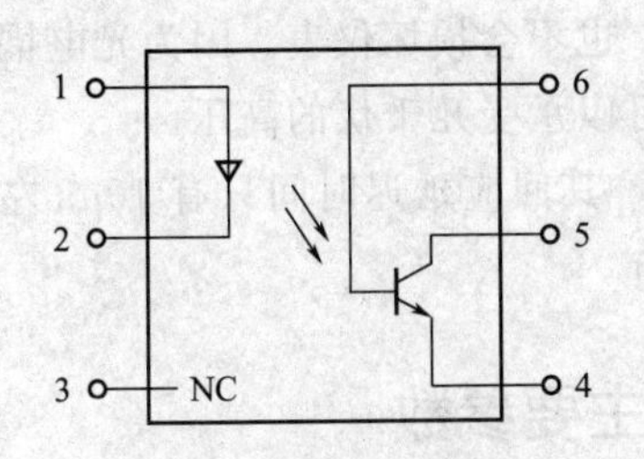

图 8-41 常用三极管接收型光电耦合器 6 脚封装内部结构图

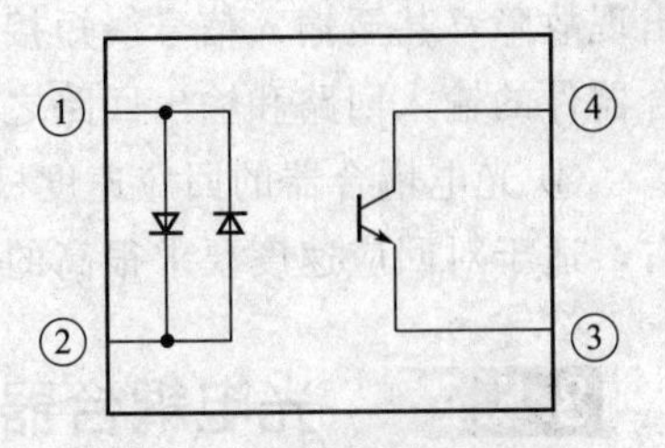

图 8-42 双发光二极管输入三极管接收型光电耦合器 4 脚封装内部结构图

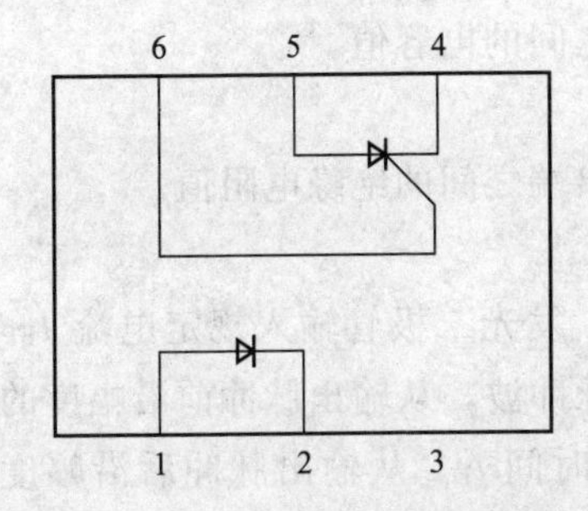

图 8-43 双二极管接收型光电耦合器 6 脚封装内部结构图

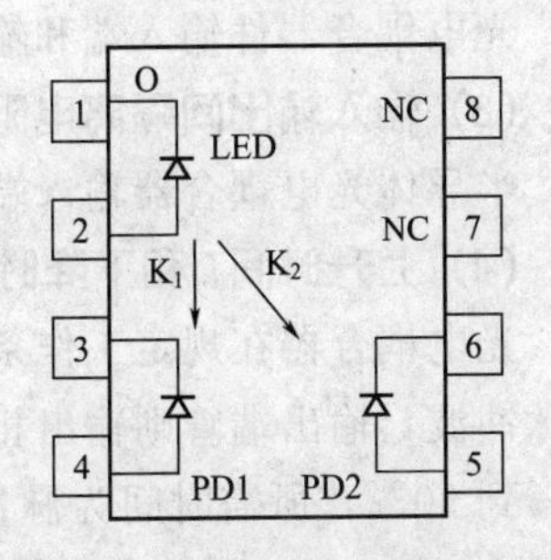

图 8-44 可控硅接收型光电耦合器 8 脚封装内部结构图

(4) 光电耦合器能有效地抑制各种杂讯干扰的原因

① 光电耦合器的输入阻抗很小，只有几百欧姆，而干扰源的阻抗较大，通常为 $10^5 \sim 10^6\Omega$。据分压原理可知，即使干扰电压的幅度较大，但馈送到光电耦合器输入端的杂信电压会很小，只能形成很微弱的电流，由于没有足够的能量而不能使二极体发光，从而被抑制掉了。

② 光电耦合器的输入回路与输出回路之间没有电气联系，也没有共地；之间的分布电容极小，而绝缘电阻又很大，因此回路一边的各种干扰杂信都很难通过光电耦合器馈送到另一边去，避免了共阻抗耦合的干扰信号的产生。

③ 光电耦合器可起到很好的安全保障作用，即使当外部设备

出现故障，甚至输入信号线短接时，也不会损坏仪表。因为光电耦合器件的输入回路和输出回路之间可以承受几千伏的高压。

④ 光电耦合器的回应速度极快，其回应延迟时间只有 10μs 左右，适于对回应速度要求很高的场合。

8.5.2 光电耦合器的主要参数

(1) 输入输出间隔离电压V_{io}

光电耦合器件输入端和输出端之间的绝缘耐压值。

(2) 输入输出间隔离电容C_{io}

光电耦合器件输入端和输出端之间的电容值。

(3) 输入输出间隔离电阻R_{io}

半导体光电耦合器输入端和输出端之间的绝缘电阻值。

(4) 上升时间T_r和下降时间T_f

光电耦合器在规定工作条件下，发光二极管输入规定电流 I_{FP} 的脉冲波，输出端管则输出相应的脉冲波，从输出脉冲前沿幅度的10%到 90%，所需时间为脉冲上升时间 t_r。从输出脉冲后沿幅度的 90%到 10%，所需时间为脉冲下降时间 t_f。

8.5.3 光电耦合器的应用

(1) 微机界面电路中的光电隔离

微机有多个输入端，接收来自远处现场设备传来的状态信号，微机对这些信号处理后，输出各种控制信号去执行相应的操作。在现场环境较恶劣时，会存在较大的杂信干扰，若这些干扰随输入信号一起进入微机系统，会使控制准确性降低，产生误动作。因而，可在微机的输入和输出端加入光耦，对信号及杂信进行隔离。典型的光电耦合电路如图 8-45 所示。该电路主要应用在“A/D 转换器”的数位信号输出，及由 CPU 发出的对前向通道的控制信号与类比电路的界面处，从而实现在不同系统间信号通路相联的同时，在电气通路上相互隔离，并在此基础上实现将类比电路和数位电路相互

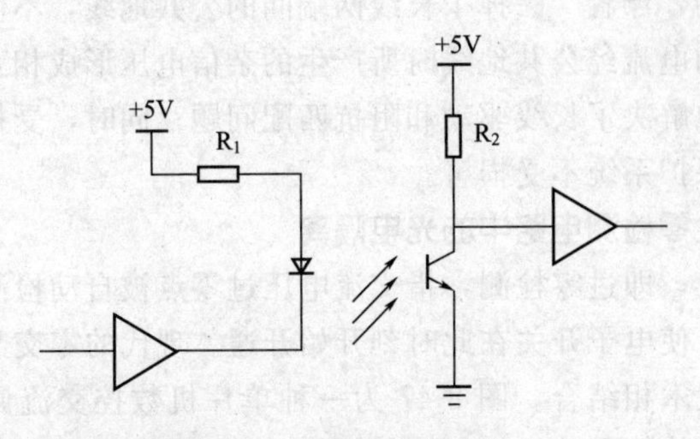

图 8-45　典型光电耦合电路

隔离，起到抑制交叉串扰的作用。

对于线性类比电路通道，要求光电耦合器必须具有能够进行线性变换和传输的特性，或选择对管，采用互补电路以提高线性度，或用 V/F 变换后再用数位光耦进行隔离。

(2) 远距离的隔离传送

在电脑应用系统中，由于测控系统与被测和被控设备之间不可避免地要进行长线传输，信号在传输过程中很易受到干扰，导致传输信号发生畸变或失真；另外，在通过较长电缆连接的相距较远的设备之间，常因设备间的地线电位差，导致地环路电流，对电路形成差模干扰电压。为确保长线传输的可靠性，可采用光电耦合隔离措施，将两个电路的电气连接隔开，切断可能形成的环路，使它们相互独立，提高电路系统的抗干扰性能。若传输线较长，现场干扰严重，可通过两级光电耦合器将长线完全"浮置"起来，如图 8-46 所示。

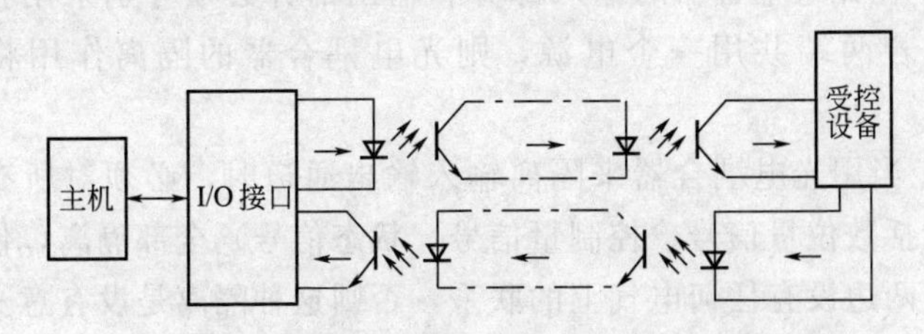

图 8-46　两级光电耦合器典型应用电路

长线的“浮置”去掉了长线两端间的公共地线，不但有效消除了各电路的电流经公共地线时所产生的杂信电压形成相互窜扰，而且也有效地解决了长线驱动和阻抗匹配问题；同时，受控设备短路时，还能保护系统不受损害。

(3) 过零检测电路中的光电隔离

零交叉，即过零检测，指交流电压过零点被自动检测进而产生驱动信号，使电子开关在此时刻开始开通。现代的零交叉技术已与光电耦合技术相结合。图 8-47 为一种单片机数控交流调压器中可使用的过零检测电路。

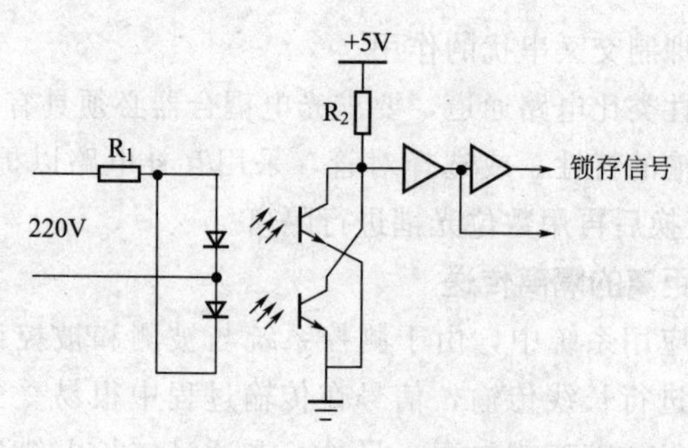

图 8-47　过零检测电路

220V 交流电压经电阻 R_1 限流后直接加到两个反向并联的光电耦合器 GD_1、GD_2 的输入端。在交流电源的正负半周，GD_1 和 GD_2 分别导通，在交流电源正弦波过零的瞬间，GD_1 和 GD_2 均不导通。该脉冲信号经整形后作为单片机的中断请求信号。

提示：

① 在光电耦合器的输入部分和输出部分必须分别采用独立的电源，若两端共用一个电源，则光电耦合器的隔离作用将失去意义。

② 当用光电耦合器来隔离输入输出通道时，必须对所有的信号（包括数位量信号、控制量信号、状态信号）全部隔离，使得被隔离的两边没有任何电气上的联系，否则这种隔离是没有意义的。

第9章 集成电路

集成电路，英文为Integrated Circuit，简称为IC，在电路中通常使用字母U来表示。集成电路是将一些分立元器件、连接线集中制作在陶瓷、玻璃或半导体硅片上，然后整个封装起来制成的，可以完成特定的电路功能。本章主要给大家介绍与集成电路相关的知识。

【本章内容提要】

- ◆ 集成电路基础知识
- ◆ 集成电路的型号命名方法和各类实用资料的使用说明

9.1 集成电路基础知识

9.1.1 集成电路应用电路的识图方法和外形特征及符号

(1) 集成电路应用电路图的功能

集成电路应用电路图具有下列一些功能。

① 它表达了集成电路各引脚的外电路结构、电子元器件参数

等，从而表示出某一集成电路的完整工作情况。

② 有些集成电路应用电路图画出了集成电路的内电路框图，这对分析集成电路应用电路是相当方便的，但这种表示方式并不多见。

③ 集成电路应用电路图有典型应用电路图和实用电路图两种，前者在集成电路手册中可以查到，后者出现在实际电路中，这两种应用电路图相差不大。根据这一特点，在没有实际应用电路图时，可以用典型应用电路图作参考，这种方法在修理中常常采用。

④ 一般情况下，集成电路应用电路图表达了一个完整的单元电路或一个电路系统，但有些情况下一个完整的电路系统要用到两个或更多的集成电路。

(2) 集成电路应用电路的识图方法和识图注意事项

集成电路应用电路的识图方法和识图注意事项主要有下列几点：

① 了解各引脚的作用是识图的关键。通过查阅有关集成电路应用手册的方式，来了解各引脚的作用。在知道了各引脚作用后，分析各引脚外电路工作原理和电子元器件的作用就方便了。例如，知道①脚是输入引脚，那么与①脚所串联的电容就是输入端耦合电容，与①脚相连的电路则是输入电路。

② 了解集成电路各引脚作用的方法。了解集成电路各引脚的作用有 3 种方法：一是查阅有关资料，二是根据集成电路的内电路框图进行分析，三是根据集成电路应用电路中各引脚外电路的特征进行分析。第三种方法要求读者有比较好的电路分析基础。

(3) 集成电路的外形特征

集成电路的外形识别比较容易，其外形比其他电子元器件更有特点。图 9-1 所示是几种常用集成电路的外形示意图。

其中：

① 图 9-1(a) 所示为单列集成电路，这里的单列是指集成电路的引脚只有一列。

② 图 9-1(b) 所示为双列直插集成电路，其引脚分成两列对称

(a) 单列集成电路

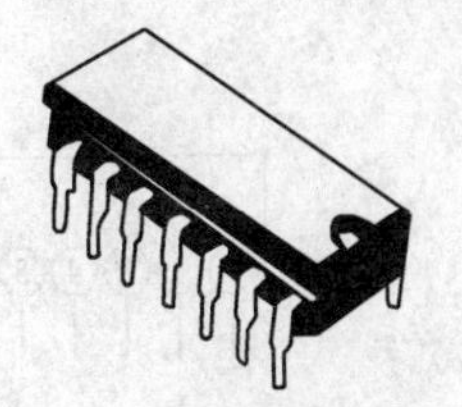
(b) 双列直插集成电路

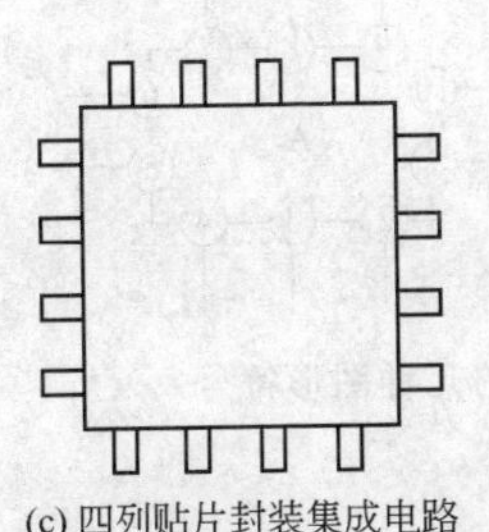
(c) 四列贴片封装集成电路

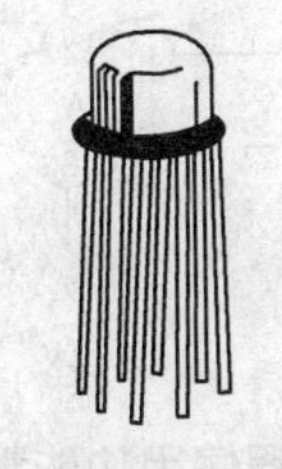
(d) 金属外壳集成电路

图 9-1　几种常用集成电路的外形示意图

排列，这种集成电路产品最为常见。

③ 图 9-1(c) 所示为四列贴片封装的集成电路，贴片引脚分成四列对称排列，每一列的引脚数目一般相同，集成度高的集成电路和数字集成电路经常采用这种引脚排列方式。

④ 图 9-1(d) 所示为金属外壳的集成电路，其引脚呈圆形分布，现在已较少见到。

(4) 集成电路的图形符号

集成电路的图形符号比较复杂，变化也比较多。图 9-2 所示是集成电路常见的几种图形符号。集成电路的图形符号所表达的具体含义很少（这一点不同于其他电子元器件的图形符号），通常只能表达这种集成电路有几根引脚，至于各个引脚的作用、集成电路的功能是什么等，图形符号中均不能表示出来。

9.1.2 集成电路的分类和特点

集成电路的种类很多，按照不同的分类方法有不同的集成电路。

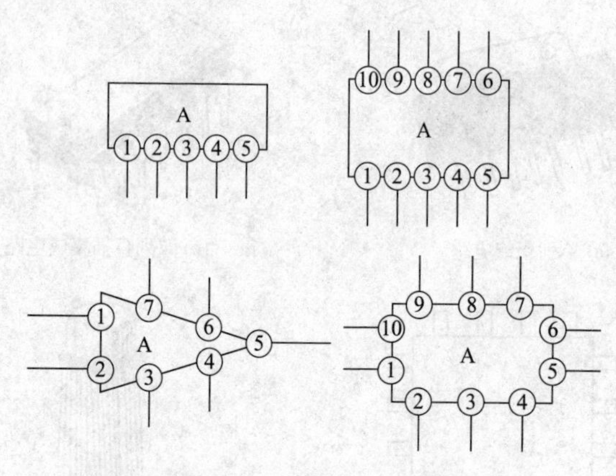

图 9-2　集成电路常见的几种图形符号

(1) 按照使用功能划分

集成电路以使用功能来分类可以分成四大类近二十种，见表 9-1。

表 9-1　集成电路以使用功能分类说明

名称	说明	
模拟集成电路	运算放大器集成电路	简称为集成运放，是应用量最多的模拟集成电路，具有多种应用，是高增益低漂移的放大电路
	音响集成电路	音响集成电路用于各类音响设备中，如录音机、收音机等，还有用于视频播放设备中的音频处理电路
	视频集成电路	视频集成电路用于各种视频设备当中，如电视机、影碟机、录像机等
	稳压集成电路	稳压集成电路用于稳压电路中，这种集成电路具有不同的电压等级
	非线性集成电路	非线性集成电路是运算集成电路的一种非线性运用方式，此时的集成运放工作于无反馈或正反馈状态，输出与输入之间是非线性关系，输出量总是处于饱和状态
数字集成电路	单片机集成电路	这种集成电路用于各种民用和工业控制电路当中，一般具有可编程的特性，对外围设备进行控制
	存储器集成电路	这种集成电路在数字电路系统中使用，具有存储功能，是由门电路和触发器电路组合而成的

续表

名称	说明	
数字集成电路	CMOS 集成电路	这种集成电路使用 PMOS 和 NMOS 场效应管互补使用制成，组成金属－氧化物－半导体电路
接口集成电路	电压比较器集成电路	这种集成电路可以将模拟量按照量值的大小转换为逻辑代码
	电平转换器集成电路	这种集成电路可以用来连接不同电平类型的集成电路，如常见的 MAX232 电平转换集成电路
	外围驱动器集成电路	这种集成电路用于计算机与外围电路的接口电路
特殊集成电路	消费类集成电路	这种集成电路是为了适应消费商品而专门设计的，具有多种功能
	通信集成电路	这种集成电路专为通信系统设计，可以在单片集成电路内集成通信协议，完成调制/解调、编解等复杂功能
	传感器集成电路	这种集成电路是将各类传感器与外围电路集成在一起，不仅提供了模块电路工作的稳定性，还为使用增加了方便

(2) 按制作工艺划分

集成电路以制作工艺分类可以划分为三大类七种，见表 9-2。

表 9-2　集成电路以制作工艺分类说明

名称	说明	
半导体集成电路	双极型集成电路	这种集成电路是将双极型晶体管、电阻器、电容器、连接导线等制作在半导体衬片上，载流子是电子和空穴
	NMOS 型集成电路	这种集成电路是将 N 沟道 MOS 管制作在硅片上，载流子是电子
	PMOS 型集成电路	这种集成电路是将 P 沟道 MOS 管制作在硅片上，载流子是空穴
	CMOS 型集成电路	这种集成电路使用 PMOS 和 NMOS 场效应管互补使用制成，组成金属－氧化物－半导体电路
膜集成电路	厚膜集成电路	这种集成电路采用膜工艺制造，使用丝网漏印工艺制作厚膜电阻、电容，在焊接上晶体管芯以构成集成电路的内电路

续表

名称	说明	
膜集成电路	薄膜集成电路	这种集成电路用真空镀膜或溅射工艺制作，或使用薄膜元件及平面工艺制成
混合集成电路	混合集成电路是指利用半导体集成工艺、膜工艺和分立元器件工艺三种中任意两种以上工艺制作而成的集成电路	

(3) 按封装形式划分

集成电路以封装的形式主要划分为四种，见表9-3。

表9-3　集成电路以封装形式分类说明

名称	说明
单列直插集成电路	这种集成电路的外壳使用陶瓷、玻璃、塑料等制成，其引脚排列成一列。 单列直插扁平封装集成电路的引脚数目一般小于12个，中小规模的集成电路一般使用这种封装形式，这种封装中还有单列曲插类型的，引脚同样是单列的，但引脚形状是弯曲的
双列直插集成电路	这种集成电路的外壳由陶瓷、玻璃、塑料制成，引脚呈两列排列，引脚数目一般在12～24个之间，引脚数一定是偶数，通常大规模集成电路采用这种形式，是常见的封装形式
贴片集成电路	这种集成电路的外形有双列和四列两种，在安装时这种集成电路是直接安装在电路板的一侧的，引脚很短。 通常数字集成电路和超大规模集成电路使用这种封装形式
金属封装集成电路	这种集成电路外壳是金属的，外形与三极管相似

(4) 集成电路主要优点

集成电路有它的独特优点，归纳如下：

① 由于采用了集成电路，可以大大简化整机电路的设计、调试和安装，特别是采用一些专用集成电路之后，整机电路显得更为简洁。相对于分立元器件电路而言，采用集成电路构成整机电路其性能指标更高。

② 由于集成电路具有可靠性高的优点，这提高了整机电路工作的可靠性，提高了电路的工作性能和一致性。另外，采用集成电路后，电路中的焊点大幅度减少，使整机电路出现虚焊的可能性大幅度下降，使整机电路的工作更为可靠。

③ 集成电路还具有耗电少、体积小、比较经济等优点。同一功能的电路，采用集成电路构成电路，要比分立元器件电路的功耗少许多。

④ 由于与分立元器件相比，集成电路的成本比较低，这样降低了工业化大批量生产的成本。

⑤ 由于集成电路的故障发生率相对分立元器件而言比较低，所以降低了整机电路的故障发生率。

（5）集成电路主要缺点

集成电路的主要缺点：

① 当集成电路的内电路中的部分电路出现故障时，通常必须整块更换，这样就增加了修理成本。

② 相对分立元器件电路而言，在检修某些特殊故障时，有时无法准确地确定是否是集成电路出现了故障，给修理调试带来了不便。

③ 由于集成电路的引脚很多，这给集成电路的拆卸带来了很大的不便，特别是引脚很多的四列集成电路。

9.2 集成电路的型号命名方法和各类实用资料的使用说明

9.2.1 国内外集成电路的型号命名方法

最新的国家标准规定，我国生产的集成电路型号由五部分组成，国产集成电路的型号每部分的含义如下。

第一部分：集成电路型号中的第一部分使用字母 C 来表示该集成电路符合国家标准；

第二部分：集成电路型号中的第二部分表示电路的类型，可以使用一个或两个大写字母表示；

第三部分：集成电路型号中的第三部分用数字或字母表示产品的代号，这个代号与国外同功能的集成电路代号相同，这时的集成电路为全仿制集成电路，其电路结构、引脚分布等同国外产品完全相同，可以直接代换使用；

第四部分：集成电路型号中的第四部分使用一个大写字母表示工作温度；

第五部分：集成电路型号中的第五部分使用一个大写字母表示封装形式。

国内集成电路的型号命名方法具体组成情况见表 9-4。

表 9-4　国内集成电路的型号命名方法

<table>
<tr><th colspan="2">第一部分
主称</th><th colspan="2">第二部分
电路类型</th><th>第三部分
代号</th><th colspan="2">第四部分
工作温度</th><th colspan="2">第五部分
封装形式</th></tr>
<tr><th>字母</th><th>含义</th><th>字母</th><th>含义</th><th>说明</th><th>字母</th><th>含义</th><th>字母</th><th>含义</th></tr>
<tr><td rowspan="14">C</td><td rowspan="14">该集成电路符合国家标准</td><td>H</td><td>HTL 电路</td><td rowspan="14">这个代号与国外同功能的集成电路代号相同</td><td rowspan="5">C</td><td rowspan="5">0～70℃</td><td rowspan="3">W</td><td rowspan="3">陶瓷扁平封装</td></tr>
<tr><td>J</td><td>接口电路</td></tr>
<tr><td>M</td><td>存储器</td></tr>
<tr><td>S</td><td>特殊电路</td><td rowspan="2">B</td><td rowspan="2">塑料扁平封装</td></tr>
<tr><td>T</td><td>TTL 电路</td></tr>
<tr><td>W</td><td>稳压器</td><td rowspan="4">E</td><td rowspan="4">－40～85℃</td><td rowspan="2">F</td><td rowspan="2">全密封扁平封装</td></tr>
<tr><td>μ</td><td>微型计算机电路</td></tr>
<tr><td>AD</td><td>模拟/数字转换电路</td><td rowspan="2">D</td><td rowspan="2">陶瓷直插封装</td></tr>
<tr><td>B</td><td>非线性电路</td></tr>
<tr><td>C</td><td>CMOS 电路</td><td rowspan="3">R</td><td rowspan="3">－55～85℃</td><td>P</td><td>塑料直插封装</td></tr>
<tr><td>D</td><td>音响类电路、电视机类电路</td><td rowspan="2">J</td><td rowspan="2">黑陶瓷直插封装</td></tr>
<tr><td>DA</td><td>数字/模拟转换电路</td></tr>
<tr><td>E</td><td>ECL 电路</td><td rowspan="2">M</td><td rowspan="2">－55～125℃</td><td>L</td><td>金属菱形封装</td></tr>
<tr><td>F</td><td>运算放大器、线性放大器电路</td><td>T</td><td>金属圆形封装</td></tr>
</table>

国家标准还规定，凡是家用电器专用集成电路（音响类、电视类）的型号，一律采用四部分组成，即将第一部分的字母省去，用D××××××形式。

9.2.2 有关集成电路的资料说明

(1) 获取资料的途径

我们在工程应用中，最为常用的一类集成电路资料称为DataSheet（数据表）或User's Guide（UG，用户手册），在这两类资料中，包含了集成电路的几乎一切所需的信息。

一般来说，各个集成电路的生产厂家在其网站上都会提供其产品的相关资料，但这种提供方式使得我们在检索集成电路时，不便于比较不同厂家的集成电路产品，不利于选件。此时，一个可以检索不同品牌集成电路的方式可以提供很大的帮助。提供这种方式的网站有很多，其中比较常用的一个是 www.alldatasheet.com，该网站内包含了超过 2000 万种不同半导体集成电路的数据表，同时提供在线预览与下载的观看方式，下载格式为 PDF 文件。

(2) 集成电路资料的种类

从集成电路工作分析和故障检修这两点看，所需要的集成电路资料主要有两大类：识图用的集成电路资料和故障检修用的集成电路资料。

从分析集成电路的应用电路工作原理的角度出发，集成电路资料主要有 3 种：集成电路的引脚作用资料、集成电路的内电路框图和集成电路的内电路，即内部的详细电路图。

(3) 资料使用方法

各种集成电路的资料中通常都给出了某个具体型号集成电路的各引脚资料，这无疑对该型号集成电路工作原理的分析，又称是对电路结构复杂的集成电路的分析十分有利，对一些引脚外电路特征相似的集成电路也很有意义。

例如，在如图 9-3 所示的电路中，①脚和②脚的外电路都是外接一个有极性电容，区别只是电容量的大小不同。如果没有集成电路的引脚作用资料和内电路框图，很难知道这两个电容的作用。

而如果查到了引脚作用资料，从资料中得知①脚是旁路引脚，②脚是退耦引脚。

这样，这一集成电路外电路的分析就相当方便了。C_1 是旁路电容，用来将①脚内电路中的信号旁路到地端。但是，这还不能说明是何种旁路，因为旁路也有多种，如基极旁路和发射极旁路等，如果引脚作用资料能进一步说明就更好了。如果有集成电路的内电路，也能分析出这是什么性质的旁路。根据②脚是退耦引脚可知，C_2 是退耦电容，这一定是电源电路中的退耦电容，因为 C_2 的容量比较大，只有电源退耦电容才使用这样大的容量。

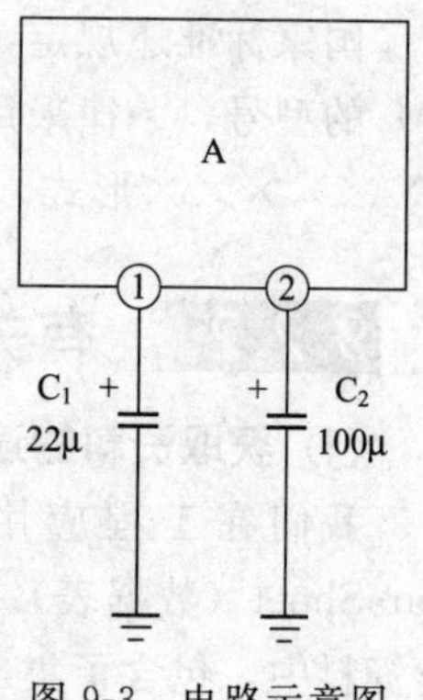

图 9-3　电路示意图

9.2.3 几种常见的集成电路封装形式说明

特别提醒

所谓"封装"，就是指芯片的外形特征

表 9-5 给出了几种常见的集成电路封装形式的说明。

表 9-5　几种常见的集成电路封装形式的说明

名称	外形图	说　明
DIP		DIP 是 Dual In-line Package 的缩写，意思为双列直插封装
DIP-tab		这种封装是在双列直插封装的基础上，增加了一个散热片

续表

名称	外形图	说　　明
SIP	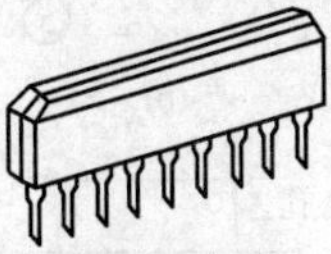	SIP 是 Single In-line Package 的缩写，意思为单列直插封装
SOP		SOP 是 Small Out-line Package 的缩写，意思为小外形封装
SOJ		SOJ 是 Small Out-line J-leaded Package 的缩写，意思为 J 形引线小外形封装
HSOP	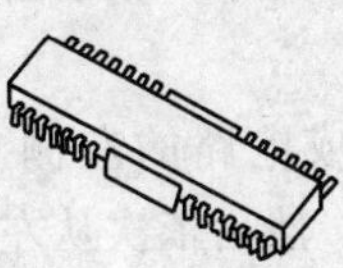	这种双列型集成电路封装中，中间的两侧装有散热片

(1) 单列直插集成电路引脚分布规律

单列集成电路有直插和曲插两种。两种单列集成电路的引脚分布规律相同，但在识别引脚号时则有所差异。

所谓单列直插集成电路，就是指其引脚只有一列，且引脚为直的（不是弯曲的）。这类集成电路的引脚分布规律可以用如图 9-4 所示的示意图来说明。

在单列直插集成电路中，一般都有一个用来表示第一根引脚的标记，然后才能根据这个标记，确定其他引脚的序号。

图 9-4(a) 所示的集成电路：集成电路正面朝向自己，引脚向下。集成电路左侧端有一个小圆坑或其他的标记，就是用来指示第

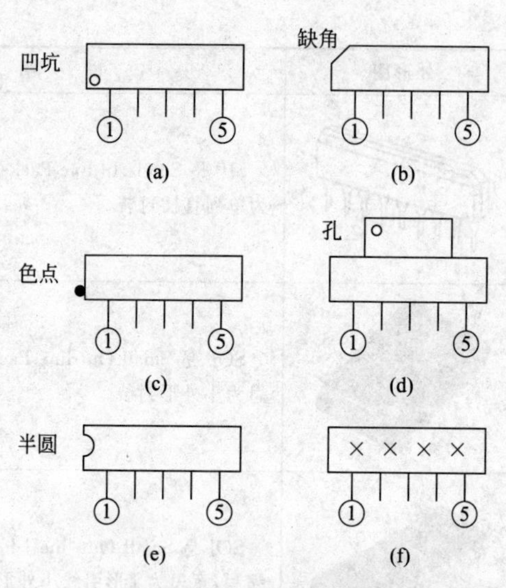

图 9-4 几种单列直插集成电路引脚分布示意图

一根引脚位置的，也就是说，左侧端点的第一根引脚为①脚，然后依次从左向右排列。

图 9-4(b) 所示的集成电路：集成电路的左侧上方有一个缺角，说明左侧端点第一根引脚为①脚，然后依次从左向右排列。

图 9-4(c) 所示的集成电路：集成电路左侧有一个色点，这个色点所在的位置标明左侧第一根引脚为①脚，然后依次从左向右排列。

图 9-4(d) 所示的集成电路：集成电路在散热片左侧有一个小孔，这个小孔说明左侧左侧第一根引脚为①脚，然后依次从左向右排列。

图 9-4(e) 所示的集成电路：集成电路中左侧有一个半圆缺口，说明左侧第一根引脚为①脚，然后依次从左向右排列。

图 9-4(f) 所示的集成电路：在单列直插集成电路中，会出现这种集成电路，在集成电路的外形上没有任何标记第一根引脚的标志。此时可以将印有型号的一面朝向自己，引脚向下，最左侧的第一根引脚为①脚，然后依次从左向右排列。

特别提醒

根据上述几种单列直插集成电路引脚的分布规律，可以看出大部分集成电路都有一个较为明显的标记来指示第一根引脚的位置，并且都是自左向右因此排列的，利用这一规律可以方便地识别引脚编号。

(2) 双列直插集成电路引脚分布规律

所谓双列直插集成电路就是指其引脚有两列，且引脚为直的(不是弯曲的)。这类集成电路的引脚分布规律可以用如图 9-5 所示的示意图来说明。

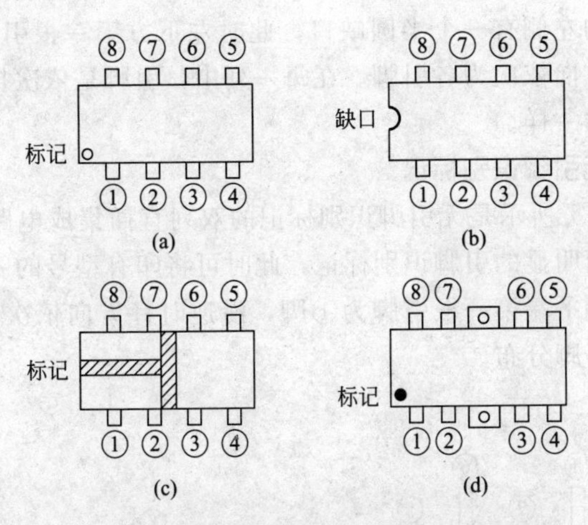

图 9-5　几种双列直插集成电路引脚分布示意图

图 9-5(a) 所示的集成电路：集成电路左下端有一个凹坑标记，用来指示左侧下端点第一根引脚为①脚，然后以逆时针方向旋转一周，依次排列各引脚。

图 9-5(b) 所示的集成电路：集成电路左侧有一个半圆缺口，这样左侧下端点第一根引脚为①脚，然后以逆时针方向旋转一周，依次排列各引脚。

图 9-5(c) 所示的集成电路：这种集成电路是陶瓷封装双列直

插集成电路，左侧有一个标记，此时左下方第一根引脚为①脚，然后以逆时针方向旋转一周，依次排列各引脚。

图 9-5(d) 所示的集成电路：这种集成电路的引脚被散热片隔开了，在集成电路的左侧下端有一个黑点标记，此时左下方第一根引脚为①脚，然后以逆时针方向旋转一周，依次排列各引脚，散热片不记入引脚中。

(3) 双列曲插集成电路引脚分布规律

图 9-6 所示是双列曲插集成电路引脚分布示意图，其特点是引脚在集成电路的两侧排列，每一列的引脚为曲插状（如同单列曲插一样）。

将集成电路印有型号的一面朝上，且将型号正对着自己，可见集成电路的左侧有一个半圆缺口，此时左下方第一根引脚为①脚，沿逆时针方向依次为各引脚。在每一列中，引脚是依次排列的，如同单列曲插一样。

(4) 无引脚识别标记

如图 9-7 所示是无引脚识别标记的双列直插集成电路，该集成电路无任何明显的引脚识别标记，此时可将印有型号的一面朝着自己，则左侧下端第一根引脚为①脚，沿逆时针方向依次为各引脚，参见图中引脚分布。

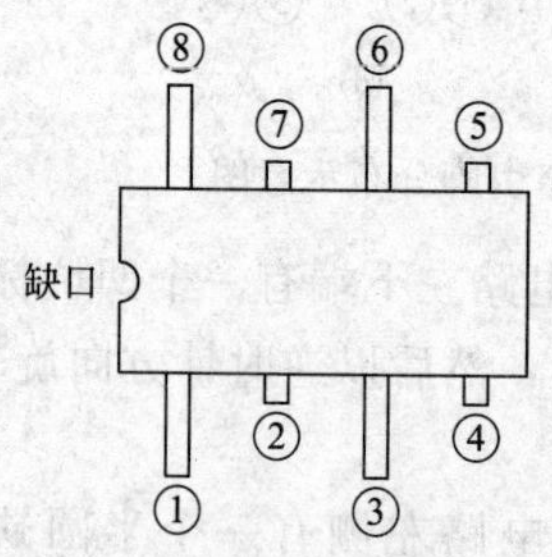

图 9-6　双列曲插集成电路引脚分布示意图

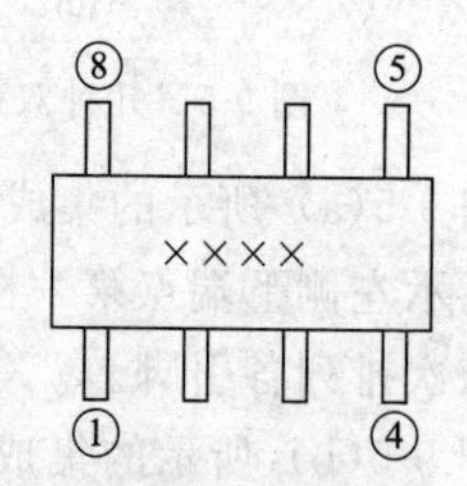

图 9-7　无引脚识别标记的双列直插集成电路引脚分布示意图

(5) 四列集成电路引脚分布

四列集成电路的引脚分成四列，且每列的引脚数相等，所以这种集成电路的引脚是 4 的倍数。四列集成电路常见于贴片式集成电路、大规模集成电路和数字集成电路中，图 9-8 所示是四列集成电路引脚分布示意图。

将四列集成电路印有型号的一面朝着自己，可以看到集成电路的左下方有一个标记，左下方第一根引脚为①脚，沿逆时针方向依次为各引脚。

如果集成电路左下方没有引脚识别标记，也可将集成电路按如图 9-8 所示放好，将印有型号的一面朝着自己，此时左下角的第一根引脚即为①脚。

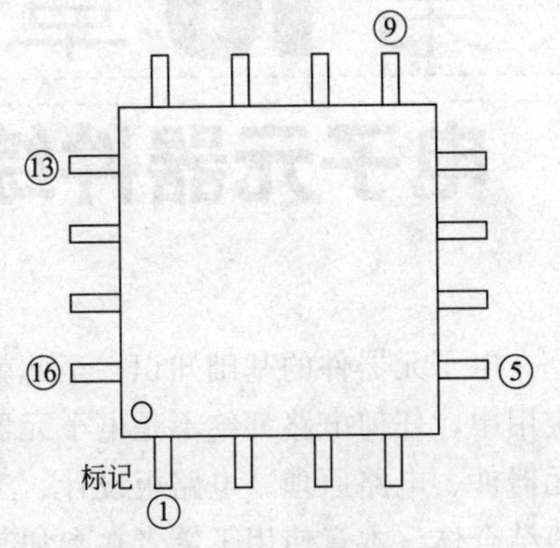

图 9-8 四列集成电路引脚分布示意图

这种四列集成电路许多是贴片式的，或称无引脚集成电路，其实这种集成电路还是有引脚的，只是很短，引脚不伸到电路板的背面，所以这种集成电路直接焊在印制线路这一面上，引脚直接与铜箔线路相焊接。

第10章 电子元器件综合应用实例

电子元器件的基础知识，至此就基本上介绍完了，然而在实际应用中，任何电路都绝不是电子元器件的简单堆叠，而应该是电子元器件、电路原理、电路板设计、工程经验和设计者创新思维等等的结合体。本章使用了笔者在参加某年电子设计竞赛时的参赛作品作为实例，主要给大家介绍在使用电子元器件进行综合应用时的方法和注意事项。关于该作品的测试视频，可以浏览

http：//www. tudou. com/programs/view/rScdN1zu4Nk 获取更多信息。

【本章内容提要】

◆ 电子元器件综合应用的一般原则

◆ 电子元器件综合应用实例

◆ 电子元器件综合应用小结

10.1 电子元器件综合应用的一般原则

10.1.1 功能需求的原则

在综合应用电子元器件设计电路或系统时，通常有一个对于电

路功能的需求，这种需求是电路设计的动机和目的。因此在电路设计的过程中，首要的原则就是满足功能需求。

(1) 完成所需功能作为设计的第一准则

有许多人在设计电路的时候，从一开始就会考虑前前后后许多的问题，对于具有丰富电路设计经验的人来说，这种考虑可以减少后期调试的工作量，但如果是对于本章特指的这种应用环境中，这种思路也许会引起一些不必要的缺陷。

对于电子爱好者进行各种电子小制作，参与科技创新赛事时，对于电路的设计和制作通常都有严格的时间限制，那么在有限的时间间隔内，必须要以完成所需功能作为第一准则，因为如果在规定的时间限制内无法提供一个具有完整功能的作品，就会直接被判定不得参加各种比赛的测试阶段了。

(2) 在确保完成功能的基础上优化性能

在已经完成电路的基本部分后（如电子设计竞赛中一般都包括有基础部分和扩展部分的要求），可以考虑对于电路的增益、频率响应、噪声等等指标进行进一步的完善。但是此时仍需要注意，电路的完善要“一步一个脚印”地来做，也就是最后一定要有一个完整的、可工作的作品。

10.1.2 电路设计的原则

电路设计包含了单元电路设计和总体电路设计两部分，在这两部分的电路设计当中，都有一些共同的原则可以帮助简化这个系统的后期调试工作。

(1)“简”与“繁”之间的斟酌

所谓的“简”与“繁”，在这里是指电路设计的复杂程度。有一些人认为，电路设计得越复杂，就显得设计者的水平越高、能力越强。

然而，在实际的工作或是工程应用中，情况往往是相反的，电路设计的越是复杂，就意味着使用的元器件越多，这就同时会导致电路的功耗增大、成本增加、可靠性降低、出现故障的概率增加、收到电子元器件品质的影响变大等不利后果。

(2)“软件”与“硬件”的选择

在一个电子系统中，通常会包含所谓的“软件”和“硬件”两部分，这里的“软件”就是各种可编程器件的程序设计，如单片机、DSP、ARM、FPGA等，而“硬件”就是指传统意义上的电路设计。在这个“软件”和“硬件”之间，是可以进行倾斜的，也就是说，某些功能既可以通过软件编程实现，也可以通过硬件电路实现。例如常用的按键电路中的消抖，既可以在软件上使用延时后二次采样的方法实现，也可以在硬件电路上使用触发器等实现。

(3) 优先使用典型电路的原则

在进行电路设计的过程中，另一个重要原则就是优先使用典型电路，这种典型电路可以有两种来源，一种是来自权威教材中的经典电路，另一种是来自芯片手册中“Typical Usage（典型应用）”部分的参考电路。

经典电路可以说是已经经过了长时间的考验，对于该种电路的电路性能、理论分析、故障排查、常见问题等都可以查找到较多的资料，便于进行电路的系统设计。

而芯片手册中的参考电路是由芯片的制造厂商提供的，由于芯片厂商通常都是芯片的设计者和制造者，因此其提供的参考电路通常可使用性都非常高，稳定性也很好。

10.1.3 电源选用的原则

电源是系统的动力源泉，电源的选用可能会对整个系统的性能产生巨大影响，因此需要十分注意对于电源的选择。

(1) 为何将电源选用单独列出

无论是怎样的电路系统，都一定需要使用一种或几种电源对其进行供电，才能进行工作。在通常的电路系统中就需要将模拟电源、数字电源和功放电源分开，以避免模拟电路、数字电路和功放电路在工作时的相互影响。

电源电路如果设计得不好，或是选用得不恰当，轻则会使电路无法正常工作，重则会烧坏电路中的器件。因此本节中将电源的选用单独列出。

(2) 常用的电源类型

① AC/DC 电源。该类电源也称一次电源，它自电网取得能量，经过高压整流滤波得到一个直流高压，供 DC/DC 变换器在输出端获得一个或几个稳定的直流电压，功率从几瓦至几千瓦均有，用于不同场合。属此类产品的规格型号繁多，据用户需要而定。通信电源中的一次电源（AC220V 输入，DC48V 或 24V 输出）也属此类。

② DC/DC 电源。DC/DC 电源在通信系统中也称二次电源，它是由一次电源或直流电池组提供一个直流输入电压，经 DC/DC 变换以后在输出端获一个或几个直流电压。

③ 通信电源。通信电源其实质上就是 DC/DC 变换器式电源，只是它一般以直流 48V 或 24V 供电，并用后备电池作 DC 供电的备份，将 DC 的供电电压变换成电路的工作电压，一般它又分中央供电、分层供电和单板供电三种，以后者可靠性最高。

④ 电台电源。电台电源输入 AC220V/110V，输出 DC13.8V，功率由所供电台功率而定，几安至几百安均有。为防止 AC 电网断电影响电台工作，而需要有电池组作为备份，所以此类电源除输出一个 13.8V 直流电压外，还具有对电池充电自动转换功能。

⑤ 模块电源。DC/DC 模块电源目前虽然成本较高，但从产品漫长的应用周期的整体成本来看，特别是因系统故障而导致的高昂的维修成本及商誉损失来看，选用该电源模块还是合算的，在此还值得一提的是罗氏变换器电路，它的突出优点是电路结构简单，效率高和输出电压、电流的纹波值接近于零。

⑥ 特种电源。高电压小电流电源、大电流电源、400Hz 输入的 AC/DC 电源等，可归于此类，可根据特殊需要选用。

10.1.4 器件选型的原则

(1) 基于完成功能的选择

器件选型时应该首先满足对于功能的要求，这里还有一个“木桶效应”的问题，如果某款芯片在某个方面无法达到系统的功能需求，那么即使其他的方面性能都很优异，也不适宜选取。

(2) 基于成本的选择

器件选型时还应该考虑成本，选取的芯片只要满足系统的性能要求即可，不必一味追求“高大全”，因为这种超过需求的芯片通常来说更加昂贵，损坏的概率也更高。

(3) 数字控制器的选择

电子系统中常用的数字控制器有单片机、DSP、ARM、FPGA等，下面分别进行介绍。

① 单片机：单片微型计算机简称单片机，是典型的嵌入式微控制器（Microcontroller Unit），常用英文字母的缩写 MCU 表示单片机，单片机又称单片微控制器，它不是完成某一个逻辑功能的芯片，而是把一个计算机系统集成到一个芯片上。单片机由运算器、控制器、存储器、输入输出设备构成，相当于一个微型的计算机（最小系统）。和计算机相比，单片机缺少了外围设备等。概括地讲：一块芯片就成了一台计算机。它的体积小、质量轻、价格便宜，为学习、应用和开发提供了便利条件。同时，学习使用单片机是了解计算机原理与结构的最佳选择。它最早是被用在工业控制领域。

由于单片机在工业控制领域的广泛应用，单片机由仅有 CPU 的专用处理器芯片发展而来。最早的设计理念是通过将大量外围设备和 CPU 集成在一个芯片中，使计算机系统更小，更容易集成进复杂的而对体积要求严格的控制设备当中。

② DSP：DSP 芯片，也称数字信号处理器，是一种特别适合于进行数字信号处理运算的微处理器，其主要应用是实时快速地实现各种数字信号处理算法。根据数字信号处理的要求，DSP 芯片一般具有如下主要特点：

a. 在一个指令周期内可完成一次乘法和一次加法；

b. 程序和数据空间分开，可以同时访问指令和数据；

c. 片内具有快速 RAM，通常可通过独立的数据总线在两块中同时访问；

d. 具有低开销或无开销循环及跳转的硬件支持；

e. 快速的中断处理和硬件 I/O 支持；

f. 具有在单周期内操作的多个硬件地址产生器；

g. 可以并行执行多个操作；

h. 支持流水线操作，使取指、译码和执行等操作可以重叠执行。

当然，与通用微处理器相比，DSP 芯片的其他通用功能相对较弱些。

③ ARM：ARM 处理器是 Acorn 计算机有限公司面向低预算市场设计的第一款 RISC 微处理器。更早称作 Acorn RISC Machine。ARM 处理器本身是 32 位设计，但也配备 16 位指令集。一般来讲比等价 32 位代码节省达 35%，却能保留 32 位系统的所有优势。

ARM 处理器的三大特点是：耗电少功能强、16 位/32 位双指令集和合作伙伴众多。

a. 体积小、低功耗、低成本、高性能；

b. 支持 Thumb（16 位）/ARM（32 位）双指令集，能很好地兼容 8 位/16 位器件；

c. 大量使用寄存器，指令执行速度更快；

d. 大多数数据操作都在寄存器中完成；

e. 寻址方式灵活简单，执行效率高；

f. 指令长度固定。

④ FPGA：FPGA（Field-Programmable Gate Array），即现场可编程门阵列，它是在 PAL、GAL、CPLD 等可编程器件的基础上进一步发展的产物。它是作为专用集成电路（ASIC）领域中的一种半定制电路而出现的，既解决了定制电路的不足，又克服了原有可编程器件门电路数有限的缺点。

FPGA 一般来说比 ASIC（专用集成芯片）的速度要慢，无法完成复杂的设计，但是功耗较低。但是它们也有很多的优点比如可以快速成品，可以被修改来改正程序中的错误和更便宜的造价。厂商也可能会提供便宜的但是编辑能力差的 FPGA。因为这些芯片有比较差的可编辑能力，所以这些设计的开发是在普通的 FPGA 上完成的，然后将设计转移到一个类似于 ASIC 的芯片上。另外一种方法是用 CPLD（Complex Programmable Logic Device，复杂可编程逻辑器件）。

在实际应用中，可以根据电子系统的应用领域、性能需求、开发难易程度等进行选择。

(4) 运算放大器的选择

在众多系统的“模拟连接”电路中，运算放大器都是不可或缺的元件。尽管种类和数量繁多，但设计师在选择运算放大器时，往往关注几个基本门类中的一种以缩小选择范围，但这几类运算放大器的一些假象和误区将导致次优的选择。

① 微功耗：随着电池供电设备的激增，静态电流仅 1μA（或更低）的低功耗运算放大器变得日益普及。通过研究放大器级的总静态电流可知：为了保持低消耗电流，必须选择具有兆欧（MΩ）级阻值的反馈网络电阻器，这有可能影响放大级的噪声和准确度指标。放大器负载电流也会使总消耗电流有所增加。

② 带宽：在系统设计的许多方面进行速度和功耗的权衡折中是非常普遍的，其中就包括运算放大器的选择。一般来讲，为了获得较大的带宽，就需要消耗更多的功率。然而，在现有的运算放大器当中，在一个给定的静态电流条件下，可获得的带宽却存在着显著的差异。

在速度/功耗比值的优化方面，有些运算放大器明显占优，但却隐含了一些折中和妥协。对于容性负载和数据转换器所施加的令人捉摸不定的负载，速度/功耗比的改善可能降低运放的驱动能力。

③ 轨至轨运算放大器：在选择运算放大器时，设计师常常要求其具有轨至轨（Rail to Rail）能力。这似乎是一种显而易见的选择，因为许多应用都得益于最大信号摆幅。但可能并不需要真正的轨至轨运算放大器，而且在应用中甚至还会有不利的一面。

轨至轨意味着运算放大器具有轨至轨输入和轨至轨输出能力。

轨至轨输出只是一个相对术语，因为目前尚无定义该术语的业界标准。视负载条件的不同，轨至轨输出放大器可以在与电源轨相差数毫伏至数百毫伏的范围内摆动。

轨至轨输入意味着输入信号可以位于电源电压之间的任何电平上（通常为 100mV 或更高）。如果需要宽输出电压摆幅，则在一个增益为 1 的缓冲器配置中就要求具有轨至轨输入。当闭环增益大于 1 时，可以不要求轨至轨输入。反相放大器很少需要轨至轨输入。

④ 低电压操作问题：低电压操作至今仍然是另一个潜在的难以满足的要求。信号摆动电压变得至关重要，因为每一毫伏电压都要计算在内。对非轨至轨型运算放大器必须进行非常仔细的检查，原因是用户的操作空间很小。共模电压范围和输出摆幅可能会因元件的不同以及温度的变化而存在差异。

⑤ 精度：精度是一项常见的设计要求。除了失调电压之外，一定要考虑失调电压的温度变化。低失调电压可借助激光或其他修正技术来实现，以获得低初始失调。如果想完成一项耐用的设计，则应对总失调误差随温度的变化情况加以考虑。由于运算放大器的漂移以及所需的温度范围各不相同，更低的初始失调可能有助于提高精度，也可能不起作用。

采用双极型输入晶体管的运算放大器通常能够提供较好的失调电压和漂移特性。具有低初始失调的修正器件往往也具有较低的漂移。尽管器件的数据表有时并未提供所使用的晶体管工艺的相关信息，但仍然能够从其较大的输入偏置电流（一般为 1nA 或更大）识别出双极型晶体管。CMOS 型晶体管的输入偏置电流为几十皮法。

10.2 电子元器件综合应用实例

10.2.1 应用需求

系统的应用需求即为竞赛的题目要求，由大赛组委会提出，具体要求如下：

10.2.1.1　任务

设计并制作一个能自动行驶在起始位置与终点库房间的搬运机器人。允许用玩具汽车改装，可运用图像、光电、声波、超声波等无线自动导航识别技术，将场地内放置的 3 个木质正立方体由堆放位置搬运到库房内。

搬运场地面积 1.2m×1.2m，表面为白色，可贴白纸，终点库房设与地面垂直的 ⊔ 形挡板，其内轮廓长宽高为 20cm×20cm×10cm，在起始点处有 2cm 宽的黑线，搬运场地如下图所示。

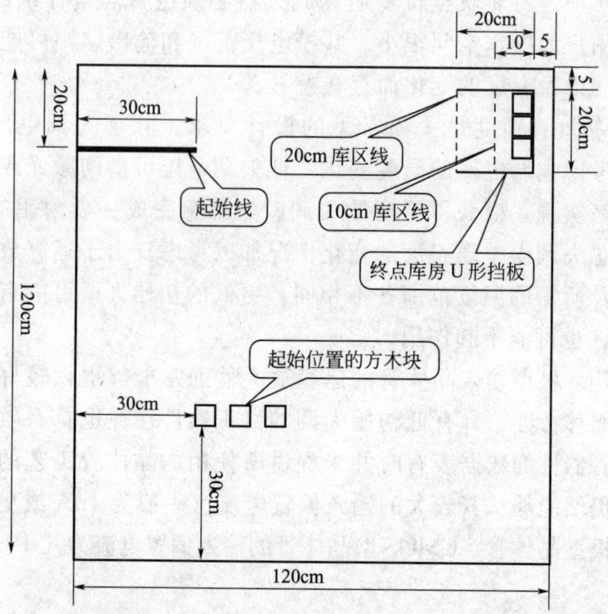

10.2.1.2　要求

(1) 基本要求

① 机器人从起始线出发（出发前，机器人任何部分不得超出起跑线，后端不限），自动将木块逐一运送到库房内（允许倒车）。运行的时间应力求最短（从合上电源开关开始计时）。

② 木块运送到达库房时，应能堆放到库房挡板 20cm 线以内；

如果不能全部运入库房，记录木块最左侧距离 20cm 线右侧边缘的最大距离，根据此距离将分档扣分。

③ 用秒表记录整个搬运时间，按时间值分段计分，可测试两次，取每次总分最佳者，两次测试总时间不大于 30min。

(2) 发挥部分

① 自动记录、显示每一次往返的时间（记录显示装置要求安装在机器人上）和总的行驶时间。

② 木块运送到达终点库房时，应能够整齐排列堆放到库房挡板 10cm 线以内，3 个木块的左右边线应尽量对齐，记录偏差尺寸。

10.2.2 方案论证

(1) 题目解析

根据题目的基本要求，设计任务要搬运机器人将木块有起始位置搬运到重点库房，并显示每次搬运的时间以及总时间。为完成相应的功能，系统可以划分以下几个基本模块：电动机驱动模块、信息显示模块、寻找模块、探测模块。系统结构构成图如图 10-1 所示。

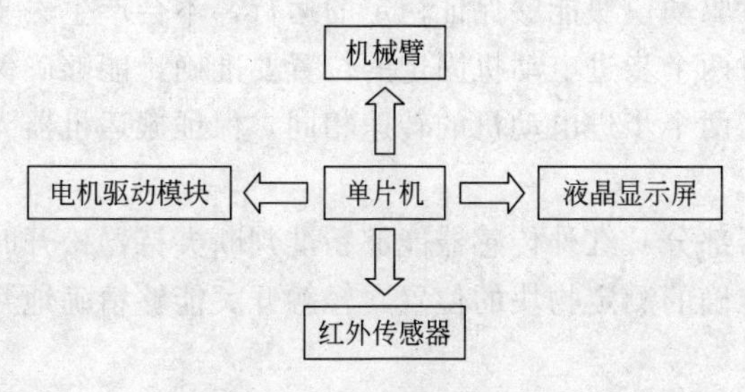

图 10-1 系统结构构成图

(2) 各种方案比较与选择

方案一：

搬运机器人利用超声模块测定物块的大概位置并测定物块距车的距离，由单片机进行相应的运算计算出搬运机器人到物块需要前行的距离，通过一个形同剪刀的夹持器将物块夹起运送到终点车库内。经实验验证，此种方案中超声模块的测定范围过大，不能精准定位物块的位置，造成单片机无法进行相应的计算。

方案二：

搬运机器人利用红外对管进行测距以及定位，当探测到物块时用用一个夹持器将物块夹起搬运到终点车库内。经实验验证红外对管只能探测物块的大概位置，并不能通过单片机计算相应的距离，而夹持器由于设计过于复杂，无法实现，同时，过多的步进电动机导致电源功率的过大消耗，导致单片机经常掉电重启。

方案三：

搬运机器人通过红外对管确定物块的大概位置，并通过步进电动机精确地控制搬运机器人的运行距离，施行精确抓取，夹持器前端设有轻触开关，当物块碰到夹持器时停车加持，将物块拖动到终点车库内，完成题目要求。此种方案既解决了探测距离传感器复杂程度，也解决了夹持器加工的难度要求，并能在短时间内完成题目相应的要求。

10.2.3 系统硬件设计要求

电动机驱动模块能够保证稳定的运行，不会产生丢步或空转等问题，同时两个步进电动机固定的位置要准确，能够确保在给定相同频率时，两个步进电动机的转速相同，保证搬运机器人能够沿直线运行。

传感器部分：红外传感器能够精准判断夹持器松开时机，红外对管能够准确的测定物块的位置，轻触开关能够精确地判断抓取物块的时机。

液晶显示器能够准确的现实每次搬运的时间以及整个过程的总时间。

(1) 总体设计

- 系统的设计思想。搬运机器人由两个步进电动机驱动，由于给定的频率一致，使得两个步进电动机的速率相同，能够保证搬运机器人的稳定前行，通过对场地的分析以及运行路线的精确计算控制步进电动机前行的步数以控制搬运机器人前进的距离。物块的位置的测定由三个红外对管完成，当小车前行一段距离后有单片机分析红外对管传回的信号，当确定小物块时校准航向，保证加持的稳定。搬运机器人的机械手部分由一根固定的机械臂和一个通过舵机控制的可动机械臂组成，并在机械臂上安有灵敏的轻触开关以及小型的红外传感器，当机械臂上的轻触开关碰到物块时，产生的电信号经过单片机的处理，传输给舵机以控制机械臂的开合，从而做到夹取，当机械臂上的红外传感器探测到车库时产生的信号经单片机处理传输给舵机，控制机械臂放下物块。

• 系统的设计步骤。首先确定搬运机器人需要完成的任务以及完成任务的运行路线，进而确定所搬运机器人所需要的基本模块，之后设计搬运机器人大致外形、尺寸、机械臂等一系列机械部分结构，最后将所需要的独立模块搭接起来。

• 系统的计算。设搬运机器人前的步数为 y、要行进的距离为 x、车轮的周长为 l，计算公式如下：

$$y=\frac{x}{\frac{0.9^{\circ}}{360^{\circ}}l}$$

(2) 单元电路

单片机最小系统如图 10-2 所示，为单片机提供运行的基本电路。由时钟电路，复位电路两部分构成，使用 11.0592MHz 的石英晶体的振荡作为时钟源，由石英晶体提供稳定，精确的单频振荡。与单片机内部电路一起，为单片机提供时钟信号，而复位电路利用电容可以进行充放电的特性，为单片机提供复位所需的电平信号。

电动机驱动电路如图 10-3 所示，单片机 I/O 口输出的电路约为几十微安，步进电动机工作需要 420mA 的电流，故而需要设计电动机驱动电路。L298 芯片是一种 H 桥式驱动器，它设计成接受标准 TTL 逻辑电平信号，可用来驱动电感性负载。H 桥可承受 46V 电压，相电流高达 2.5A。使用其将流过的电流进行放大，以达到步进电动机运行所需的电流。一个 L298 芯片内部提供两路直流电动机驱

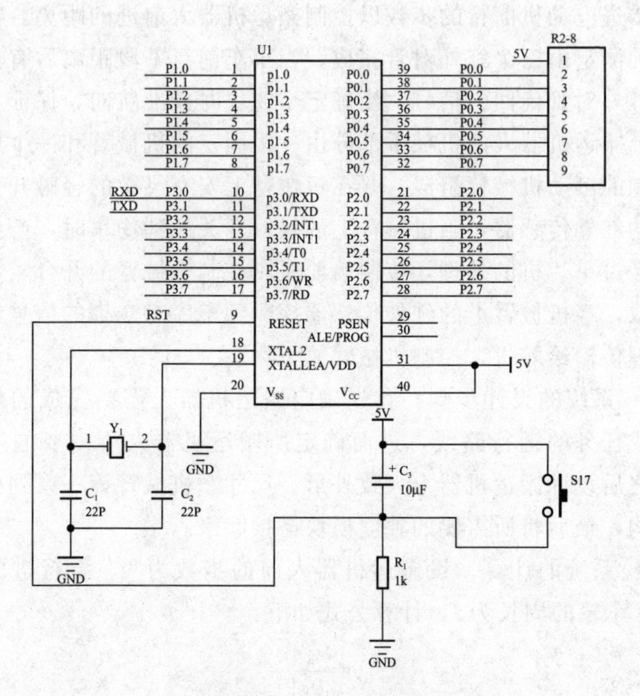

图 10-2　单片机最小系统

动，恰好可以驱动两相四线的步进电动机。同时通过布线时的合理安排确保电动机不因电流过大而烧坏同时也确保电流的稳定。

液晶电路如图 10-4 所示，将液晶显示屏的数据线，控制线，电源线引出，提供相应的接口，并为调整液晶显示屏的对比度提供相应的电路。

电源电路如图 10-5 所示，提供相同的共地点，为各部件提供 5V 和 12V 的稳定电压，以方便单电源供电，单片机系统输出的都是数字信号，对应的控制室方波，频率成分非常丰富，使用不同大小的电容分别对高低频率进行滤波，防止对某一模块的控制信号耦合到其他电路里，造成不良的影响，保证电源电压的稳定。

红外探头控制电路如图 10-6 所示，使用红外探头对可以反光的表面进行探测，该信号非常小，因而使用运算放大器 LM324 对

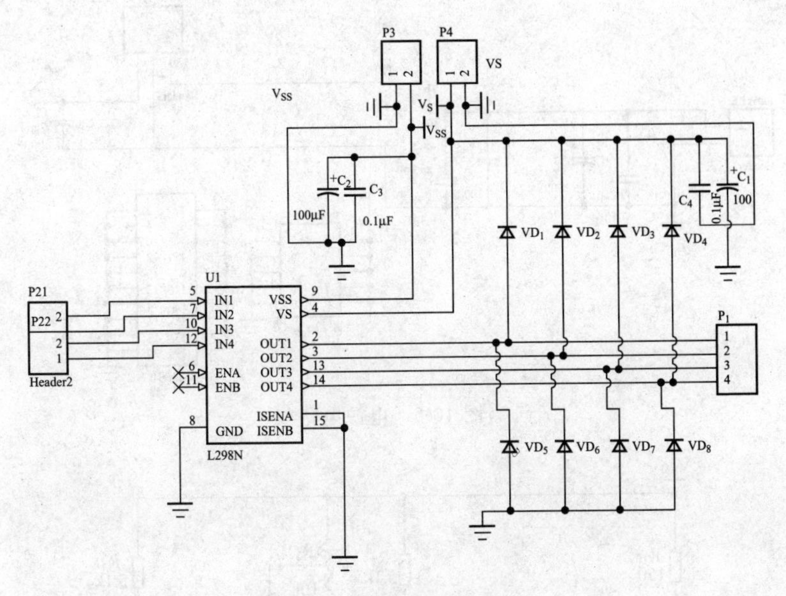

图 10-3 电动机驱动电路

LCD

GND — R_{14} 1K5 — 3 VO

引脚	网络	LCD 1602
1	(地)	GND
2	V_{CC}	V_{CC}
3	GND — R_{14} (1K5)	VO
4	LCD RS	RS
5	LCD RW	RW
6	LCD E	E
7	LCD DB0	DB0
8	LCD DB1	DB1
9	LCD DB2	DB2
10	LCD DB3	DB3
11	LCD DB4	DB4
12	LCD DB5	DB5
13	LCD DB6	DB6
14	LCD DB7	DB7
15	V_{CC}	BG VCC
16	GND	BG GND

图 10-4 液晶电路

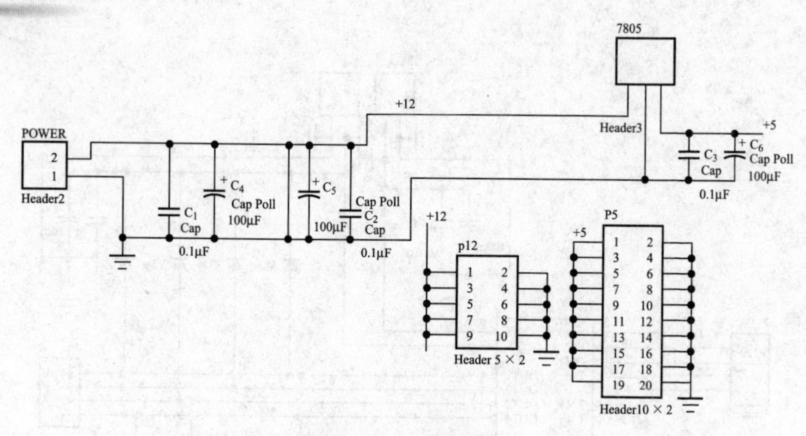

图 10-5　电源电路

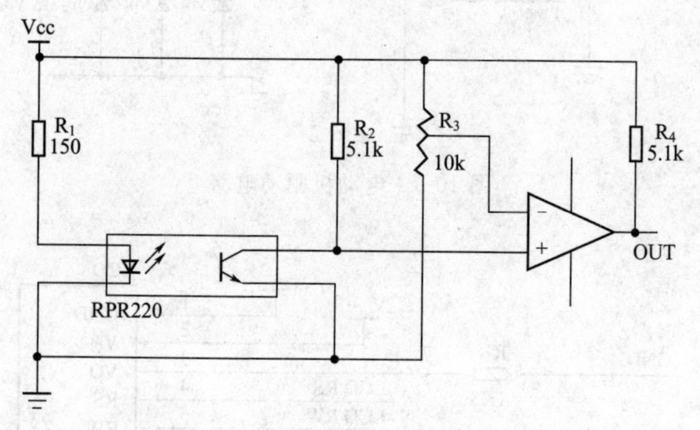

图 10-6　红外探头控制电路

其进行放大，通过一个电位器对放大的倍数进行控制，也即控制了探测的距离。

光电接近开关是一种接近探测的器件，通过调节螺钉可以调节探测距离。本次使用的 ER18-DS30C1 型光电接近开关在调整后可以探测出 30cm 距离内的不透明物体，并且发散性及可重复性较好，在 30cm 上，发散 2cm 左右，经过多次试验，具有相当好的可重复性。当探测到物块是可以用来寻找木块，校正车辆；当探测到终点车库时红外产生的信号可以告知单片机已到达车库确认位置，进行下一步运动。

蜂鸣器电路如图 10-7 所示，使用普通蜂鸣器，PNP 型三极管 9012 做驱动，当搬运机器人启动、停止、抓取物块、放下物块时受单片机的控制发出提示音，以表示相应的动作已完成并准备好进行剩下的动作。

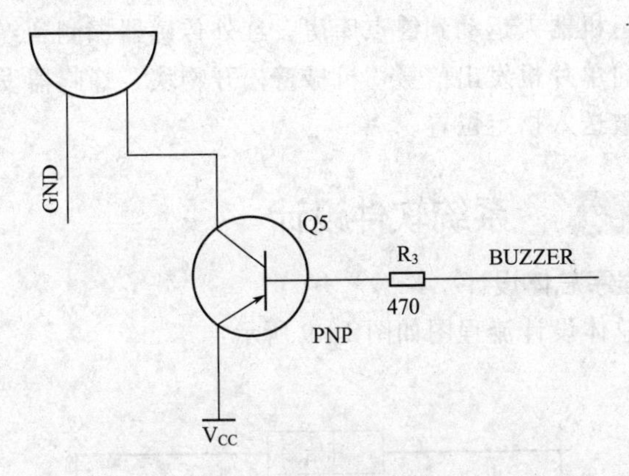

图 10-7 蜂鸣器电路

自制微触开关如图 10-8 所示，将小继电器拆卸开，取其中绕线磁极与其上的动片，一端连接电源地，另一端与单片机连接，这样就可以作为单片机的输入部分了，在动片上粘贴一小层海绵胶，既提高了敏捷度，又起到了缓冲左右，保护了接触面。

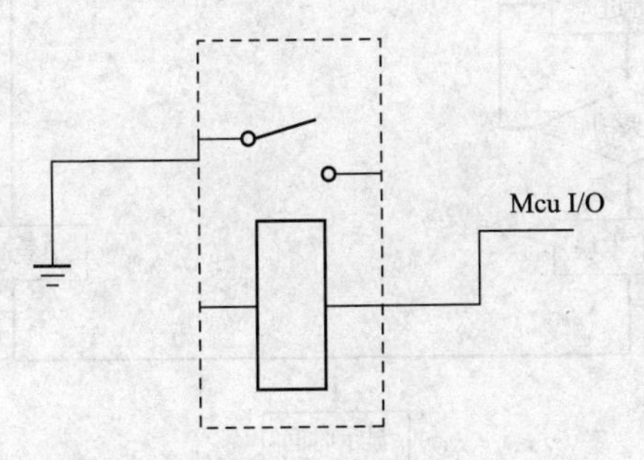

图 10-8 自制微触开关

(3) 发挥部分的设计与实验

- 搬运机器人的计时系统。单片机利用 PWM 产生的中断，该中断是周期产生的，每次记录中断后累加，得到了每次搬运物块相应的时间，再对三次的搬运时间累加得到了搬运的总时间。

- 蜂鸣器提示系统。当机械臂上的轻触开关接触到物块时产生的信号经单片机分析传输给蜂鸣器发出滴滴的声音提示抓紧物块，当搬运机器人运动到终点库房，红外传感器探测到终点库房的墙壁时，向单片机发出信号，机械臂松开物块，蜂鸣器发出声音提示物块已被送入指定位置。

10.2.4 系统软件设计

(1) 程序总体设计

程序总体设计流程图如图 10-9 所示：

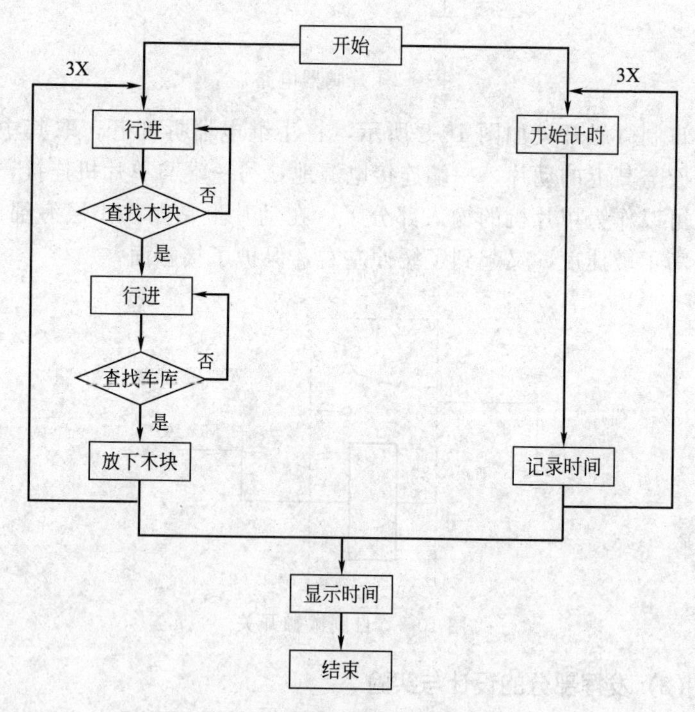

图 10-9　程序总体设计流程图

(2) 各功能模块程序设计

• PWM 脉冲产生模块程序。使用 STC12C5A32S2 单片机内部自带的 PWM 模块，使用相关寄存器及中断资源，成功调制出周期为 20ms 的 PWM 脉冲，根据占空比的不同，成功实现了对舵机角度的控制，同时，在 PWM 脉冲产生的中断中，用一个变量记录中断产生的次数，就精确地计量了时间，该中断是由单片机时钟产生的，可以实现 μs 级的精确定时。

• 电动机驱动模块程序。使用单片机的 I/O 口，模拟输出步进电动机励磁所需的周期方波，将控制字放入数组中，利用逻辑与和逻辑或关系，实现对两个电动机的同时控制，前进，后退，差动左右转，并将程序打包，留好接口，以备主程序中方便调用。

• 光电开关与红外对管模块程序。这两种器件是用作输入信号，提供外界环境的反馈，在将两种输入信号通过信号处理板进行放大滤波的处理后，接入单片机。再按照单片机的输入要求，拉高相对应的 I/O 口，等待输入。同时在程序中进行软件消抖，最大限度地减少误差。

• LCD1602 驱动模块程序。按照器件手册，在单片机的 I/O 口按照时序输出高低电平，向液晶输出相应的指令或数据，成功实现 1602 液晶的时间显示功能。

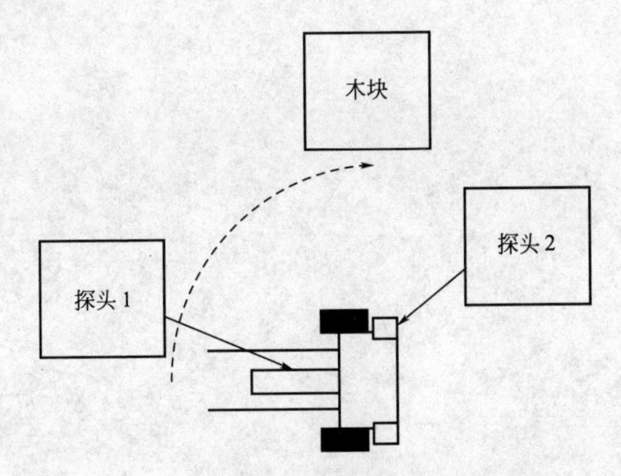

图 10-10 遇到物块转弯程序处理示意图

(3) 车辆水平/竖直校正程序

在遇到物块转弯的过程中，程序处理如图10-10所示。

在探头2监测到木块后，继续运动使车的旋转中心（即两车轮连线的中点）与木块中心对齐。两轮差动使其向右旋转，至前端探头1监测到木块，这样就可以保证即使木块行动出现偏差，在经过木块后可以校正到水平/竖直。

• 系统主函数程序设计。按照题目要求，设计车辆的行动路线与各处的触发条件，利用顺序、判断、循环完成程序流程，大量利用预编译，公共变量，使得程序的调试变得更加方便容易，最终成功完成程控小车的预定动作。

参考文献

[1] 赵广林．常用电子元器件识别/检测/选用一读通［M］．北京：电子工业出版社．2011.

[2] 程荣龙．电路分析实验教程［M］．大连：大连理工大学出版社．2013.

[3] 吴玉蓉，李海．电子技术［M］．北京：中国电力出版社．2012.

[4] 何丰．低频电子线路［M］．北京：人民邮电出版社．2011.

[5] 严天峰，王耀琦．电子设计工程师实践教程［M］．北京：北京航空航天大学出版社．2011.

[6] 姚缨英．电路实验教程［M］．北京：高等教育出版社．2011.

[7] 王巍，冯世娟，罗元．现代电子材料与元器件［M］．北京：科学出版社．2012.

[8] 李晓麟．电子装联常用元器件及其选用［M］．北京：电子工业出版社．2011.

[9] 张宪，张大鹏．电子元器件的选用与检测［M］．北京：化学工业出版社．2013.

[10] 张宪，张大鹏．电子元器件检测与应用手册［M］．北京：化学工业出版社．2012.

[11] 龚华生等．元器件易学通．常用器件分册［M］．北京：电子工业出版社．2012.

[12] 门宏．手绘图说电子元器件［M］．北京：人民邮电出版社．2013.

[13] 侯守军，张道平．图解电子元器件识读与检测快速入门［M］．北京：机械工业出版社．2012.

[14] 曾佳俊．低成本电子元器件的质量分析与控制［D］．上海交通大学，2013.